"十二五"普通高等教育本科国家级规划教材

高等学校信息技术人才能力培养系列教材

微课版

Introduction to College
Computer Science

大学计算机
基础 第5版

Windows 7+Office 2016

甘勇 尚展垒 王浩 张莉 ◉ 编著

人民邮电出版社
北 京

图书在版编目（CIP）数据

大学计算机基础：Windows 7+Office 2016：微课版 / 甘勇等编著. -- 5版. -- 北京：人民邮电出版社，2021.9
高等学校信息技术人才能力培养系列教材
ISBN 978-7-115-57070-3

Ⅰ．①大… Ⅱ．①甘… Ⅲ．①Windows操作系统－高等学校－教材②办公自动化－应用软件－高等学校－教材 Ⅳ．①TP316.7②TP317.1

中国版本图书馆CIP数据核字(2021)第157279号

内 容 提 要

本书是根据教育部高等学校大学计算机课程教学指导委员会关于推进新时代高校计算机基础教学改革的有关精神和全国计算机等级考试二级考试大纲，以及多所普通高校的实际教学情况编写的。全书共分 13 章，主要内容包括计算机与计算思维、操作系统基础、文字处理软件 Word 2016、电子表格软件 Excel 2016、演示文稿软件 PowerPoint 2016、多媒体技术及应用、数据库基础、计算机网络与 Internet 应用、信息安全与职业道德、程序设计基础、网页制作、常用工具软件、计算机新技术简介。

本书结合"计算机基础"课程的基本教学要求，兼顾计算机软件和硬件的最新发展；结构严谨，层次分明，内容丰富。为提高读者的实际应用能力，本书配套出版了实践教程，内容是对本书实践内容的指导和强化，对提高读者的计算机操作和应用能力有很大的帮助。

本书可作为高校各专业"计算机基础"课程的教材，也可作为全国计算机等级考试二级 MS Office 高级应用与设计考试的参考教材、计算机技术的培训教程和计算机爱好者的自学用书。

◆ 编　著　甘　勇　尚展垒　王　浩　张　莉
　　责任编辑　张　斌
　　责任印制　王　郁　马振武
◆ 人民邮电出版社出版发行　　北京市丰台区成寿寺路 11 号
　　邮编　100164　电子邮件　315@ptpress.com.cn
　　网址　https://www.ptpress.com.cn
　　天津千鹤文化传播有限公司印刷
◆ 开本：787×1092　1/16
　　印张：15.5　　　　　　　　　　2021 年 9 月第 5 版
　　字数：413 千字　　　　　　　　2024 年 7 月天津第 12 次印刷

定价：49.80 元

读者服务热线：(010)81055256　印装质量热线：(010)81055316
反盗版热线：(010)81055315
广告经营许可证：京东市监广登字 20170147 号

党的二十大报告指出，推动战略性新兴产业融合集群发展，构建新一代信息技术、人工智能、生物技术、新能源、新材料、高端装备、绿色环保等一批新的增长引擎。计算机及新技术的飞速发展，使社会发生了翻天覆地的变化，计算机是不可或缺的工作和生活工具，信息素养是现代社会的基本素养，因此计算机基础教育应面向社会、面向应用，与新技术接轨，与时代同行。

"大学计算机基础"是高等院校非计算机专业的重要基础课程。目前，国内虽然有很多相关的教材，但由于各个地区计算机教育普及的程度有很大的差异，导致了大学生的计算机应用水平参差不齐。为此我们根据教育部高等学校大学计算机课程教学指导委员会关于推进新时代高校计算机基础教学改革的有关精神和全国计算机等级考试二级考试大纲，联合有关高等院校，结合高校学生的实际情况编写了本书。本书兼顾理论知识和实践能力的提高，在介绍 Windows 7 操作系统和 Microsoft Office 2016 的同时，还介绍了与计算机相关的新技术（如计算思维、大数据、人工智能、区块链、虚拟现实、增强现实、3D 打印等），内容丰富，知识覆盖面广。

编写本书的主要目的是满足当前各高校对计算机教学改革的要求，在强调学生动手能力的同时，还要加强学生对理论知识的掌握，最终使学生对计算机的理论和应用有一个全面、系统的认识。本书内容的讲授需 32～48 学时（包括上机实践学时）。由于本书的内容覆盖面广，各高校可根据教学学时、学生的实际情况对教学内容进行适当的选取。

为了方便学生学习，本书以微课版的形式出版，我们针对本书各章节的难点和重点内容制作了大量的教学微视频。学生可利用碎片时间，通过扫描知识点对应的二维码进行随时、随地的学习，这是在目前各高校压缩学时的情况下，对课堂教学组织非常必要的补充，并且学生可以根据自己在课堂上的掌握情况对视频的内容进行选择性的学习，这也在很大程度上提高了本书的适应性。微课对应的视频根据需要可以及时进行更新，从而使读者更好地学习到最新的内容。本书每章的习题都配有参考答案，部分章还附有扩展阅读资料。本书的相关资源可在人邮教育社区（www.ryjiaoyu.com）下载。

本书由甘勇、尚展垒、王浩、张莉等编著。郑州工程技术学院的甘勇、郑州轻工业大学的尚展垒、阜阳师范大学的王浩、湖南应用技术学院的张莉任主编，黄山学院的丁丙胜、重庆移通学院的向碧群、淮南师范学院的彭飞任副主编，参加本书编写的还有郑州轻工业大学的韩怿冰和张超钦。甘勇负责本书的统稿和组织工作。本书在编写过程中得到了郑州工程技术学院、郑州轻工业大学、阜阳师范大学、湖南应用技术学院、黄山学院、重庆移通学院、淮南师范学院、河南省高等学校计算机教育研究会、人民邮电出版社的大力支持和帮助，在此由衷地向他们表示感谢！

由于编者水平有限，书中难免存在不足及疏漏之处，敬请读者批评指正。

目 录 CONTENTS

第1章 计算机与计算思维·········1

1.1 计算机的发展和应用领域···············1
1.1.1 计算机的发展······························1
1.1.2 计算机的应用领域·····················3
1.2 计算机系统的基本构成···············4
1.2.1 冯·诺依曼计算机简介················4
1.2.2 现代计算机系统的构成·············5
1.3 计算机的部件······························6
1.3.1 CPU简介·····································6
1.3.2 存储器的组织结构和分类··········7
1.3.3 常用总线标准····························8
1.3.4 常用的输入/输出设备···············9
1.4 数制及不同进制之间数值的转换·····10
1.4.1 进位计数制·······························10
1.4.2 不同进制数之间的相互转换·······11
1.4.3 二进制数的算术运算·················13
1.5 计算机信息处理····························13
1.5.1 数值信息的表示·······················13
1.5.2 非数值数据的编码····················16
1.6 计算思维概述······························17
习题1···18

第2章 操作系统基础···········19

2.1 操作系统概述······························19
2.1.1 操作系统的含义·······················19
2.1.2 操作系统的基本功能·················19
2.1.3 操作系统的分类·······················21
2.2 微机操作系统的演化过程···············22
2.2.1 DOS···22
2.2.2 Windows操作系统·····················23
2.3 网络操作系统······························24
2.4 中文Windows 7使用基础···············24
2.4.1 Windows 7的安装······················24

2.4.2 Windows 7的启动和关闭···········25
2.4.3 Windows 7的桌面······················25
2.4.4 Windows 7窗口·························27
2.5 中文Windows 7的基本资源与操作·····29
2.5.1 浏览计算机中的资源·················29
2.5.2 执行应用程序····························30
2.5.3 文件和文件夹的操作·················31
2.5.4 库···33
2.5.5 回收站的使用和设置·················33
2.5.6 中文输入法································34
2.6 Windows 7提供的若干附件·········35
2.6.1 Windows 桌面小工具················35
2.6.2 画图···35
2.6.3 写字板·······································36
2.6.4 记事本·······································36
2.6.5 计算器·······································36
2.6.6 命令提示符································36
2.6.7 便笺···36
2.6.8 截图工具····································37
2.7 磁盘管理·······································37
2.7.1 分区管理····································38
2.7.2 格式化驱动器····························38
2.7.3 磁盘操作····································38
2.8 Windows 7控制面板···················40
2.8.1 外观和个性化····························40
2.8.2 时钟、语言和区域设置··············42
2.8.3 程序···42
2.8.4 硬件和声音································43
2.8.5 用户账户和家庭安全·················43
2.8.6 系统和安全································44
2.9 Windows 7系统管理···················44
2.9.1 任务计划····································44

1

2.9.2 系统属性 45
2.9.3 硬件管理 45
2.10 Windows 7 的网络功能 46
2.10.1 网络软硬件的安装 46
2.10.2 Windows 7 选择网络位置 ... 46
2.10.3 资源共享 47
2.10.4 在网络中查找计算机 47
习题 2 47

第 3 章 文字处理软件 Word 2016 49

3.1 Word 2016 概述 49
3.1.1 Word 2016 简介 49
3.1.2 Word 2016 的启动与退出 ... 50
3.1.3 Word 2016 窗口简介 50
3.1.4 Word 2016 文档的基本操作 ... 51
3.2 文档编辑 52
3.2.1 输入文本 52
3.2.2 选择文本 52
3.2.3 插入与删除文本 52
3.2.4 复制与移动文本 52
3.2.5 查找与替换文本 53
3.2.6 撤销和恢复 53
3.3 文档排版 53
3.3.1 字符格式设置 53
3.3.2 段落格式设置 54
3.3.3 边框与底纹设置 55
3.3.4 项目符号和编号 55
3.3.5 分栏设置 55
3.3.6 格式刷 56
3.3.7 样式与模板 56
3.3.8 创建目录 56
3.3.9 特殊格式设置 57
3.4 表格制作 57
3.4.1 创建表格 57
3.4.2 输入表格内容 58
3.4.3 编辑表格 58
3.4.4 美化表格 60

3.4.5 表格排序与数字计算 60
3.5 图文混排 61
3.5.1 插入图片 61
3.5.2 插入联机图片 62
3.5.3 插入艺术字 62
3.5.4 插入自选图形 62
3.5.5 插入 SmartArt 图形 62
3.5.6 插入文本框 63
3.6 邮件合并 63
3.7 文档页面设置与打印 64
3.7.1 设置页眉与页脚 64
3.7.2 设置纸张大小与方向 64
3.7.3 设置页边距 65
3.7.4 打印预览与打印 65
习题 3 65

第 4 章 电子表格软件 Excel 2016 68

4.1 Excel 2016 基础 68
4.1.1 Excel 2016 的启动与退出 ... 68
4.1.2 Excel 2016 的窗口组成 68
4.1.3 工作簿的操作 68
4.1.4 工作表的操作 69
4.2 数据输入 70
4.2.1 单元格中数据的输入 70
4.2.2 自动填充数据 70
4.3 格式化 71
4.3.1 设置工作表的行高和列宽 ... 71
4.3.2 单元格的操作 72
4.3.3 设置单元格格式 73
4.3.4 使用条件格式 73
4.3.5 套用表格格式 74
4.4 公式和函数 74
4.4.1 公式的使用 74
4.4.2 单元格的引用 75
4.4.3 函数的使用 76
4.4.4 快速计算与自动求和 78
4.5 数据管理 79

4.5.1　数据排序 79
4.5.2　数据筛选 80
4.5.3　分类汇总 81
4.5.4　合并计算 81
4.6　图表 82
4.6.1　创建图表 82
4.6.2　图表的编辑 83
4.6.3　快速突显数据的迷你图 83
4.7　打印 83
4.7.1　页面布局设置 83
4.7.2　打印预览 84
4.7.3　打印设置 84
习题 4 84

第 5 章　演示文稿软件
　　　　PowerPoint 2016 ...90
5.1　PowerPoint 2016 基础 90
5.1.1　窗口的组成 90
5.1.2　视图方式的切换 90
5.1.3　创建新的演示文稿 92
5.1.4　演示文稿的保存 92
5.2　演示文稿的设置 93
5.2.1　编辑幻灯片 93
5.2.2　编辑图片和图形 94
5.2.3　应用幻灯片主题 95
5.2.4　应用幻灯片版式 96
5.2.5　使用母版 96
5.2.6　设置幻灯片背景 97
5.2.7　使用幻灯片动画效果 97
5.2.8　使用幻灯片多媒体效果 98
5.3　演示文稿的放映 98
5.3.1　放映设置 99
5.3.2　使用幻灯片的切换效果 100
5.3.3　设置链接 100
5.4　演示文稿的打印设置 101
习题 5 102

第 6 章　多媒体技术及应用 108
6.1　多媒体技术的基本概念 108

6.1.1　多媒体概述 108
6.1.2　多媒体技术概述 108
6.1.3　多媒体的相关技术 109
6.1.4　多媒体技术的应用 110
6.2　多媒体计算机系统的组成 111
6.2.1　多媒体系统的硬件结构 111
6.2.2　多媒体软件系统 111
6.3　多媒体信息在计算机中的表示与
　　　处理 112
6.3.1　声音媒体的数字化 112
6.3.2　视觉媒体的数字化 113
6.3.3　多媒体数据压缩技术 114
6.4　图像处理软件 Photoshop 115
6.4.1　Adobe Photoshop CC 概述 116
6.4.2　Adobe Photoshop CC 示例 118
习题 6 121

第 7 章　数据库基础 123
7.1　数据库系统概述 123
7.1.1　数据库的基本概念 123
7.1.2　数据库的发展 124
7.1.3　数据模型 126
7.1.4　常见的数据库管理系统 127
7.2　Access 2016 入门与实例 130
7.2.1　Access 2016 的基本功能 130
7.2.2　Access 2016 的操作界面 130
7.2.3　创建数据库 132
7.2.4　创建数据表 133
7.2.5　使用数据表 137
7.2.6　创建查询 139
7.2.7　创建窗体 141
7.2.8　创建报表 142
习题 7 142

第 8 章　计算机网络与 Internet
　　　　应用 145
8.1　计算机网络概述 145
8.1.1　计算机网络的定义 145
8.1.2　计算机网络的发展 145

8.1.3　计算机网络的组成 146
8.1.4　计算机网络的分类 147
8.1.5　计算机网络体系结构和
　　　　TCP/IP 148
8.2　计算机网络硬件 149
8.2.1　网络传输介质 149
8.2.2　网卡 152
8.2.3　交换机 152
8.2.4　路由器 153
8.3　计算机局域网 154
8.3.1　局域网概述 154
8.3.2　载波侦听多路访问/冲突检测
　　　　协议 155
8.3.3　以太网 156
8.4　Internet 及其应用 157
8.4.1　Internet 概述 157
8.4.2　Internet 的接入 158
8.4.3　IP 地址与 MAC 地址 159
8.4.4　WWW 服务 163
8.4.5　域名系统 165
8.4.6　电子邮件 168
8.4.7　文件传输 168
8.5　搜索引擎 169
8.5.1　搜索引擎的概念和功能 169
8.5.2　搜索引擎的类型 170
8.5.3　常用搜索引擎 170
习题 8 171

第 9 章　信息安全与
　　　　　职业道德 172

9.1　信息安全概述及技术 172
9.1.1　信息安全 172
9.1.2　OSI 信息安全体系结构 172
9.1.3　信息安全技术 173
9.2　计算机病毒与黑客的防范 174
9.2.1　计算机病毒及其防范 174
9.2.2　网络黑客及其防范 175
9.3　标准化与知识产权 176

9.3.1　标准化 176
9.3.2　知识产权 177
9.4　网络道德与相关法规 178
9.4.1　遵守规范，文明用网 178
9.4.2　我国信息安全的相关法律法规 ... 178
习题 9 179

第 10 章　程序设计基础 180

10.1　程序设计概述 180
10.1.1　程序的概念 180
10.1.2　指令和指令系统 181
10.1.3　程序设计的步骤 181
10.2　结构化程序设计的基本原则 182
10.2.1　模块化程序设计的概念 182
10.2.2　结构化程序设计的原则 182
10.2.3　面向对象的程序设计 183
10.3　算法 183
10.3.1　算法的概念 183
10.3.2　算法的特征 184
10.3.3　算法的描述 184
10.4　程序设计的基本控制结构 185
10.4.1　顺序结构 186
10.4.2　选择（分支）结构 186
10.4.3　循环结构 187
10.5　程序设计语言 187
10.5.1　机器语言 187
10.5.2　汇编语言 188
10.5.3　高级语言 188
10.6　Python 语言基础 188
10.6.1　Python 语言概述 189
10.6.2　程序的格式 190
10.6.3　变量和保留字 190
10.6.4　赋值语句 191
10.6.5　基本数据类型 191
10.6.6　输入语句：input()函数 ... 193
10.6.7　输出语句：print()函数 ... 193
10.6.8　条件分支语句 194
10.6.9　循环语句 195

　　10.6.10　列表和字典 196
　　10.6.11　函数和库 197
习题 10 198

第 11 章　网页制作..............200

11.1　网站与网页 200
　　11.1.1　网页的主要元素 200
　　11.1.2　网站 201
　　11.1.3　Dreamweaver 20 简介 202
11.2　简单网站的创建 202
　　11.2.1　创建本地站点 202
　　11.2.2　添加站点文件夹 203
　　11.2.3　创建页面 203
　　11.2.4　创建网页基本元素 203
11.3　网页中表格的应用 205
　　11.3.1　创建表格 205
　　11.3.2　表格的基本操作和属性 206
11.4　表单的使用 207
11.5　网站发布 210
　　11.5.1　网站的测试 210
　　11.5.2　网站的发布 210
习题 11 210

第 12 章　常用工具软件.........211

12.1　计算机工具软件概述 211
12.2　多媒体格式转换工具——
　　　格式工厂 211
12.3　PDF 制作工具——
　　　Adobe Acrobat DC 214
习题 12 218

第 13 章　计算机新技术简介.... 219

13.1　大数据 219

　　13.1.1　大数据的定义 219
　　13.1.2　大数据的特点 219
　　13.1.3　大数据的关键技术 220
13.2　人工智能 222
　　13.2.1　人工智能的概念 222
　　13.2.2　人工智能的研究内容 223
　　13.2.3　人工智能的应用 224
13.3　区块链 226
　　13.3.1　区块链的概念 226
　　13.3.2　区块链的分类 227
　　13.3.3　区块链的特性 227
　　13.3.4　区块链的核心技术 227
　　13.3.5　区块链的应用 228
13.4　虚拟现实技术 229
　　13.4.1　虚拟现实技术的概念 229
　　13.4.2　虚拟现实技术的特征 229
　　13.4.3　虚拟现实技术的关键技术 230
　　13.4.4　虚拟现实技术的应用领域 231
13.5　增强现实技术 231
　　13.5.1　增强现实技术的概念 231
　　13.5.2　增强现实技术的工作原理 231
　　13.5.3　增强现实技术的应用领域 232
13.6　3D 打印技术 232
　　13.6.1　3D 打印技术的概念及其应用
　　　　　　领域 232
　　13.6.2　3D 打印的过程 233
习题 13 233

附录 234

参考文献 238

01 第1章 计算机与计算思维

本章从计算机的发展和应用领域开始，由浅入深地介绍计算机系统的组成、功能及常用的外部设备，然后详细讲述不同进制之间的数值转换及二进制数的运算，接着介绍了不同类型的信息在计算机中的表示方法，最后介绍了计算思维的概念。通过学习本章内容，读者可以从整体上了解计算机的基本功能和基本工作原理。

【知识要点】

- 计算机的发展历程。
- 计算机的应用领域。
- 计算机的组成及各部分的功能。
- 二进制与其他进制之间的数值转换。
- 信息的表示及处理方法。
- 计算思维。

章首导读

1.1 计算机的发展和应用领域

1.1.1 计算机的发展

电子计算机（Electronic Computer）是一种能自动、高速、精确地进行信息处理的电子设备，是 20 世纪的重大发明之一。计算机家族包括了机械计算机、电动计算机、电子计算机等。电子计算机又可分为电子模拟计算机和电子数字计算机，我们通常所说的计算机就是指电子数字计算机，它是现代科学技术发展的结晶，特别是微电子、光电、通信等技术以及计算数学、控制理论的迅速发展，带动了计算机不断更新。自 1946 年第一台通用电子计算机诞生以来，计算机的发展十分迅速，已经从开始的仅用于军事领域发展为应用于人类社会的各个领域，对人类社会的发展产生了极其深远的影响。

1. 电子计算机的产生

1943 年，美国为了解决新武器研制中的弹道计算问题而组织科技人员开始了对电子数字计算机的研究。1946 年 2 月，电子数字积分计算机（Electronic Numerical Integrator And Computer，ENIAC）在美国宾夕法尼亚大学研制成功，它是世界上第一台通用电子计算机，如图 1.1 所示。这台计算机共使用了 18 000 多只电子管，1 500

个继电器，耗电 150kW，占地面积约 167m²，重 30t，每秒能完成 5 000 次加法运算或 400 次乘法运算。

与此同时，美籍匈牙利科学家冯·诺依曼（John von Neumann）也在为美国军方研制电子离散变量自动计算机（Electronic Discrete Variable Automatic Computer，EDVAC）。在 EDVAC 中，冯·诺依曼采用了二进制数，并创立了"存储程序"的设计思想。EDVAC 也被认为是现代计算机的原型。

图 1.1　ENIAC

2. 电子计算机的发展

自 1946 年以来，计算机已经经历了几次重大的技术革命，按所采用的电子器件可将计算机的发展划分为如下几代。

（1）第一代计算机（1946—1959 年），其主要特点是：逻辑元件采用电子管，功耗大，易损坏；主存储器（主存）采用汞延迟线或静电储存管，容量很小；外存储器（外存或辅存）使用了磁鼓；输入/输出装置主要采用穿孔卡；采用机器语言编程，即用"0"和"1"来表示指令和数据；运算速度每秒仅为数千至数万次。

（2）第二代计算机（1960—1964 年），其主要特点是：逻辑元件采用晶体管，与电子管相比，其体积小、耗电少、速度快、价格低、寿命长；主存储器采用磁芯；外存储器采用磁盘、磁带，存储器容量有较大提高；软件方面产生了监控程序（Monitor），提出了操作系统的概念，编程语言有了很大的发展，先用汇编语言（Assemble Language）代替了机器语言，接着又出现了高级编程语言，如 FORTRAN、COBOL、ALGOL 等；计算机应用开始进入实时过程控制和数据处理领域，运算速度达到每秒数百万次。

（3）第三代计算机（1965—1969 年），其主要特点是：逻辑元件采用集成电路（Integrated Circuit，IC），IC 的体积更小，耗电更少，寿命更长；之前主存储器以磁芯为主，从此时开始使用半导体存储器，存储容量大幅度提升；系统软件与应用软件迅速发展，出现了分时操作系统和会话式语言；程序设计采用了结构化、模块化的设计方法，运算速度达到每秒千万次以上。

（4）第四代计算机（1970 年至今），其主要特点是：逻辑元件采用了超大规模集成电路（Very Large Scale Integration，VLSI）；主存储器采用半导体存储器，容量已达第三代计算机外存储器的水平；作为外存的软盘和硬盘的容量成百倍增加，并开始使用光盘；输入设备出现了光字符阅读器、触摸输入设备和语音输入设备等，操作更加简洁、灵活；输出设备已逐步以激光打印机为主，字符和图形输出更加逼真、高效。

（5）新一代计算机（Future Generation Computer System，FGCS），即未来计算机，其目标是要具有智能特性，具有知识表达和推理能力，能模拟人的分析、决策、计划和其他智能活动，具有人机自然通信能力。

3. 微型计算机的发展

微型计算机通常指的是个人计算机（Personal Computer，PC），简称微机。其主要特点是采用微处理器（Micro Processing Unit，MPU）作为计算机的核心部件，并由大规模、超大规模集成电路构成。

微型计算机的升级换代主要有两个标志：微处理器的更新和系统组成的变革。微处理器从诞生的那一天起，其发展方向就是：更高的频率，更好的制造工艺，更大的高速缓存。随着微处理器的不断发展，微型计算机的发展大致可分为如下几代。

（1）第一代（1971—1973 年）是 4 位和低档 8 位微处理器时代。典型的微处理器产品有 Intel 4004、8008。集成度为 2 000 个晶体管/片，时钟频率为 1MHz。

（2）第二代（1974—1977 年）是 8 位微处理器时代。典型的微处理器产品有 Intel 公司的 Intel

8080、Motorola 公司的 MC 6800、Zilog 公司的 Z80 等。集成度为 5 000 个晶体管/片，时钟频率为 2MHz。同时指令系统得到完善，形成典型的体系结构，具备中断、DMA 等控制功能。

（3）第三代（1978—1984 年）是 16 位微处理器时代。典型的微处理器产品有 Intel 公司的 8086/8088/80286、Motorola 公司的 MC 68000、Zilog 公司的 Z8000 等。集成度为 25 000 个晶体管/片，时钟频率为 5MHz。微机的各种性能指标达到或超过中、低档小型机的水平。

（4）第四代（1985—1992 年）是 32 位微处理器时代。典型 32 位微处理器产品有 Intel 公司的 80386/80486、Motorola 公司的 MC 68020/68040、IBM 公司和 Apple 公司的 Power PC 等。集成度已达到 100 万个晶体管/片，时钟频率达到 60MHz 以上。

（5）第五代（1993 年至今）是 64 位微处理器时代。典型的微处理器产品有 Intel 公司的奔腾系列芯片以及与之兼容的 AMD 的 K6 系列微处理器芯片。它们内部采用了超标量指令流水线结构，并具有相互独立的指令和数据高速缓存。随着多媒体扩展（Multi Media eXtension，MMX）微处理器的出现，微机的发展在网络化、多媒体化和智能化等方面跨上了更高的台阶。

4. 发展趋势

目前计算机的发展趋势主要体现在以下几个方面。

（1）多极化

目前，包括电子词典、掌上电脑、笔记本电脑、智能终端等在内的微型计算机在我们的生活中已经是处处可见。与此同时，大型计算机、巨型计算机、超算中心也得到了快速发展，特别是计算机系统结构的快速发展使计算机的整体运算速度及处理能力都得到了极大的提高。

除了向微型化和巨型化发展外，中小型计算机也各有自己的应用领域和发展空间。特别是在运算速度提高的同时，提倡功耗小、对环境污染少的绿色计算机和提倡综合应用的多媒体计算机已得到广泛应用，多极化的计算机家族还在迅速发展中。

（2）网络化

网络化就是使用通信技术将一定地域内不同地点的计算机连接起来形成一个更大的计算机网络系统。互联网、移动互联网深刻地影响了人们的日常生活，互连互通是计算机发展的一个主要趋势。

（3）多媒体化

媒体可以理解为存储和传输信息的载体，文本、声音、图像、视频等都是常见的信息载体。过去的计算机只能处理数值信息和字符信息，即单一的文本媒体。后来发展起来的多媒体计算机则集多种媒体信息的处理功能于一身，实现了图、文、声、像等各种信息的收集、存储、传输和编辑等。多媒体被认为是信息处理领域的又一次革命。

（4）智能化

随着人工智能的快速发展，智能化已成为新一代计算机的重要特征之一，并已得到广泛应用，例如，能自动接收和识别指纹的门控装置、人脸识别支付、能听从主人语音指示的自动车辆驾驶系统等。使计算机具有人的某些智能将是计算机发展过程中的下一个重要方向。

1.1.2　计算机的应用领域

计算机的应用领域

计算机的诞生和发展，对人类社会产生了深远的影响。它的应用范围包括科学技术、国民经济、社会生活的各个领域，概括起来可分为如下几个方面。

（1）科学计算。科学计算即数值计算，是计算机应用的一个重要领域。计算机的发明和发展首先是为了高速完成科学研究和工程设计中大量复杂的数学计算。

（2）信息处理。信息是各类数据的总称，信息处理一般泛指非数值方面的计算，如各类资料的管理、查询、统计等。

（3）实时控制。实时控制在国防建设和工业生产中都有着广泛的应用。例如，由雷达和导弹发射器组成的防空控制系统、地铁指挥控制系统、自动化生产线等，都需要在计算机的控制下运行。

（4）计算机辅助工程。计算机辅助工程是近几年来迅速发展的应用领域，它包括计算机辅助设计（Computer Aided Design，CAD）、计算机辅助制造（Computer Aided Manufacture，CAM）、计算机辅助教学（Computer Aided Instruction，CAI）等多个方面。

（5）办公自动化。办公自动化（Office Automation，OA）指用计算机帮助办公室人员处理日常工作。例如，用计算机进行文字处理、文档管理以及资料、图像、声音的处理和网络通信等。

（6）数据通信。从20世纪50年代初开始，随着计算机远程信息处理应用的发展，通信技术和计算机技术相结合产生了一种新的通信方式，即数据通信。数据通信就是为了实现计算机与计算机或终端与计算机之间的信息交互而产生的一种通信技术。信息要在两地间传输，就必须有传输信道。根据传输介质的不同，通信方式分为有线数据通信与无线数据通信，它们都通过传输信道将数据终端与计算机连接起来，而使不同地点的数据终端实现软硬件资源和信息资源的共享。

（7）智能应用。智能应用即人工智能，它既不同于单纯的科学计算，又不同于一般的数据处理，它不但要求具备很高的运算速度，还要求具备对已有的数据（经验、原则等）进行逻辑推理和总结的功能（即对知识的学习和积累功能），并能利用已有的经验和逻辑规则对当前事件进行逻辑推理和判断。

1.2 计算机系统的基本构成

1.2.1 冯·诺依曼计算机简介

1. 冯·诺依曼计算机的基本特征

尽管计算机经历了多次更新换代，但到目前为止，其整体结构还保持着冯·诺依曼计算机的基本特征。冯·诺依曼计算机的基本特征如下。

（1）采用二进制数表示程序和数据。

（2）能存储程序和数据，并能由程序控制计算机的运行。

（3）具备运算器、控制器、存储器、输入设备和输出设备5个基本部分，其基本结构如图1.2所示。

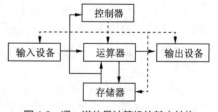

原始的冯·诺依曼计算机的结构以运算器为核心，在运算器周围连接着其他各个部件，经由连接导线在各部件之间传送

图 1.2 冯·诺依曼计算机的基本结构

各种信息。这些信息可分为两大类：数据信息和控制信息（在图1.2中分别用实线和虚线表示）。数据信息包括数据、地址和指令等，它可以存放在存储器中；控制信息由控制器根据指令译码结果即时产生，并按一定的时间次序发送给各个部件，用以控制各部件的操作或接收各部件的反馈信号。

为了节约设备成本和提高运算可靠性，计算机中的各种信息均采用了二进制数的表示形式。在二进制数中，每位只有"0"和"1"两种状态，计数规则是"逢二进一"。例如，用此计数规则计算式子"1+1+1+1+1"可得到3位二进制数"101"，即十进制数的5。计算机科学研究中把8位（bit）二进制数称为1字节（Byte），简记为"B"，1024B称为1KB，1024KB称为1MB，1024MB称为1GB，

1024GB 称为 1TB 等（若不加说明，本书所讲的"位"就是指二进制位）。

计算机存储
单位

2. 冯·诺依曼计算机的基本部件和工作过程

在计算机的 5 个基本部件中，运算器（Arithmetic Logic Unit，ALU）的主要功能是进行算术及逻辑运算，它是计算机的核心部件，运算器每次能处理的最大的二进制数长度称为该计算机的字长（一般为 8 的整倍数）；控制器（Controller）是计算机的"神经中枢"，用于分析指令，根据指令要求产生各种协调各部件工作的控制信号；存储器（Memory）用来存放控制计算机工作过程的指令序列（程序）和数据（包括计算过程中的中间结果和最终结果）；输入设备（Input Equipment）用来输入程序和数据；输出设备（Output Equipment）用来输出计算结果，即将其显示或打印出来。

根据计算机工作过程中的关联程度和相对的物理安装位置，我们通常将运算器和控制器合称为中央处理器（Central Processing Unit，CPU）。表示 CPU 能力的主要技术指标有字长和主频等。字长代表了每次操作能完成的任务量，主频则代表了在单位时间内能完成操作的次数。一般情况下，CPU 的工作速度要远高于其他部件的工作速度，为了缓解 CPU 和存储器的速度之间的矛盾，现代的存储器系统由缓存、主存和辅存三级构成。缓存是一个小容量的、快速的存储器，它集成在 CPU 内部，成本高、容量小，能快速地为运算器提供数据，为控制器提供指令，目的是用来改善主存与 CPU 的速度不匹配的问题；主存容量比缓存大，速度没有缓存快，能直接和 CPU 交换信息，并安装于主机箱内部，也称为内存；辅存成本低、速度慢、容量大，要通过接口电路经由主存才能和 CPU 交换信息，是特殊的外部设备，也称为外存。

计算机工作时，操作人员首先通过输入设备将程序和数据送入存储器中。启动运行后，计算机从存储器顺序取出指令，送往控制器进行分析并根据指令的功能向各有关部件发出各种操作控制信号，最终的运算结果要送到输出设备输出。

1.2.2 现代计算机系统的构成

一个完整的现代计算机系统包括硬件系统和软件系统两大部分，微机系统也是如此。硬件系统包括计算机的基本部件和各种具有实体的计算机相关设备；软件系统则包括用各种计算机语言编写的计算机程序、数据和应用说明文档等。本节仅以微机系统为例说明现代计算机系统的构成。

计算机系统的
构成

1. 硬件系统

在计算机中，人们将连接各部件的信息通道称为系统总线（Bus，简称总线），并把通过总线连接各部件的形式称为计算机系统的总线结构。总线结构分为单总线结构和多总线结构两大类。为使成本低廉、设备扩充方便，微机系统基本上采用了图 1.3 所示的单总线结构。根据所传送信号的性质，总线由地址总线（Address Bus，AB）、数据总线（Data Bus，DB）和控制总线（Control Bus，CB）3 部分组成。根据部件的作用，总线一般由总线控制器、总线信号发送/接收器和导线等构成。

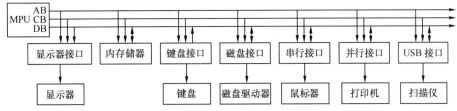

图 1.3 微型计算机的硬件系统结构示意图

在微机系统中，主板（见图 1.4）由微处理器、存储器、输入/输出（Input/Output，I/O）接口、总线电路和基板组成，主板上安装了基本的硬件系统，形成了主机部分。其中的微处理器是采用超大规模集成电路工艺将运算器和控制器制作于同一芯片之中的 CPU，其他的外部设备均通过相应的接口电路与主机总线相连，即不同的设备只要配接合适的接口电路（一般称为适配卡或接口卡）就能以相同的方式挂接到总线上。微机的主板上设有数个标准的插槽，将一块接口板插入任一插槽里，再用信号线将其和外部设备连接起来就完成了一台设备的硬件扩充，非常方便。

图 1.4　微机主板

把主机和接口电路装配在一块电路板上，就构成单板计算机（Single Board Computer），简称单板机；把主机和接口电路制造在一个芯片上，就构成单片计算机（Single Chip Computer），简称单片机。单板机和单片机在工农业生产、汽车、通信、家用电器等领域都得到了广泛的应用。

2. 软件系统

在计算机系统中，硬件系统是软件系统运行的物质基础，软件系统是硬件系统功能的扩充与完善，没有软件系统的支持，硬件系统的功能不可能得到充分的发挥，因此，软件系统是使用者与计算机之间的桥梁。软件系统可分为系统软件和应用软件两大部分。

系统软件是为使用者能方便地使用、维护、管理计算机而编制的程序的集合，它与计算机硬件系统相配套，也称为软设备。系统软件主要包括对计算机系统资源进行管理的操作系统（Operating System，OS）软件、对各种汇编语言和高级语言程序进行编译的语言处理（Language Processor，LP）软件、对计算机进行日常维护的系统服务程序（System Support Program）及工具软件等。

应用软件主要是面向各种专业应用和解决某一特定问题的软件，一般是指操作者在各自的专业领域为解决各类实际问题而编制的程序，如文字处理软件、仓库管理软件、工资核算软件等。

1.3　计算机的部件

1.3.1　CPU 简介

当前可选用的 CPU 较多，国外主要有 Intel 公司的 Pentium 系列、DEC 公司的 Alpha 系列、IBM 和 Apple 公司的 PowerPC 系列等。Intel 公司的 X86 产品占有较大的优势，主要的产品已经从 80486、Pentium、Pentium PRO、Pentium 4、Intel Pentium D（即奔腾系列）、Intel Core 2 Duo，发展到了 Intel Core i7 等。国产 CPU 芯片如飞腾、龙芯、鲲鹏等也实现了群体性突破，为多元化的计算提供了新的选择。CPU 也从单核、双核，发展到了 4 核、8 核、16 核、32 核、64 核。

CPU 中除了包括运算器和控制器，还集成有寄存器组和高速缓存存储器，其基本结构简介如下。

（1）一个 CPU 可有几个乃至几十个内部寄存器，包括用来暂存操作数或运算结果以提高运算速度的数据寄存器；支持控制器工作的地址寄存器、状态标志寄存器等。

（2）执行算术逻辑运算的运算器。它以加法器为核心，能按照二进制法则进行补码的加法运算，还可进行数据的直接传送、移位和比较操作。

（3）控制器由程序计数器、指令寄存器、指令译码器和定时控制逻辑电路组成，用于分析和执行指令、统一指挥微机各部件按时序协调工作。

（4）新型的 CPU 中普遍集成了超高速缓冲存储器，其工作速度和运算器的工作速度一致，是提高 CPU 处理能力的重要技术措施之一，其容量已达到 8MB 以上。

1.3.2　存储器的组织结构和分类

1. 存储器的组织结构

存储器是存放程序和数据的装置。存储器的容量越大越好，工作速度越快越好，但二者和价格是互相矛盾的。为了协调这种矛盾，目前的微机系统均采用了分层次的存储器结构。存储器一般可分为 3 层：主存储器（Memory）、辅助存储器（Storage）和高速缓冲存储器（Cache）。现在一些微机系统又将高速缓冲存储器设计为 CPU 芯片内部的和 CPU 芯片外部的两级，以满足速度和容量的需要。

2. 主存储器

主存储器又称内存，CPU 可以直接访问它。其容量一般为 4GB～8GB，存取速度可达 6ns（1ns=10^{-9}s），主要存放将要运行的程序和数据。

主存储器

微机的内存采用半导体存储器（见图 1.5），其体积小、功耗低、工作可靠、扩充灵活。半导体存储器按功能可分为随机存取存储器（Random Access Memory，RAM）和只读存储器（Read Only Memory，ROM）。RAM 是一种既能读出也能写入的存储器，适合于存放经常变化的用户程序和数据。RAM 只能在电源电压正常时工作，一旦电源断电，里面的信息将全部丢失。ROM 是一种只能读出而不能写入的存储器，适合于存放固定不变的程序和常数，如监控程序、操作系统中的 BIOS（Basic Input Output System，基本输入/输出系统）等。ROM 必须在电源电压正常时才能工作，但断电后其中的信息不会丢失。

图 1.5　内存

3. 辅助存储器

辅助存储器属于外部设备，也称为外存，常用的有磁盘、光盘、磁带等。磁盘分为软磁盘和硬磁盘两种（简称软盘和硬盘）。软盘容量较小，一般为 1.2MB～1.44MB，目前已被淘汰。常见的硬盘分为机械硬盘（Hard Disk Drive，HDD）和固态硬盘（Solid State Drive，SSD）。常用的机械硬盘的容量为 500GB～4TB，甚至更大。为了在磁盘上快速地存取信息，在使用磁盘前要先进行初级格式化操作（目前基本由生产厂商完成），即在磁盘上用磁信号划分出图 1.6 所示的若干个有编号的磁道和扇区，以便计算机通过磁道号和扇区号直接寻找到要写入数据的位置或要读取的数据。为了提高磁盘存取操作的效率，计算机每次要读完或写完一个扇区的内容。

机械硬盘只有磁盘片是无法进行读写操作的，它还需要被放入硬盘驱动器中。硬盘驱动器由驱动电机、可移动寻道的读写磁头部件、壳体和读写信息处理电路等构成，如图 1.7 所示。在进行磁盘读写操作时，磁头通过移动寻找磁道。磁头移动到指定磁道位置后，就等待指定的扇区转动到磁头之下（通过读取扇区标识信息判别），这称为寻区，然后磁头读写一个扇区的内容。

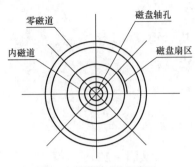

图 1.6 磁盘格式化示意图

图 1.7 硬盘驱动器示意图

固态硬盘是用固态电子存储芯片阵列制成的高性能存储设备，由控制单元和固态存储单元（动态随机存取存储器芯片或闪存芯片）组成。固态硬盘的功能及使用方法与普通硬盘相同，在产品外形和尺寸上也与普通机械硬盘一致（新兴的 U.2、M.2 等型号的固态硬盘尺寸和外形与机械硬盘不同）。由于固态硬盘采用固态存储单元作为存储介质，不用磁头，寻道时间几乎为 0，读写速度非常快。同时，它还具有防震、低功耗、无噪声、工作温度范围大和轻便等优点。其缺点是：容量受限（目前消费级最大容量为 8TB）、寿命限制（有擦写次数限制）及价格高等。常见固态硬盘外观如图 1.8 所示。

图 1.8 固态硬盘外观

光盘的读写过程和磁盘的读写过程相似，不同之处在于它是利用激光束在盘面上烧出斑点进行数据的写入，通过辨识反射激光束的角度来读取数据。光盘和光盘驱动器都有只读和可读写之分。

1.3.3 常用总线标准

要考察主板的性能，除了要看 CPU 的性能和存储器的容量及速度外，采用的总线标准和高速缓存的配置情况也是一个重要的因素。

由于存储器是由一个个存储单元组成的，为了快速地从指定的存储单元中读取或写入数据，就必须为每个存储单元分配一个编号，称为该存储单元的地址。利用地址标号查找指定存储单元的过程称为寻址，所以地址总线的位数就确定了计算机管理内存的范围。例如，20 根地址线（20 位的二进制数），共有 1M 个编号，可以直接寻址 1MB 的内存空间；若有 32 根地址线，则寻址范围扩大了 4 096 倍，可以直接寻址 4GB 的内存空间。

数据总线的位数决定了计算机一次能传送的数据量。在相同的时钟频率下，64 位数据总线的数据传送能力是 8 位数据总线的 8 倍。

控制总线的位数和所采用的 CPU 与总线标准有关。其传送的信息一般为 CPU 向内存和外设发出的控制信息、外设向 CPU 发送的应答和请求服务信号。

（1）ISA 总线。工业标准结构（Industrial Standard Architecture，ISA）总线最早安排了 8 位数据总线，共 62 个引脚，主要满足 8088 CPU 的要求。后来又增加了 36 个引脚，数据总线扩充到 16 位，总线传输速率达到 8MB/s，适应了 80286 CPU 的需求，成为 AT 系列微机的标准总线。

（2）EISA 总线。EISA（Extend ISA，扩展 ISA）总线的数据线和地址线均为 32 位，总线数据传输速率达到 33MB/s，满足了 80386 和 80486 CPU 的要求，且采用双层插座和相应的电路技术保持了和 ISA 总线的兼容。

（3）VESA 总线。视频电子标准协会（Video Electronics Standards Association，VESA，也称 VL-Bus）总线的数据线为 32 位，且留有扩充到 64 位的物理空间。VESA 总线采用局部总线技术使总线数据传输速率达到 132MB/s，支持高速视频控制器和其他高速设备接口，满足了 80386 和 80486 CPU 的要求，且采用双层插座和相应的电路技术，保持了和 ISA 总线的兼容。VEST 总线支持 Intel、AMD、Cyrix 等公司的 CPU 产品。

（4）PCI 总线。外部设备互连（Peripheral Controller Interface，PCI）总线采用局部总线技术，在 33MHz 下工作时数据传输速率为 132MB/s，不受制于处理器且保持了和 ISA、EISA 总线的兼容。同时 PCI 还留有向 64 位扩充的余地，最高数据传输速率为 264MB/s，支持 Intel 80486、Pentium 及更新的 CPU 产品。

1.3.4 常用的输入/输出设备

输入/输出设备又称外部设备或外围设备，简称外设。外设种类繁多，常用的外设有键盘、显示器、打印机、鼠标、绘图机、扫描仪、光学字符识别装置、传真机、智能书写终端设备等。其中，键盘、显示器、鼠标、打印机是目前用得较多的常规设备。

1. 键盘

依据键盘的结构形式，键盘分为有触点和无触点两类。有触点键盘采用机械触点按键，价廉但易损坏。无触点键盘采用霍尔磁敏电子开关或电容感应开关，操作无噪声，手感好，寿命长，但价格较贵。

键盘和鼠标的
使用

2. 显示器

显示器由监视器（Monitor）和装在主机内的显示控制适配器（Adapter）两部分组成。监视器所能显示的光点的最小直径（也称为点距）决定了它的物理显示分辨率，常见的有 0.33mm、0.28mm 和 0.20mm 等。显示控制适配器是监视器和主机的接口电路，也称显示卡。监视器在显示卡和显示卡驱动软件的支持下可实现多种显示模式，如分辨率为 1 024 像素 × 768 像素、1 280 像素 × 720 像素、1 600 像素 × 900 像素等，乘积越大分辨率越高，但不会超过监视器的最高物理分辨率。

液晶显示器（Liquid Crystal Display，LCD）以前只在笔记本电脑中使用，目前已全面替代了阴极射线管（Cathode Ray Tube，CRT）显示器。

3. 鼠标

鼠标通过串行接口或 USB 接口和计算机相连。其上有 2 个或 3 个按键，称为两键鼠标或三键鼠标。鼠标上的按键分别称为左键、右键和中键。鼠标的基本操作包括移动、单击、双击和拖曳等。

4. 打印机

打印机经历了数次更新，虽然目前已经进入激光打印机（Laser Printer）的时代，但点阵打印机（Dot Matrix Printer）的应用仍然很广泛。点阵打印机工作噪声较大，速度较慢；激光打印机工作噪声小，普及型的输出速度也在 6 页/min，分辨率高达 600dpi 以上。此外，还有一种常见的打印机，即喷墨打印机，它的各项指标处于前两种打印机之间。

计算机通过接口连接各种外设，目前常见的接口有标准并行/串行接口和通用串行接口。

1. 标准并行/串行接口

为了方便外接设备，微机系统提供了用于连接打印机的 8 位并行接口和标准的 RS232 串行接口。并行接口也可用来直接连接外置硬盘、软件加密狗和数据采集 A/D 转换器等并行设备。串行接口可用来连接鼠标、绘图仪、调制解调器（Modem）等低速串行设备。

2. 通用串行接口

目前微机系统还有通用串行接口（Universal Serial Bus，USB），通过它可连接多达 256 个外部设备，传输速率可达 2GB/s。USB 自推出以来，已成功替代串行接口和并行接口，成为计算机和智能设备的标准扩展接口及必备接口之一。目前，带 USB 接口的设备有扫描仪、键盘、鼠标、声卡、调制解调器、摄像头及各种智能手机、平板电脑等。

1.4 数制及不同进制之间数值的转换

1.4.1 进位计数制

按进位的方法进行计数，称为进位计数制。为了电路设计的方便，计算机内部使用的是二进制计数制，即"逢二进一"的计数制，简称二进制（Binary）。但人们最熟悉的是十进制（Decimal），所以计算机的输入/输出也要使用十进制数据。此外，为了编写程序的方便，人们还常常会用到八进制（Octal）和十六进制（Hexadecimal）。下面介绍这几种进位计数制和它们之间的转换。

1. 十进制

十进制有两个特点：一是采用 0~9 共 10 个阿拉伯数字符号；二是相邻两位之间为"逢十进一"或"借一当十"的关系，即同一数码在不同的数位上代表不同的数值。我们把某种进位计数制所使用数码的个数称为该进位计数制的"基数"，把计算每个"数码"在所在位上代表的数值时所乘的常数称为"位权"。位权是一个指数，以"基数"为"底"，其幂是数位的"序号"。数位的序号以小数点为界，其左边的数位序号为 0，向左每移 1 位序号加 1，向右每移 1 位序号减 1。由此任意一个十进制数都可以表示为一个按位权展开的多项式之和，如十进制数 5 678.4 可表示为：

$$5\ 678.4 = 5 \times 10^3 + 6 \times 10^2 + 7 \times 10^1 + 8 \times 10^0 + 4 \times 10^{-1}$$

其中，$10^3, 10^2, 10^1, 10^0, 10^{-1}$ 分别是千位、百位、十位、个位和十分位的位权。

2. 二进制

二进制也有两个特点：数字符号仅采用"0"和"1"，所以基数是 2；相邻两位之间为"逢二进一"或"借一当二"的关系。它的"位权"可表示成"2^i"，2 为其基数，i 为数位序号。任何一个二进制数都可以表示为按位权展开的多项式之和，如二进制数 1100.1 可表示为：

$$1100.1 = 1 \times 2^3 + 1 \times 2^2 + 0 \times 2^1 + 0 \times 2^0 + 1 \times 2^{-1}$$

3. 八进制

八进制用的数字符号共有 8 个——0~7，基数是 8；相邻两位之间为"逢八进一"和"借一当八"的关系。它的"位权"可表示成"8^i"。任何一个八进制数都可以表示为按位权展开的多项式之和，如八进制数 1537.6 可表示为：

$$1537.6 = 1 \times 8^3 + 5 \times 8^2 + 3 \times 8^1 + 7 \times 8^0 + 6 \times 8^{-1}$$

4. 十六进制

十六进制用的数字符号共有 16 个，除了 0~9 外又增加了 6 个字母符号 A,B,C,D,E,F，分别对应十进制数 10,11,12,13,14,15。其基数是 16，相邻两位之间为"逢十六进一"和"借一当十六"的关系。它的"位权"可表示成"16^i"。任何一个十六进制数都可以表示为按位权展开的多项式之和，如十六进制数 3AC7.D 可表示为：

$$3AC7.D = 3 \times 16^3 + 10 \times 16^2 + 12 \times 16^1 + 7 \times 16^0 + 13 \times 16^{-1}$$

5. 任意的 K 进制

K 进制用的数码共有 K 个，其基数是 K，相邻两位之间为"逢 K 进一"和"借一当 K"的关系。它的"位权"可表示成"K^i"，i 为数位序号。任何一个 K 进制数都可以表示为按位权展开的多项式之和，该表达式就是数的一般展开表达式：

$$D = \sum_{i=1}^{n} A_i K^i$$

其中，K 为基数，A_i 为第 i 位上的数码，K^i 为第 i 位上的位权。

1.4.2　不同进制数之间的相互转换

1. 二进制数、八进制数、十六进制数转换成十进制数

转换的方法就是按照位权展开表达式，具体如下。

（1）$(111.101)_2 = 1 \times 2^2 + 1 \times 2^1 + 1 \times 2^0 + 1 \times 2^{-1} + 0 \times 2^{-2} + 1 \times 2^{-3}$

$= 4 + 2 + 1 + 0.5 + 0 + 0.125 = (7.625)_{10}$

二进制数、八进制数、十六进制数转换成十进制数

可利用括号加下角标来表示转换前后的不同进制，以下例子中不再加以说明。

（2）$(774)_8 = 7 \times 8^2 + 7 \times 8^1 + 4 \times 8^0 = (508)_{10}$

（3）$(AF2.8C)_{16} = 10 \times 16^2 + 15 \times 16^1 + 2 \times 16^0 + 8 \times 16^{-1} + 12 \times 16^{-2}$

$= 2\,560 + 240 + 2 + 0.5 + 0.046\,875 = (2\,802.546\,875)_{10}$

2. 十进制数转换成二进制数

将十进制数转换成等值的二进制数，需要对整数和小数部分分别进行转换。整数部分的转换方法：连续除 2，直到商数为 0，逆向取各个余数得到的一串数位即为转换结果。例如：

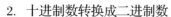

十进制数转换成二进制数、八进制数、十六进制数

$$11 \div 2 = 5 \cdots\cdots 余数 1$$
$$5 \div 2 = 2 \cdots\cdots 余数 1$$
$$2 \div 2 = 1 \cdots\cdots 余数 0$$
$$1 \div 2 = 0 \cdots\cdots 余数 1$$

逆向取余数（后得的余数为结果的高位）得：

$$(11)_{10} = (1011)_2$$

小数部分的转换方法：连续乘 2，直到小数部分为 0 或已得到足够多个数位，正向取积的整数位（后得的整数位为结果的低位）组成的一串数位即为转换结果。例如：

$$0.7 \times 2 = 1.4 \cdots\cdots 整数部分为 1$$
$$0.4 \times 2 = 0.8 \cdots\cdots 整数部分为 0$$
$$0.8 \times 2 = 1.6 \cdots\cdots 整数部分为 1$$
$$0.6 \times 2 = 1.2 \cdots\cdots 整数部分为 1$$
$$0.2 \times 2 = 0.4 \cdots\cdots 整数部分为 0（进入循环过程）$$

若要求 4 位小数，则应算到第 5 位，以便舍入，结果如下：

$$(0.7)_{10} = (0.1011)_2$$

可见有限位的十进制小数所对应的二进制小数可能是无限位的循环或不循环小数，这就必然导致转换误差。仅将上述转换方法简单证明如下。

若有一个十进制整数 A，必然对应有一个 n 位的二进制整数 B，将 B 展开表示就得出：

$$(A)_{10} = b_{n-1} \times 2^{n-1} + b_{n-2} \times 2^{n-2} + \cdots + b_2 \times 2^2 + b_1 \times 2^1 + b_0 \times 2^0$$

将式子两端同时除以 2，则两端的结果和余数都应当相等。分析式子右端，除了最末项外各项都含有因子 2，所以其余数就是 b_0。同时 b_1 项的因子 2 没有了。当再次除以 2 时，b_1 就是余数。以此类推，就逐次得到了 $b_2, b_3, b_4, \cdots$ 直到式子左端的商为 0。

小数部分转换方法的证明同样是利用转换结果的展开表达式，写出下式：

$$(A)_{10} = b_{-1} \times 2^{-1} + b_{-2} \times 2^{-2} + \cdots + b_{-(m-1)} \times 2^{-m+1} + b_{-m} \times 2^{-m}$$

显然，当式子两端乘以 2，其右端的整数位就等于 b_{-1}。当式子两端再次乘以 2，其右端的整数位就等于 b_{-2}。以此类推，直到右端的小数部分为 0，或得到了满足要求的二进制小数位数。

最后将小数部分和整数部分的转换结果合并，并用小数点隔开就得到了最终转换结果。

3. **十进制数转换为八进制数、十六进制数**

对整数部分"连除基数取余"、对小数部分"连乘基数取整"的转换方法，可以推广到十进制数到任意进制数的转换，这时的基数要用十进制数表示。例如，用"除 8 逆向取余"和"乘 8 正向取整"的方法可以实现由十进制数向八进制数的转换；用"除 16 逆向取余"和"乘 16 正向取整"可实现由十进制数向十六进制数的转换。将十进制数 269 转换为八进制数和十六进制数的计算为：

269÷8=33　……余数 5	269÷16=16　……余数 13
33÷8=4　……余数 1	16÷16=1　……余数 0
4÷8=0　……余数 4	1÷16=0　……余数 1
得：$(269)_{10}=(415)_8$	得：$(269)_{10}=(10D)_{16}$

4. **八进制数、十六进制数与二进制数之间的转换**

由于 3 位二进制数所能表示的也是 8 个状态，因此 1 位八进制数与 3 位二进制数之间就有着一一对应的关系，其转换十分简单：将八进制数转换成二进制数时，只需要将每 1 位八进制数码用 3 位二进制数码代替即可。例如：

$$(367.12)_8 = (011\ 110\ 111.001\ 010)_2$$

为了便于阅读，这里在数字之间特意添加了空格。若要将二进制数转换成八进制数，只需从小数点开始，分别向左和向右每 3 位分成一组，然后用 1 位八进制数码代替即可。例如：

$$(10100101.00111101)_2 = (10\ 100\ 101.001\ 111\ 010)_2 = (245.172)_8$$

这里要注意的是：小数部分最后一组如果不够 3 位，应在尾部用 0 补足 3 位后再进行转换。

与八进制数类似，1 位十六进制数与 4 位二进制数之间也有着一一对应的关系。将十六进制数转换成二进制数时，只需将每 1 位十六进制数码用 4 位二进制数码代替即可。例如：

$$(CF.5)_{16} = (1100\ 1111.0101)_2$$

将二进制数转换成十六进制数时，只需从小数点开始，分别向左和向右每 4 位一组用 1 位十六进制数码代替即可。小数部分的最后一组不足 4 位时要在尾部用 0 补足 4 位。例如：

$$(10110111.10011)_2 = (1011\ 0111.1001\ 1000)_2 = (B7.98)_{16}$$

1.4.3　二进制数的算术运算

二进制数只有 "0" 和 "1" 两个数码，它的算术运算规则比十进制数的运算规则简单得多。

1. 二进制数的加法运算

二进制加法规则共 4 条：0 + 0=0；0 + 1=1；1 + 0=1；1 + 1=0（向高位进位 1）。

例如，将两个二进制数 1001 与 1011 相加，加法过程的竖式计算可表示为：

$$
\begin{array}{rl}
1\,0\,0\,1 & \text{被加数} \\
+\ 1\,0\,1\,1 & \text{加数} \\
\hline
1\,0\,1\,0\,0 & \text{和}
\end{array}
$$

2. 二进制数的减法运算

二进制减法规则也是 4 条：0−0=0；1−0=1；1−1=0；0−1=1（向相邻的高位借 1 当 2）。

例如，1010 − 0111 = 0011。

3. 二进制数的乘法运算

二进制乘法规则也是 4 条：0×0=0；0×1=0；1×0=0；1×1=1。

例如，求二进制数 1101 和 1010 相乘的乘积，竖式计算为：

$$
\begin{array}{rl}
1\,1\,0\,1 & \text{被乘数} \\
\times\ 1\,0\,1\,0 & \text{乘数} \\
\hline
0\,0\,0\,0 & \\
1\,1\,0\,1 & \\
0\,0\,0\,0 & \text{部分乘积} \\
+\ 1\,1\,0\,1 & \\
\hline
1\,0\,0\,0\,0\,0\,1\,0 & \text{乘积}
\end{array}
$$

从上例可知，二进制的乘法运算过程和十进制的乘法运算过程一致，仅仅是换用了二进制的加法和乘法规则，但计算更为简洁。

二进制的除法同样是乘法的逆运算，也与十进制除法类似，仅仅是换用了二进制的乘法和减法规则，这里不再举例说明。

1.5　计算机信息处理

在介绍计算机信息处理之前，首先我们要明确什么是 "信息"。从广义上讲，信息就是消息。信息一般表现为 5 种形态：数据、文本、声音、图形、图像。本节主要讲述数据及文本的计算机表示和处理，声音、图形及图像的计算机表示和处理将在本书第 6 章进行介绍。

1.5.1　数值信息的表示

1. 数的定点表示

小数点位置固定的数据称为定点数。计算机中常用的定点数有两种，即定点纯整数和定点纯小数。将小数点固定在数的最低位之后，就是定点纯整数。将小数点固定在符号位之后、最高数值位之前，就是定点纯小数。

2. 数的编码表示

一般数都有正负之分，计算机只能记忆"0"和"1"，为了方便数在计算机中存放和处理，就要先将数的符号进行编码。基本方法是在数中增加一位符号位（一般将其安排在数的最高位之前），并用"0"表示数的正号，用"1"表示数的负号。例如：

数+1110011 在计算机中可存为 01110011；

数−1110011 在计算机中可存为 11110011。

（1）原码

上述这种数值位部分不变，仅用"0"和"1"表示其符号得到的数的编码，称为原码，其原来的数称为真值，其编码形式称为机器数。

按原码的定义和编码方法，数"0"就存在两种编码形式：0000⋯0 和 100⋯0。

对带符号的整数来说，n 位二进制原码表示的数值范围是$-(2^{n-1}-1)\sim +(2^{n-1}-1)$。

例如，8 位原码的表示范围为−127～+127，16 位原码的表示范围为−32 767～+32 767。

为了简化运算操作，也为了把加法和减法统一起来以简化运算器的设计，计算机中也用到了其他的编码形式：反码和补码。

（2）反码

对于正数，其反码和原码相同；对于负数，其原码的符号位保持不变，而将其他位按位求反（即将"0"换为"1"，"1"换为"0"）。

（3）补码

对于正数，其补码和原码相同；对于负数，先求其反码，再在最低位加"1"（即末位加"1"）。

真值、原码、反码和补码的对照举例如表 1.1 所示。

表 1.1　真值、原码、反码和补码对照举例

十进制数	二进制数	十六进制数	原码	反码	补码	说明
69	1000101	45	01000101	01000101	01000101	定点正整数
−92	−1011100	−5C	11011100	10100011	10100100	定点负整数
0.82	0.11010010	0.D2	01101001	01101001	01101001	定点正小数
−0.6	−0.10011010	−0.9A	11001101	10110010	10110011	定点负小数

注意： 在二进制数的小数取舍中，0 舍 1 入。例如，$(0.82)_{10}=(0.110100011\cdots)_2$，取 8 位小数，就把第 9 位上的 1 入到第 8 位，而第 8 位进位，从而得到十进制数 0.82 的二进制数是 0.11010010。在原码中，为了凑 8 位数字，把最后一个 0 舍去。

3. 补码运算举例

补码运算的基本规则是$[X]_补+[Y]_补=[X+Y]_补$，$[[X]_补]_补=X$，下面根据此规律进行计算。

（1）$18-13=5$

由式 $18-13=18+(-13)$，可得 8 位补码计算的竖式为：

$$
\begin{array}{r}
00010010 \\
+\ 11110011 \\
\hline
100000101
\end{array}
$$

最高位进位自动丢失后，结果的符号位为 0，即为正数，补码与原码相同。转换为十进制数即为+5，运算结果正确。

（2）25−36 = −11

由式 25−36 = 25 + (−36)，可得 8 位补码计算的竖式为：

$$
\begin{array}{r}
00011001 \\
+\ 11011100 \\
\hline
11110101
\end{array}
$$

结果的符号位为 1，即为负数。由于负数的补码与原码不相同，所以我们要对其求补得到原码 10001011，转换为十进制数即为−11，运算结果正确。

为了进一步说明补码的原理，我们先来介绍数学中的"同余"概念。对于 a,b 两个数，若用一个正整数 K 去除，所得的余数相同，则称 a,b 对于模 K 是同余的（或称互补）。也就是说，a 和 b 在模 K 的意义下相等，记作 $a = b(\mathrm{MOD}\ K)$。

例如，$a=13$，$b=25$，$K=12$，用 K 去除 a 和 b 余数都是 1，记作 $13 = 25(\mathrm{MOD}\ 12)$。

在我们的日常生活中，钟表校对时间就是补码应用的例子。顺时针方向拨 K（$0 \leqslant K \leqslant 12$）个小时与逆时针方向拨 $12−K$ 个小时，其效果是相同的，因为表盘上只有 12 个计数状态，故其模为 12。计算机运算器的位数（字长）总是有限的，即它也有"模"的存在，可以利用"补码"实现加减法之间的相互转换。

4. 计算机中数的浮点表示

一个十进制数可以表示成一个纯小数与一个以 10 为底的整数次幂的乘积，如 135.45 可表示为 $0.135\,45 \times 10^3$。同理，一个任意二进制数 N 也可以表示为：

$$N = 2^J \times S$$

其中，S 称为尾数，是二进制纯小数，表示 N 的有效数位；J 称为 N 的阶码，是二进制整数，指明了小数点的实际位置，改变 J 的值也就改变了 N 的小数点的位置。该公式就是数的浮点表示形式，其中的尾数和阶码分别是定点纯小数和定点纯整数。例如，二进制数 11101.11 的浮点数表示形式可为 0.1110111×2^{101}。从原则上讲，阶码和尾数都可以任意选用原码、反码或补码，这里仅简单举例说明采用补码表示的定点纯整数的阶码、采用补码表示的定点纯小数尾数的浮点数表示方法。例如，在 IBM PC 系列微机中，采用 4 字节存放一个实型数据，其中阶码占 1 字节，尾数占 3 字节。阶码的符号（简称阶符）和数值的符号（简称数符）各占 1 位，且阶码和尾数均为补码形式。当存放十进制数 256.812 5 时，其浮点格式为：

原码、反码和补码

$$
\underbrace{0}_{\text{阶符}}\ \underbrace{000\,1001}_{\text{阶码}}\ \underbrace{0}_{\text{数符}}\ \underbrace{1000000\ 00110100\ 00000000}_{\text{尾数}}
$$

即 $(256.812\,5)_{10} = (100000000.1101)_2 = (0.1000000001101 \times 2^{1001})_2$。

当存放十进制数−0.218 75 时，其浮点格式为：

$$
\underbrace{1}_{\text{阶符}}\ \underbrace{111\,1110}_{\text{阶码}}\ \underbrace{1}_{\text{数符}}\ \underbrace{0010000\ 00000000\ 00000000}_{\text{尾数}}
$$

即 $(-0.218\,75)_{10} = (-0.00111)_2 = (-0.111 \times 2^{-010})_2$。

由上例可以看出，写一个编码时必须按规定写足位数。由于小数点位置可以变化，一个浮点数有多种编码表示，为了唯一表示浮点数并充分利用编码表示较高的数据精度，计算机中采用了"规格化"浮点数的概念，即尾数小数点的后 1 位必须非"0"。也就是说，正数小数点的后 1 位必须是"1"；对负数补码，小数点的后 1 位必须是"0"。

1.5.2 非数值数据的编码

由于计算机只能识别二进制代码，所以数字、字母、符号等必须以特定的二进制代码来表示，这种方式称为二进制编码。

1. 十进制数字的编码

十进制小数转换为二进制数时可能会产生误差，为了精确地存储和运算十进制数，我们可用若干位二进制数来表示 1 位十进制数，这可称为二进制编码的十进制数，简称二-十进制（Binary Code Decimal，BCD）代码。由于十进制数有 10 个数码，起码要用 4 位二进制数才能表示 1 位十进制数，而 4 位二进制数能表示 16 个符号，所以就存在多种编码方法。其中，8421 码是比较常用的一种，它利用了二进制数的展开表达式形式，即各位的位权由高位到低位分别是 8,4,2,1，方便了编码和解码的运算操作。若用 BCD 码表示十进制数 2 365，就可以直接写出结果：0010 0011 0110 0101。

2. 字母和常用符号的编码

在英语书中用到的字母为 52 个（大、小写字母各 26 个）、数码为 10 个、数学运算符号和其他标点符号等约 32 个，再加上用于控制打印机等外围设备的控制字符，共计 128 个符号。对 128 个符号编码需要 7 位二进制数，且可以有不同的排列方式，即不同的编码方案。其中美国标准信息交换码（American Standard Code for Information Interchange，ASCII）是使用最广泛的字符编码方案。在 7 位 ASCII 代码之前再增加 1 位用作校验位，形成 8 位编码。ASCII 编码表如表 1.2 所示。

表 1.2　ASCII 编码表（$b_7b_6b_5b_4b_3b_2b_1$）

$b_4b_3b_2b_1$	$b_7b_6b_5$							
	000	001	010	011	100	101	110	111
0000	NUL	DLE	SP	0	@	P	`	p
0001	SOH	DC1	!	1	A	Q	a	q
0010	STX	DC2	"	2	B	R	b	r
0011	ETX	DC3	#	3	C	S	c	s
0100	EOT	DC4	$	4	D	T	d	t
0101	ENQ	NAK	%	5	E	U	e	u
0110	ACK	SYN	&	6	F	V	f	v
0111	BEL	ETB	'	7	G	W	g	w
1000	BS	CAN	(	8	H	X	h	x
1001	HT	EM	)	9	I	Y	i	y
1010	LF	SUB	*	:	J	Z	j	z
1011	VT	ESC	+	;	K	[	k	{
1100	FF	FS	,	<	L	\	l		
1101	CR	GS	-	=	M	]	m	}
1110	SO	RS	.	>	N	^	n	~
1111	SI	US	/	?	O	_	o	DEL

3. 汉字编码

依据汉字处理阶段的不同，汉字编码可分为输入码、显示字形码、机内码和交换码。

（1）通过键盘输入汉字用到的输入码包括数字码、拼音码、字形码和音形混合码。数字码以区位码、电报码为代表，一般用 4 位十进制数表示一个汉字，每个汉字的编码唯一，记忆困难。拼音码又分为全拼和双拼，基本无须记忆，但重音字太多。此后人们又提出了双拼双音、智能拼音和联想等方案，推进了拼音汉字编码的普及使用。字形码以五笔字型为代表，优点是重码率低，适用于专业打字人员使用，缺点是记忆量大。自然码是将汉字的音、形、义都反映在其编码中，它是音形混合编码的代表。

（2）要通过屏幕或打印机输出汉字，就需要用到汉字的字形信息。目前表示汉字字形的常用方法有点阵字形法和矢量字形法。

点阵字形是将汉字写在一张方格纸上，用 1 位二进制数表示一个方格的状态，有笔画经过的方格记为"1"，否则记为"0"，并称其为点阵。把点阵上的状态代码记录下来，就得到了一个汉字的字形码。将字形信息有组织地存放起来，就形成了汉字字形库。在一般的汉字系统中，汉字字形点阵有 16×16、24×24、48×48 等几种，点阵越大对每个汉字的修饰作用就越强，打印质量也就越高。通常我们用 16×16 点阵来显示汉字。

矢量字形则是抽取并存放汉字中每个笔画的特征坐标值，即汉字的字形矢量信息，在输出时依据这些信息经过运算恢复原来的字形。

（3）当输入一个汉字并要将其显示出来时，就要将其输入码转换成能表示其字形码存储地址的机内码。根据字库的选择和字库存放位置的不同，同一汉字在同一计算机内的内码也是不同的。

（4）汉字的输入码、字形码和机内码都不是唯一的，不便于不同计算机系统之间的汉字信息交换。为此我国制定了《信息交换用汉字编码字符集·基本集》（GB 2312—1980），提供了统一的国家信息交换用汉字编码，规定了 682 个西文字符和图形符号、6 763 个常用汉字。

除 GB 2312—1980 外，GB 7589—1987 和 GB 7590—1987 两个辅助集也对不常用汉字做出了规定，三者共定义汉字 21 039 个。

1.6　计算思维概述

思维是人类具有的高级认识活动。按照信息论的观点，思维是对新输入信息与脑内储存知识、经验进行一系列复杂的心智操作过程。计算思维并非现在才有，它早有萌芽，并随着计算工具的发展而发展。例如，算盘就是一种没有存储设备的计算机（人脑作为存储设备），提供了一种用计算方法来解决问题的思想和能力；图灵机是现代数字计算机的数学模型，是有存储设备和控制器的；现代计算机的出现强化了计算思维的意义和作用。计算工具的发展、计算环境的演变、计算科学的形成、计算文明的迭代中处处都蕴含着思维的火花。图灵奖得主艾兹格·迪科斯彻（Edsger Dijkstra）说过："我们所使用的工具影响着我们的思维方式和思维习惯，从而也将深刻地影响着我们的思维能力。"

2006 年，美国卡内基·梅隆大学的周以真（Jeannette M.Wing）教授提出：计算思维是运用计算机科学的基础概念进行问题求解、系统设计以及人类行为理解等涵盖计算机科学之广度的一系列思维活动（智力工具、技能、手段）。当我们必须求解一个特定的问题时，我们首先会问：解决这个问题有多困难？怎样才是最佳的解决方案？计算机科学根据坚实的理论基础来准确地回答这些问题。此外，人们在解决问题的过程中必须考虑机器的指令系统、资源约束和操作环境等因素。

计算思维就是通过嵌入、转化和仿真等方法，把一个看起来困难的问题重新阐释成一个我们知道怎样解决的问题。计算思维是一种科学的思维方法，所有人都应该学习和培养计算思维。但是学习的内容和要求是相对的，对不同人群应该有不同的要求。计算思维不是悬空的、不可琢磨的抽象概念，而是体现在各个学科中的一种思维。正如学习数学的过程就是培养理论思维的过程；学习物理的过程就是培养实证思维的过程；学习程序设计，其中的算法思维就是计算思维。在今后的学习中，大家应该更关注计算思维能力的训练与提升。

计算机的由来
与发展

计算机领域
杰出人物简介

习题 1

1. 微型计算机系统由哪几部分组成？其中硬件包括哪几部分？软件包括哪几部分？各部分的功能是什么？

2. 微型计算机的存储体系如何？内存和外存各有什么特点？

3. 计算机更新换代的主要技术指标是什么？

4. 表示计算机存储器容量的单位是什么？如何由地址总线的根数来计算存储器的容量？KB、MB、GB 分别代表什么意思？

习题参考答案

5. 已知 X 的补码为 11110110，求其真值。将二进制数+1100101 转换为十进制数，并用 8421BCD 码表示。

6. 将十进制数 2 746.128 51 转换为二进制数、八进制数和十六进制数。

7. 分别用原码、补码、反码表示有符号的十进制数+102 和-103。

8. 用规格化的浮点格式表示十进制数 123.625。

9. 设浮点数形式为"阶符阶码尾符尾数"，其中阶码（包括 1 位符号位）取 8 位补码，尾数（包括 1 位符号位）取 24 位原码，基数为 2。写出二进制数-110.0101 的浮点数形式。

10. 汉字在计算机内部存储、传输和检索的代码称作什么？汉字输入码到该代码是如何转换的？

11. 什么是计算思维？计算思维有什么用途？

02 第2章 操作系统基础

本章首先从操作系统的定义、功能、分类和演化进程等方面进行介绍，然后以 Windows 7 为例，详细讲述操作系统的功能和使用方法，最后简要介绍 Windows 8、Windows 10 操作系统的特点。

【知识要点】

- 操作系统的定义、功能、分类和演化过程。
- Windows 7 的常用操作。
- 操作系统 Windows 8、Windows 10 简介。

章首导读

2.1 操作系统概述

2.1.1 操作系统的含义

为了使计算机系统中所有软硬件资源协调一致，有条不紊地工作，就必须有一套软件来进行统一的管理和调度，这种软件就是操作系统。操作系统是管理软硬件资源、控制程序执行、改善人机界面、合理组织计算机工作流程和为用户使用计算机提供良好运行环境的一种系统软件。计算机系统不能缺少操作系统，正如人不能没有大脑一样，而且操作系统的性能在很大程度上直接决定了整个计算机系统的性能。操作系统直接运行在裸机上，是对计算机硬件系统的第一次扩充。在操作系统的支持下，计算机才能运行其他的软件。从用户的角度看，操作系统加上计算机硬件系统形成一台虚拟机（通常广义上的计算机），它为用户构造了一个方便、高效、友好的使用环境。因此可以说，操作系统不但是计算机硬件与其他软件的接口，而且是用户和计算机的接口。

2.1.2 操作系统的基本功能

操作系统作为计算机系统的管理者，它的主要功能是对系统所有的软硬件资源进行合理而有效的管理和调度，提高计算机系统的整体性能。一般而言，引入操作系统有两个目的：第一，从用户角度来看，操作系统将裸机改造成一台功能更强、服务质量更高、用户使用起来更加灵活方便、更加安全可靠的虚拟机，使用户无须了解更多有关硬件和软件的细节就能使用计算机，从而提高用户的工作效率；第二，为了合理地使用系统包含的各种软硬件资源，提高整个系统的使用

操作系统的基本功能

效率。具体地说，操作系统具有处理器管理、存储管理、设备管理、文件管理和作业管理等功能。

1. 处理器管理

处理器管理也称为进程管理。进程是一个动态的过程，是执行起来的程序，是系统进行资源调度和分配的独立单位。

进程在其生存周期内，由于受资源制约，其执行过程是间断的，因此进程状态也是不断变化的。一般来说，进程有 3 种基本状态。

（1）就绪状态。进程已经获取了除 CPU 之外所必需的一切资源，一旦分配到 CPU，就可以立即执行。

（2）运行状态。进程获得了 CPU 及其他一切所需的资源，正在运行。

（3）等待状态。由于某种资源得不到满足，进程运行受阻，处于暂停状态，等待分配到所需资源后，转入就绪状态。

操作系统对进程的管理主要体现在调度和管理进程从"创生"到"消亡"整个生存周期过程中的所有活动，包括创建进程、转变进程的状态、执行进程和撤销进程等操作。

2. 存储管理

存储器是计算机系统中存放各种信息的主要场所，因而是系统的关键资源之一，能否合理、有效地使用这种资源，在很大程度上影响到整个计算机系统的性能。操作系统的存储管理主要是对内存的管理。操作系统除了要为各个作业及进程分配互不发生冲突的内存空间、保护放在内存中的程序和数据不被破坏，还要组织最大限度的共享内存空间，甚至将内存和外存结合起来，为用户提供一个容量比实际内存大得多的虚拟存储空间。

3. 设备管理

外部设备是计算机系统中完成和人及其他系统间进行信息交流的重要资源，也是系统中最具多样性和变化性的部分。设备管理负责对接入本计算机系统的所有外部设备进行管理，主要功能有设备分配、设备驱动、缓冲管理、数据传输控制、中断控制、故障处理等。人们常采用缓冲、中断、通道和虚拟设备等技术，尽可能地使外部设备和主机并行工作，解决快速 CPU 与慢速外部设备的矛盾，使用户不必去了解具体设备的物理特性和具体控制命令就能方便、灵活地使用这些设备。

4. 文件管理

计算机中存放着成千上万个文件，这些文件保存在外存中，但其处理却是在内存中进行的。对文件的组织管理和操作都是由被称为文件系统的软件来完成的。文件系统由文件、管理文件的软件和相应的数据结构组成。文件系统支持文件的建立、存储、检索、调用和修改等操作，解决文件的共享、保密和保护等问题，并提供方便的用户使用界面，使用户能实现对文件的按名存取，而不必关心文件在磁盘上的存放细节。

5. 作业管理

我们将一次算题过程中或一个事务处理过程中要求计算机系统所完成的工作的集合，包括要执行的全部程序模块和需要处理的全部数据，称为一个作业（Job）。作业管理是为处理器管理做准备的，包括对作业的组织、调度和运行控制。

作业有 3 个状态：当作业被输入到系统的后备存储器中，并建立了作业控制模块（Job Control Block，JCB）时，即称其处于后备态；当作业被作业调度程序选中，并且作业调度程序为它分配了必要的资源，建立了一组相应的进程时，称作业处于运行态；作业正常完成或因程序出错等而被终止运行时，则称其进入完成态。

2.1.3　操作系统的分类

经过了 50 多年的迅速发展，操作系统多种多样，功能也相差很大，已经发展到能够适应各种不同的应用环境和各种不同的硬件配置。操作系统按不同的分类标准可分为不同类型，如图 2.1 所示。

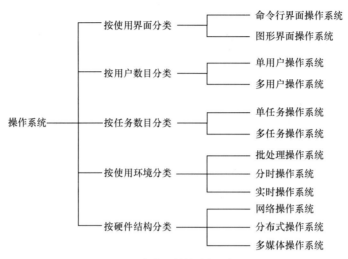

图 2.1　操作系统的分类示意图

1．按使用界面分类

（1）命令行界面操作系统。在命令行界面操作系统中，用户只能在命令提示符后（如 C:\>）输入命令来操作计算机。其界面不友好，用户需要记忆各种命令，否则无法使用系统，如 MS DOS、Novell 等。

（2）图形界面操作系统。图形界面操作系统交互性好，用户无须记忆命令，可根据界面的提示进行操作。图形界面操作系统简单易学，如 Windows。

2．按用户数目分类

（1）单用户操作系统。单用户操作系统只允许一个用户使用操作系统，该用户独占计算机系统的全部软硬件资源。在微型计算机上使用的 MS-DOS、Windows 3.x 和 OS/2 等属于单用户操作系统。单用户操作系统可分为单任务操作系统和多任务操作系统。其区别是一台计算机能否同时执行两项以上（含两项）的任务，比如在数据统计的同时能否播放音乐等。

（2）多用户操作系统。多用户操作系统是在一台主机上连接有若干台终端，能够支持多个用户同时通过这些终端机使用该主机进行工作。根据各用户占用该主机资源的方式，多用户操作系统又分为分时操作系统和实时操作系统。典型的多用户操作系统有 UNIX、Linux 和 VAX-VMS 等。

3．按任务数目分类

（1）单任务操作系统。单任务操作系统的主要特征是系统每次只能执行一个程序。例如，打印机在打印时，微机就不能再进行其他工作了，如 DOS 操作系统。

（2）多任务操作系统。多任务操作系统允许同时运行两个以上的程序，比如在打印时可以同时执行另一个程序，如 Windows NT、Windows 2000/XP、Windows Vista/7、UNIX 等。

4．按使用环境分类

（1）批处理操作系统。将若干作业按一定的顺序统一交给计算机系统，由计算机自动地顺序完成这些作业，这样的系统称为批处理系统。批处理系统的主要特点是用户脱机使用计算机和成批处理，从而大大提高了系统资源的利用率和系统的吞吐量，如 MVX、DOS/VSE、AOS/V 等。

（2）分时操作系统。分时操作系统是一台主机带有若干台终端，CPU 按照预先分配给各个终端的时间片，轮流为各个终端服务，即各个用户分时共享计算机系统的资源。它是一种多用户操作系统，其特点是具有交互性、即时性、同时性和独占性，如 UNIX、XENIX 等。

（3）实时操作系统。实时操作系统是对来自外界的信息在规定的时间内即时响应并进行处理的系统。它的两大特点是响应的即时性和系统的高可靠性，如 IRMX、VRTX 等。

5. 按硬件结构分类

（1）网络操作系统。网络操作系统是用来管理连接在计算机网络上的多个独立的计算机系统（包括微机、无盘工作站、大型机和中小型机系统等），使它们在各自原来操作系统的基础上实现相互之间的数据交换、资源共享、相互操作等网络管理和网络应用的操作系统。连接在网络上的计算机被称为网络工作站，简称工作站。工作站和终端的区别是前者具有自己的操作系统和数据处理能力，后者要通过主机实现运算操作，如 Netware、Windows NT、OS/2 等。

（2）分布式操作系统。分布式操作系统也是通过通信网络将物理上分布存在的、具有独立运算功能的数据处理系统或计算机系统连接起来，实现信息交换、资源共享和协作完成任务的系统。分布式操作系统管理系统中的全部资源，为用户提供一个统一的界面，强调分布式计算和处理，更强调系统的坚强性、重构性、容错性、可靠性和快速性。从物理连接上看，它与网络系统十分相似。它与一般网络系统的主要区别表现在：操作人员向系统发出命令后能迅速得到处理结果，但操作人员并不知道运算处理是在系统中的哪台计算机上完成的，如 Amoeba。

（3）多媒体操作系统。多媒体计算机是近几年发展起来的集文字、图形、声音、活动图像于一身的计算机。多媒体操作系统对上述各种信息和资源进行管理，包括数据压缩、声像同步、文件格式管理、设备管理和提供用户接口等。

2.2 微机操作系统的演化过程

提起操作系统，微软公司是功不可没的，它在计算机的发展过程中担任了重要的角色。绝大多数计算机用户都使用过微软公司的操作系统，微软公司的操作系统在全球占有绝对优势。下面就以微软公司的操作系统为例，介绍微机操作系统的演化过程。

2.2.1 DOS

1. DOS 的功能

DOS（Disk Operating System）即磁盘操作系统，它是配置在个人计算机上的单用户命令行界面操作系统。它曾经最广泛地应用在个人计算机上，对于计算机的应用普及可以说是功不可没的。其功能主要是进行文件管理和设备管理。

DOS 简介

2. DOS 的文件

DOS 的文件是存放在外存中、有名字的一组信息的集合。每个文件都有一个文件名，DOS 按文件名对文件进行识别和管理，即所谓的"按名存取"。文件名由主文件名和扩展名两部分组成，其间用圆点"."隔开。主文件名用来标识不同的文件，扩展名用来标识文件的类型。主文件名不能省略，扩展名可以省略。主文件名由 1～8 个字符组成，扩展名最多由 3 个字符组成。

DOS 对文件名中的大小写字母不加区分，字母或数字都可以作为文件名的第 1 个字符。一些特殊字符（如 $、～、-、&、#、%、@、(、) 等）可以用在文件名中，但不允许使用 "!"","" 和空格等。

对文件操作时，在文件名中可以使用具有特殊作用的两个符号 "*" 和 "?"，它们称为 "通配符"。其中 "*" 代表在其位置上连续且合法的零个到多个字符，"?" 代表它所在位置上的任意一个合法字符。利用通配符可以很方便地对一批文件进行操作。

3. DOS 的目录和路径

磁盘上可存放许多文件，通常各个用户都希望自己的文件与其他用户的文件分开存放，以便查找和使用。即使是同一个用户，也往往把不同用途的文件互相区分，分别存放，以便于管理和使用。

（1）树形目录。DOS 系统采用树形结构来实施对所有文件的组织和管理。该结构很像一棵倒立的树，树根在上，树叶在下，中间是树枝，它们都称为节点。树的节点分为 3 类：根节点表示根目录；枝节点表示子目录；叶节点表示文件。在目录下可以存放文件，也可以创建不同名字的子目录，子目录下又可以建立子目录并存放一些文件。上级子目录和下级子目录之间的关系是父子关系，即父目录下可以有子目录，子目录下又可以有自己的子目录，呈现出明显的层次关系，如图 2.2 所示。

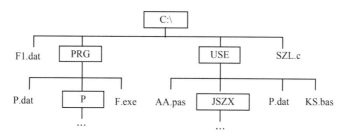

图 2.2 DOS 的树形结构

（2）路径。要指定 1 个文件，DOS 必须知道 3 条信息：文件所在的驱动器（即盘符）、文件所在的目录和文件名。路径即为文件所在的位置，包括盘符和目录名，如 C:\PRG\P。

2.2.2 Windows 操作系统

从 1983 年到 1998 年，美国微软公司陆续推出了 Windows 1.0、Windows 2.0、Windows 3.0、Windows 3.1、Windows NT、Windows 95、Windows 98 等系列操作系统。Windows 98 以前版本的操作系统都由于存在某些缺点而很快被淘汰。而 Windows 98 提供了更强大的多媒体和网络通信功能，以及更加安全可靠的系统保护措施和控制机制，从而使 Windows 98 系统的功能趋于完善。1998 年 8 月，微软公司推出了 Windows 98 中文版，这个版本当时应用非常广泛。

2000 年，微软公司推出了 Windows 2000 的英文版。Windows 2000 也就是改名后的 Windows NT5，Windows 2000 具有许多意义深远的新特性。同年，微软公司又发行了 Windows Me 操作系统。

2001 年，微软公司推出了 Windows XP。Windows XP 整合了 Windows 2000 的强大功能特性，并植入了新的网络单元和安全技术，具有界面时尚、使用便捷、集成度高、安全性好等优点，到目前为止，还有相当一部分用户在使用此系统。

2005 年，微软公司又在 Windows XP 的基础上推出了 Windows Vista。

2009 年，Windows 7 发布。Windows 7 操作系统中引入了 Life Immersion 概念，即在系统中集成许多人性因素，一切以人为本。同时，Windows 7 沿用了 Vista 的 Aero（Authentic 真实、Energetic 动感、Reflective 反射性、Open 开阔）界面，提供了高质量的视觉感受，使得桌面更加流畅、稳定。为了满足不同定位用户群体的需要，Windows 7 提供了 5 个不同版本：家庭普通版（Home Basic 版）、家庭高级版（Home Premium 版）、商用版（Business 版）、企业版（Enterprise 版）和旗舰版（Ultimate 版）。

2011 年 9 月 14 日，Windows 8 开发者预览版发布，其兼容移动终端。2012 年 2 月，微软发布 Windows 8 消费者预览版。Windows 8 是微软公司开发的具有革命性变化的操作系统，旨在让人们日常的计算机操作更加简单和快捷，为人们提供高效易行的工作环境。Windows 8 支持来自 Intel、AMD 和 ARM 的芯片架构。Windows 系统开始向更多平台迈进，包括平板电脑和 PC。

Windows 10 是微软公司新一代的操作系统，于 2015 年 7 月发布。Windows 10 拥有的触控界面为用户提供了新体验，且实现了全平台覆盖，可以运行在手机、平板电脑、台式计算机及服务器等设备中。Windows 10 在易用性和安全性方面有了极大提升，除了针对云服务、智能移动设备、自然人机交互等新技术进行融合，还对固态硬盘、生物识别、高分辨率屏幕等硬件进行了优化、完善与支持。

2.3 网络操作系统

计算机网络可以定义为互连的自主计算机系统的集合。所谓自主计算机是指计算机具有独立处理能力，而互连则表示计算机之间能够实现通信和相互合作。可见，计算机网络是在计算机技术和通信技术高度发展的基础上相互结合的产物。

网络操作系统是网络的心脏和灵魂，是向网络计算机提供服务的特殊操作系统。它在计算机操作系统下工作，使计算机操作系统增加了网络操作所需要的能力。

网络操作系统通常可以被定义为：实现网络通信的有关协议以及为网络中各类用户提供网络服务的软件的集合，其主要目标是使用户能通过网络上各个计算机站点去方便而高效地享用和管理网络上的各类资源（数据与信息资源，软件和硬件资源）。

网络操作系统按控制模式可以分为集中模式、客户机/服务器模式、对等模式。集中式网络操作系统是由分时操作系统加上网络功能演变的，系统的基本单元是由一台主机和若干台与主机相连的终端构成的，信息的处理和控制是集中的。客户机/服务器模式是最流行的网络工作模式，服务器是网络的控制中心，并向客户机提供服务，客户机是用于本地处理和访问服务器的站点。对等模式中的站点都是对等的，既可以作为客户机访问其他站点，又可以作为服务器向其他站点提供服务，这种模式具有分布处理和分布控制的功能。

常见的网络操作系统有 UNIX、Linux、Windows XP/2000/2003/Vista/7/8/10 等。

2.4 中文 Windows 7 使用基础

虽然 Windows 10 的应用已经较为普及，但 Windows 7 目前应用也比较广泛。本章以 Windows 7 为例，简要阐述 Windows 的使用方法。

2.4.1 Windows 7 的安装

安装 Windows 7 之前，用户要了解计算机的配置，如果配置太低，则会影响系统的性能或者根本不能成功安装。一般情况下，新购置的计算机基本上都能满足要求。

Windows 7 有不同的版本，用户可以根据需要选择适用的版本进行安装。一般用 Windows 7 安装光盘启动计算机，或者是用已制作好的可启动计算机的 U 盘来启动，然后根据屏幕的提示即可进行安装。

2.4.2　Windows 7 的启动和关闭

1．Windows 7 的启动

打开安装了 Windows 7 的计算机的电源，系统启动 Windows 7，启动后屏幕上会出现一个对话框，等待输入用户名和口令。输入正确后，按<Enter>键即可进入 Windows 7 操作系统。

2．Windows 7 的关闭

单击桌面左下角的"开始"按钮，然后在弹出的菜单中单击"关闭"按钮，即开始关机过程。

Windows 7 的
关闭

在关闭过程中，若系统中有需要用户进行保存的程序，Windows 会询问用户是否强制关机或者取消关机。

2.4.3　Windows 7 的桌面

在第一次启动 Windows 7 时，首先看到桌面，即整个屏幕区域（用来显示信息的有效范围）。为了简洁，桌面只保留了"回收站"图标，如图 2.3 所示。"开始"菜单带有用户的个人特色，它由两个部分组成，左边是常用程序的快捷列表，右边是系统工具和文件管理工具列表。

1．桌面的组成

桌面由桌面背景、图标、任务栏、"开始"菜单、语言栏和通知区域组成。下面重点介绍图标、任务栏和"开始"菜单。

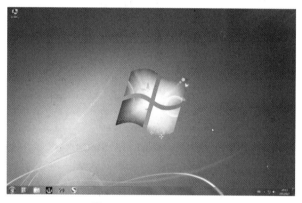

图 2.3　Windows 7 的桌面

（1）图标

每个图标由两部分组成：一是图标的图案；二是图标的标题。图案部分是图标的图形标识，为了便于区别，不同的图标一般使用不同的图案。标题是说明图标的文字信息。图标的图案和标题都可以修改。

桌面上的图标有一部分是快捷方式图标，其特征是在图案的左下方有一个向右上方的箭头。快捷方式图标用来方便启动与其相对应的应用程序（快捷方式图标只是相应应用程序的一个映像，删除它并不影响应用程序）。

（2）任务栏

在桌面的底部有一个长条，称为"任务栏"。任务栏的左端是"开始"按钮，右边是窗口区域、语言栏、工具栏、通知区域和时钟区等，最右端为显示桌面按钮，中间是应用程序按钮分布区。下面着重介绍任务栏中的"开始"按钮、时钟区和应用程序按钮分布区。

①　"开始"按钮 。"开始"按钮是 Windows 7 进行工作的起点，在这里不仅可以使用 Windows 7 提供的附件和各种应用程序，还可以安装各种应用程序以及对计算机进行各项设置等。

②　时钟区。时钟区显示当前计算机的时间和日期。若要了解当前的日期，只需要将鼠标指针移动到时钟区，信息会自动显示。

③　应用程序按钮分布区。每当用户启动一个应用程序时，应用程序就会作为一个按钮出现在任

务栏上。当该程序处于活动状态时，任务栏上的相应按钮处于被按下的状态；否则，处于弹起状态。

在 Windows 7 中，用户也可根据个人的喜好定制任务栏。用鼠标右键单击任务栏的空白处，在弹出的快捷菜单中选择"属性"命令，出现"任务栏和「开始」菜单属性"对话框，选择"任务栏"选项卡进行相应的设置即可。

（3）"开始"菜单

单击"开始"按钮会弹出"开始"菜单。"开始"菜单集成了 Windows 中大部分的应用程序和系统设置工具，如图 2.4 所示（在普通方式下），其显示的具体内容与计算机的设置和安装的软件有关。

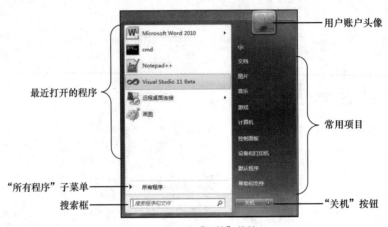

图 2.4　"开始"菜单

在"开始"菜单中，每一项菜单除了有文字，还有一些标记：图案、文件夹图标、"▶"或者"◀"以及用括号括起来的字母。其中，文字是该菜单项的标题，图案是为了美观和好看（在应用程序窗口中的此图案与工具栏上相应按钮的图案一样）；文件夹图标表示里面有菜单；"▶"或者"◀"表示显示或隐藏子菜单项；字母表示当该菜单项在显示时，直接在键盘上按该字母就可打开相应的菜单项。当某个菜单项为灰色时，表示此时不可用。

"开始"菜单中主要内容的含义如下。

① "关机"按钮。选择此命令后，计算机会执行关机命令，单击该命令右侧的"▶"图标，则会出现子菜单，通常有 5 个选项。

● 切换用户：当存在两个或两个以上用户的时候可通过此按钮进行多用户的切换操作。

● 注销：用来注销当前用户，以备下一个人使用或防止数据被其他人操作。

● 锁定：锁定当前用户。锁定后需要重新输入密码认证才能正常使用。

● 重新启动：选择"重新启动"选项，系统将结束当前的所有会话，关闭 Windows，然后自动重新启动系统。

● 睡眠：当用户短时间不用计算机又不希望别人以自己的身份使用计算机时，应选择此命令。系统将保持当前的状态并进入低耗电状态。

② 搜索框。使用搜索框可以快速找到所需要的程序。搜索框还能取代"运行"对话框，在搜索框中输入程序名，可以启动程序。

③ "所有程序"子菜单。单击该菜单项，会列出一个按字母（或中文的汉语拼音）顺序排列的程序列表，在程序列表的下方还有一个文件夹列表，如图 2.5 所示。

④ 常用项目。通过常用项目中的"游戏""计算机""控制面板""设备和打印机"等选项可进行快速访问及其他操作。通过"帮助和支持"选项可打开"帮助和支持中心"窗口，也可通过<F1>功能键打开。在此窗口中，可以通过两种方式获得帮助。

⑤ 列表栏。列出用户最近使用过的文档或者程序。

⑥ 运行。可以使用该命令来启动或打开文档。

2. "开始"菜单的设置

（1）用鼠标右键单击任务栏，选择"属性"选项，在打开的"任务栏和「开始」菜单属性"对话框中选择"「开始」菜单"选项卡，如图 2.6 所示。

（2）单击"自定义"按钮，在弹出的对话框中可以对"开始"菜单进行各项设置，也可使用"使用默认设置"按钮把各种设置恢复到 Windows 的默认状态。

（3）在"「开始」菜单"选项卡中可以为电源按钮选择默认操作。

（4）隐私。在"隐私"栏中，可以选择是否存储并显示最近在"开始"菜单中打开的程序，也可以选择是否存储并显示最近在"开始"菜单和任务栏中打开的项目。

图 2.5 "所有程序"子菜单

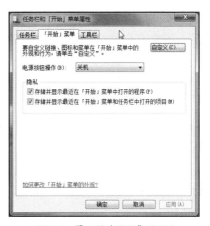

图 2.6 "「开始」菜单"选项卡

2.4.4 Windows 7 窗口

窗口在屏幕上呈一个矩形，是用户和计算机进行信息交换的界面。

1. 窗口的分类

窗口一般分为应用程序窗口、文档窗口和对话框窗口。

Windows 7 的窗口

（1）应用程序窗口。一个应用程序窗口表示一个正在运行的应用程序。

（2）文档窗口。它是在应用程序中用来显示文档信息的窗口。文档窗口顶部有自己的名字，但没有自己的菜单栏，它共享应用程序的菜单栏。当文档窗口最大化时，它的标题栏将与应用程序的标题栏合为一行。文档窗口总是位于某一应用程序的窗口内。

（3）对话框窗口。它是在程序运行期间，用来向用户显示信息或者让用户输入信息的窗口。

2. 窗口的组成

每一个窗口都有一些共同的组成元素，但并不是所有的窗口都具有每种元素，如对话框无菜单栏。窗口一般包括 3 种状态：正常、最大化和最小化。正常窗口是 Windows 系统的默认大小；最大化窗口充满整个屏幕；最小化窗口则缩小为一个图标和按钮。当工作窗口处于正常或最大化状态时，都有边界、工作区、标题栏、状态控制按钮等组成部分，如图 2.7 所示。

Windows 7 在应用工作区中设置了一个功能区，即位于窗口左边部分的列表框。用户可通过"组织"→"布局"菜单调整是否显示菜单栏及各种窗格。

一般来说，窗口的组成部分包括系统菜单（控制菜单）、标题栏、菜单栏、工具栏、滚动条、最小化/最大化恢复按钮、关闭按钮、窗口的边框和角、工作空间、功能区及状态栏等。

3. 对话框

对话框是人机进行信息交换的特殊窗口。有的对话框一旦打开，用户就不能在程序中进行其他操作，必须把对话框处理完毕并关闭后才能进行其他操作。图 2.8 所示为"页面设置"对话框。对话框由选项卡（也叫标签）、下拉列表框、编辑框、单选按钮、复选框及按钮等元素组成。

图 2.7 Windows 窗口   图 2.8 "页面设置"对话框

注意： 在对话框的右上角有一个"?"按钮，其功能是帮助用户了解更多的信息。

4. 窗口的关闭

对于那些不再使用的窗口，可以将其关闭。一般来说，我们可以通过单击窗口标题栏右端的"关闭"按钮，也可选择"文件"→"关闭"选项来关闭窗口。若关闭时有未保存的文档，系统会提示是否保存对文档所做的更改。

5. 窗口位置的调整

用鼠标拖曳窗口的标题栏到适当位置即可调整窗口位置。

6. 多窗口的操作

（1）窗口之间的切换

我们在使用计算机的过程中，经常会打开多个窗口，并且需要经常在窗口之间进行切换。切换的方法如下。

方法一：通过单击窗口的任何可见部分进行切换。

方法二：通过单击某个窗口在任务栏上对应的图标进行切换。

方法三：使用<Alt>+<Tab>组合键进行切换。

方法四：使用<Win>（徽标键）+<Tab>组合键以 Flip 3D 方式窗口切换。

（2）窗口的排列

若想对多个窗口的大小和位置进行排列，可用鼠标右键单击任务栏的空白处，在弹出的快捷菜单中选择"层叠窗口""堆叠显示窗口""并排显示窗口"以及相应的取消功能来完成相应的操作。

2.5 中文 Windows 7 的基本资源与操作

Windows 7 的基本资源主要包括磁盘以及存放在磁盘上的文件,下面首先介绍如何对资源进行浏览,然后介绍如何对文件和文件夹进行操作,最后介绍磁盘的操作以及有关系统设置等内容。

在 Windows 中,系统的整个资源呈现出一个树形层次结构。它的最上层是"桌面",第二层是"计算机""网络"等。

2.5.1 浏览计算机中的资源

为了很好地使用计算机,用户要对计算机的资源(主要是存放在计算机上的文件或文件夹)进行了解,一般来说,是对相关的内容进行浏览和操作。在 Windows 7 中,资源管理器发生了很大的变化,从布局到内在都焕然一新。

打开资源管理器窗口的方法很多,常用的方法是通过"计算机""资源管理器"或"网络"打开资源管理器。

1. 计算机

双击桌面上的"计算机"图标,出现"计算机"窗口,如图 2.9 所示。

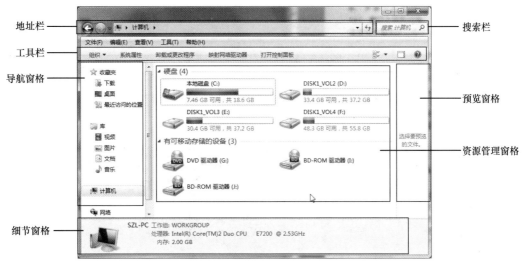

图 2.9 "计算机"窗口

Windows 7 的资源管理器主要由地址栏、搜索栏、导航窗格、细节窗格、预览窗格、工具栏和资源管理窗格 7 部分组成,其中的预览窗格默认不显示。用户可以通过"组织"菜单中的"布局"选项来设置是否显示各窗格。

(1)地址栏

地址栏与 IE 浏览器非常相似,有"后退←""前进→""记录█""上一位置█""刷新█"等按钮。"记录"按钮的列表最多可以记录最近的 10 个项目。Windows 7 的地址栏引入了"按钮"的概念,用户能够更快地切换文件夹。如当前显示的是 计算机 ▸ 本地磁盘 (C:) ▸ Program Files ▸ Microsoft Office ▸ ，只要在地址栏中单击"本地磁盘(C:)"即可直接跳转到该位置。不仅如此，用户还可以在不同级别的文件夹间实现跳转。

（2）搜索栏

在搜索栏中输入内容的同时，系统就开始搜索。在搜索时，用户还可以设置搜索条件：种类、修改日期、类型、大小、名称。

当把鼠标移动到地址栏和搜索栏之间时，鼠标指针会变成水平双向的箭头，此时水平方向拖曳鼠标指针，可以更改地址栏和搜索栏的宽度。

（3）导航窗格

导航窗格能够辅助用户在磁盘、库中切换。导航窗格分为收藏夹、库、家庭组、计算机和网络5部分，其中的"家庭组"仅当加入某个家庭组后才会显示。

用户可以在资源管理窗格中拖曳对象到导航窗格，系统会根据情况提示"创建链接""复制""移动"等操作。

（4）细节窗格

细节窗格用于显示一些特定文件、文件夹以及对象的信息，如图2.9所示。当在资源管理窗格中没有选中对象时，细节窗格显示的是本机的信息。

（5）预览窗格

预览窗格是 Windows 7 中的一项改进，它在默认情况下不显示，这是因为大多数用户不会经常预览文件的内容。单击工具栏右端的"显示/隐藏预览窗格"按钮可显示或隐藏预览窗格。

（6）工具栏

Windows 7 中的资源管理器工具栏相比以前版本显得更加智能。工具栏按钮会根据不同文件夹显示不同的内容，如当选择音乐库时，显示的工具栏如图2.10所示，与图2.9就不同了。

组织 ▾　共享 ▾　全部播放　新建文件夹

图2.10　工具栏

用户可以通过单击工具栏"更改您的视图"按钮来切换资源管理窗格中对象的显示方式，也可单击其右边的"更多选项"按钮直接选择某一显示方式。

（7）资源管理窗格

资源管理窗格是用户进行操作的主要位置。在此窗格中，用户可进行选择、打开、复制、移动、创建、删除、重命名等操作。同时，根据显示的内容，资源管理窗格的上部会显示不同的相关操作。

2. 资源管理器

用鼠标右键单击"开始"按钮，选择"打开 Windows 资源管理器"，也可打开资源管理器窗口。

3. 网络

双击桌面上的"网络"图标，也可打开资源管理器窗口。

2.5.2　执行应用程序

用户要想使用计算机，必须通过执行各种应用程序来完成。例如，用户想播放视频，需要执行"暴风影音"等应用程序；想上网，需要执行"Internet Explorer"等应用程序。

执行应用程序的方法有以下几种。

（1）对于 Windows 自带的应用程序，可选择"开始"→"所有程序"命令，再选

执行应用程序的方法

择相应的菜单项来执行。

（2）在"计算机"中找到要执行的应用程序文件，然后双击（也可以选中之后按<Enter>键；还可右键单击程序文件，然后在弹出的快捷菜单中选择"打开"命令）。

（3）双击应用程序对应的快捷方式图标。

（4）单击"开始"→"运行"命令，在命令行输入相应的命令后单击"确定"按钮。

2.5.3　文件和文件夹的操作

1. 文件的含义

文件是通过名字（文件名）来标识的存放在外存中的一组信息。在 Windows 7 中，文件是存储信息的基本单位。

2. 文件的类型

在计算机中储存的文件类型有多种，如图片文件、音乐文件、视频文件、可执行文件等。不同类型的文件在存储时的扩展名是不同的，如音乐文件有.mp3、.wma 等，视频文件有.avi、.rmvb、.rm 等，图片文件有.jpg、.bmp 等。不同类型的文件在显示时图标也不同，如图 2.11 所示。Windows 7 默认会将已知的文件扩展名隐藏。

Maid with the Flaxen Hair.mp3

xwtpw32.dll

Doc2.doc

说明.txt

calc.exe
野生动物.wmv

图 2.11　不同类型的文件

3. 文件夹

文件夹是用来存放文件的，在文件夹中还可以再存储文件夹。相对于当前文件夹来说，它里面的文件夹称为子文件夹。文件夹在显示时，也用图标显示，包含内容不同的文件夹，在显示时的图标是不太一样的。

文件（夹）的操作

4. 文件的选择操作

在 Windows 中，对文件或文件夹操作之前，必须先选中它。选中文件分为以下 3 种情况。

（1）选中单个文件。用鼠标单击即可选中单个文件。

（2）选中连续的多个文件。先选第 1 个（方法同第 1 种），然后按住<Shift>键的同时单击最后 1 个，则它们之间的文件就被选中了。

（3）选中不连续的多个文件。先选中第 1 个，然后按住<Ctrl>键的同时再单击其余的每个文件。

如果想把当前窗口中的对象全部选中，则选择"编辑"→"全部选中"命令，也可按<Ctrl>+<A>组合键。

如果多选了，则可取消选中。单击空白区域，则可把选中的文件全部取消；如果想取消单个文件或部分文件，则可在按住<Ctrl>键的同时，再单击需要取消的文件即可。

5. 复制文件

方法一：先选择"编辑"→"复制"命令（也可用<Ctrl>+<C>组合键），然后转换到目标位置，选择"编辑"→"粘贴"命令（也可用<Ctrl>+<V>组合键）。

方法二：用鼠标直接把文件拖曳到目标位置松开即可（如果是在同一个磁盘内进行复制，则在拖曳的同时按住<Ctrl>键）。

方法三：如果是把文件从硬盘复制到软盘、U盘或移动硬盘，则可右键单击文件，在弹出的快捷菜单中选择"发送到"命令，然后选择一个盘符即可。

6. 移动文件

方法一：先选择"编辑"→"剪切"命令（也可用<Ctrl>+<X>组合键），然后转换到目标位置，选择"编辑"→"粘贴"命令（也可用<Ctrl>+<V>组合键）。

方法二：用鼠标直接把文件拖曳到目标位置松开即可（如果是在不同盘之间进行移动，则在拖曳的同时按住<Shift>键）。

7. 文件的删除

对于不需要的文件，及时从磁盘上清除，以便释放它所占用的空间。

方法一：直接按<Delete>键。

方法二：右键单击图标，从快捷菜单中选择"删除"命令。

方法三：选择"文件"→"删除"命令。

执行以上方法中的任何一种时，系统会弹出一个对话框，让用户进一步确认。用户确认后，系统会把删除的文件放入回收站（在空间允许的情况下），用户在需要时可以从回收站还原删除的文件。

若在删除文件的同时按住<Shift>键，文件则被直接彻底删除，而不放入回收站。

8. 文件重新命名

文件的复制、移动、删除操作一次可以操作多个对象。而文件的重命名只能一次操作一个对象。

方法一：右键单击文件图标，从快捷菜单中选择"重命名"命令，然后输入新的文件名即可。

方法二：选中文件，选择"文件"→"重命名"命令，然后输入新的文件名即可。

方法三：选中文件，单击文件图标标题，然后输入新的文件名即可。

方法四：选中文件，按<F2>键，输入新的文件名即可。

9. 修改文件的属性

在 Windows 7 中，为了简化用户的操作和提高系统的安全性，只有"只读"和"隐藏"属性可供用户操作。

修改属性的方法如下。

方法一：右键单击文件图标，从快捷菜单中选择"属性"命令。

方法二：选中文件，选择"文件"→"属性"命令。

使用以上两种方法都会出现"属性"对话框，分别在属性前面的复选框中加以选择，然后单击"确定"按钮。

在文件属性对话框中，用户还可以更改文件的打开方式、查看文件的安全性及详细信息等。

10. 文件夹的操作

在 Windows 中，文件夹是一个存储区域，用来存储文件和文件夹等信息。文件夹的选中、移动、删除、复制和重命名与文件的操作完全一样，在此不再重复。在这里，主要讲一下与文件不同的操作。要特别注意的是，文件夹的移动、复制和删除操作，针对的不仅仅是文件夹本身，还包括它所包含的所有内容。

（1）创建文件夹

先确定创建文件夹的位置，再选择"文件"→"新建"命令，或者在窗口中的空白处单击鼠标右键，在弹出的快捷菜单中选择"新建"→"文件夹"命令，系统将生成相应的文件夹，用户只要在图标下面的文本框中输入文件夹的名字即可。系统默认的文件夹名是"新建文件夹"。

（2）修改文件夹选项

"文件夹选项"命令用于定义资源管理器中文件与文件夹的显示风格，选择"工具"→"文件夹选项"命令，打开"文件夹选项"对话框，它包括"常规""查看""搜索"3 个选项卡。

2.5.4　库

Windows 的库

前面已经提到过库，有视频库、图片库、文档库、音乐库等。"库（Libraries）"是 Windows 7 中新一代的文件管理系统，也是 Windows 7 系统的亮点之一，它彻底改变了我们的文件管理方式，使死板的文件夹方式变得更为灵活和方便。

使用库可以集中管理视频、文档、音乐、图片和其他文件。在某些方面，库类似传统的文件夹，如在库中查看文件的方式与文件夹完全一致。但与文件夹不同的是，库可以收集存储在任意位置的文件，这是一个细微但重要的差异。库实际上并没有真实存储数据，它只是采用索引文件的管理方式，监视其包含项目的文件夹，并允许用户以不同的方式访问和排列这些项目。库中的文件都会随着原始文件的变化而自动更新，并且可以以同名的形式存于文件库中。

库仅是文件（夹）的一种映射，库中的文件并不位于库中。用户需要向库中添加文件夹位置（或者是向库包含的文件夹中添加文件），才能在库中组织文件和文件夹。

若想在库中不显示某些文件，不能直接在库中将其删除，因为这样会删除计算机中的原始文件。正确的做法是：调整库所包含的文件夹的内容，调整后库显示的信息会自动更新。

2.5.5　回收站的使用和设置

回收站的操作

回收站是一个比较特殊的文件夹，它的主要功能是临时存放用户删除的文件和文件夹（这些文件和文件夹从原来的位置移动到"回收站"这个文件夹中），此时它们仍然存在于硬盘中。用户既可以在回收站中把它们恢复到原来的位置，也可以在回收站中彻底删除它们以释放硬盘空间。

1. 基本操作

（1）还原回收站中的文件和文件夹

要还原一个或多个文件夹，可以在选定对象后在菜单中选择"文件"→"还原"命令。

要还原所有文件和文件夹，单击工具栏中的"还原所有项目"按钮。

（2）彻底删除文件和文件夹

彻底删除一个或多个文件和文件夹，可以在选定对象后在菜单中选择"文件"→"删除"命令。

要彻底删除所有文件和文件夹，即清空回收站，有以下几种方法。

方法一：右键单击桌面上的"回收站"图标，在弹出的快捷菜单中选择"清空回收站"命令。

方法二：在"回收站"窗口中，单击工具栏中的"清空回收站"按钮。

方法三：选择"文件"→"清空回收站"命令。

注意：当"回收站"中的文件所占用的空间达到了回收站的最大容量时，"回收站"就会按照文件被删除的时间先后从回收站中彻底删除文件。

2. 回收站的设置

在桌面上右键单击"回收站"图标，单击"属性"命令，即可打开"回收站属性"对话框，如图 2.12 所示。

如果选中"自定义大小"单选按钮，则可以在每个驱动器中分别进行设置。

如果选中"不将文件移到回收站中。移除文件后立即将其删除。"单选按钮，则在删除文件和文件夹时不使用回收站功能，直接执行彻底删除。

设置回收站的存储容量：选中本地磁盘盘符后，在"自定义大小"→"最大值"文本框里输入数值。

图 2.12 "回收站属性"对话框

如果选中"显示删除确认对话框"复选框，则在删除文件和文件夹前系统将弹出确认对话框，否则将直接删除。

2.5.6 中文输入法

在中文 Windows 7 中，中文输入法采用了非常方便、友好而又有个性化的用户界面，新增加了许多中文输入功能，使用户输入中文更加灵活。

1. 添加和删除中文输入法

在安装 Windows 7 时，系统已默认安装了微软拼音、ABC 等多种输入法，但在语言栏中只显示了一部分，此时，可以进行添加和删除操作。

（1）单击"开始"→"控制面板"→"时钟、语言和区域"→"更改键盘或其他输入法"命令，打开"区域和语言"对话框。

（2）选择"键盘和语言"选项卡，单击"更改键盘"按钮。

（3）根据需要，选中（或取消选中）某种输入法前的复选框，单击"确定"或"删除"按钮即可。对于计算机上没有安装的输入法，可使用相应的输入法安装软件直接安装即可。

2. 输入法之间的切换

输入法之间的切换是指在各种不同的输入法之间进行选择。对于键盘操作，可以用 <Ctrl>+<Space> 组合键来启动或关闭中文输入法，使用 <Ctrl>+<Shift> 组合键在英文及各种中文输入法之间进行轮流切换。在切换的同时，任务栏右边的"语言指示器"在不断地变化，以指示当前正在使用的输入法。输入法之间的切换还可以用鼠标进行，具体方法是：单击任务栏上的"语言指示器"，再选择一种输入方法即可。

3. 全/半角及其他切换

在半角方式下，一个字符（字母、标点符号等）占半个汉字的位置，而在全角方式下，占一个汉字的位置。用户可通过全/半角状态来控制字符占用的位置。

同样，用户也要区分中英文的标点符号，如英文中的句号是"."，而中文中的句号是"。"。其切换键是 <Ctrl>+<.> 组合键。<Shift>+<Space> 组合键用于切换全/半角。<Shift> 键用于切换中英文字符的输入。

在图 2.12 所示的输入法指示器中，从左向右的顺序分别表示中文/英文、全拼、半角/全角、英文/中文标点以及软键盘状态，用户可通过上面讲述的组合键切换，也可通过单击相应的图标进行切换。

4. 输入法热键的定制

为了方便使用，用户可为某种输入法设置热键（组合键），这样按热键后就可直接切换到所需的输入法。定制方法：右键单击"输入法指示器"中的输入法图标，或单击图 2.13 中的"选项"按钮 ，在弹出的菜单中选择"设置"选项，打开"文本服务和输入语言"对话框；选择"高级键设置"选项卡，在"输入语言的热键操作"中选择一种输入法，再单击"更改按键顺序"按钮，弹出图 2.14 所示的"更改按键顺序"对话框，在其中可进行相应的按键设置。

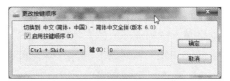

图 2.13　输入法指示器　　　　　　　　图 2.14　"更改按键顺序"对话框

2.6　Windows 7 提供的若干附件

Windows 7 的改变不仅体现在一些重要功能上，如安全性、系统运行速度等，系统自带的附件也发生了非常大的变化，相比以前版本的附件，功能更强大、界面更友好，操作也更简单。

2.6.1　Windows 桌面小工具

Windows 桌面小工具是 Windows 7 中非常不错的桌面组件，通过它可以改善用户的桌面体验。用户不仅可以改变桌面小工具的尺寸，还可以改变其位置，并且可以通过网络更新、下载各种小工具。

桌面小工具

选择"开始"→"所有程序"→"桌面小工具库"命令，打开桌面小工具，如图 2.15 所示。

整个面板看起来非常简单。左上角的页数按钮可以切换小工具的页码；右上角的搜索框可以用来快速查找小工具；中间显示的是每个小工具，当左下角的"显示详细信息"展开时，每选中一个小工具，窗口下部会显示该工具的相关信息；右下角的"联机获取更多小工具"表示连接互联网可下载更多的小工具。

由于 Windows Live 小工具库网站是开放性的平台，用户

图 2.15　Windows 桌面小工具

和软件开发人员可以自行发布所开发的小工具，并不是所有的小工具都经过 Windows Live 及微软验证，所以用户在选择小工具时应当尽量选择比较热门的进行下载，以保证小工具的安全性和实用性。

2.6.2　画图

画图工具是 Windows 中基本的作图工具。在 Windows 7 中，画图工具发生了非常大的变化，它采用了"Ribbon"界面，使得界面更加美观，同时内置的功能也更加丰富、细致。在"开始"菜单中选择"所有程序"→"附件"→"画图"命令，可打开画图程序。

"画图"窗口的顶端是标题栏，它包含两部分内容："自定义快速访问工具栏"和"标题"。标题栏的左边是"自定义快速访问工具栏"，通过此工具栏，用户可以进行一些常用的操作，如存储、撤销、重做等。

标题栏下方是菜单和画图工具的功能区，这也是画图工具的主体，它用来控制画图工具的功能

及工具等。菜单栏包含"画图"按钮和两个菜单项："主页"和"查看"。

单击"画图"按钮，在出现的菜单中可以进行文件的新建、保存、打开、打印等操作。

当选择"主页"菜单项时，会出现相应的功能区，包含剪贴板、图像、工具、形状、粗细和颜色功能模块，供用户对图片进行编辑和绘制。

2.6.3　写字板

写字板是 Windows 自带的另一个编辑、排版工具，可以完成简单的 Microsoft Office Word 的功能，其界面也是基于"Ribbon"的。

在桌面选择"开始"→"所有程序"→"附件"→"写字板"命令，打开写字板程序。

写字板的界面与画图的界面非常相似。菜单左端的"写字板"按钮可以实现"新建""打开""保存""打印""页面设置"等操作。

在写字板中，用户可以为不同的文本设置不同的字体和段落样式，也可以插入图形和其他对象。写字板具备了编辑复杂文档的基本功能。写字板保存文件的默认格式为 RTF。

写字板的具体操作与 Word 很相似，详见第 3 章。

2.6.4　记事本

记事本是 Windows 自带的一个文本编辑程序，可以创建并编辑文本文件（后缀名为.txt）。由于.txt 格式的文件格式简单，可以被很多程序调用，因此在实际中经常得到使用。选择"开始"→"所有程序"→"附件"→"记事本"命令，会打开记事本程序。

如果希望对记事本显示的所有文本的格式进行设置，可以选择"格式"→"字体"命令，会弹出"字体"对话框，在该对话框中可以设置字体、字形和大小。单击"确定"按钮后，记事本窗口中显示的所有文字都会显示为所设置的格式。

若在记事本文档的第一行输入".log"，那么以后每次打开此文档，系统会自动地在文档的最后一行插入当前的日期和时间，以方便用户用作时间戳。

2.6.5　计算器

Windows 7 中的计算器拥有多种模式，并且拥有专业的换算、日期计算、工作表计算等功能，还具有编程计算、统计计算等高级功能，完全能够与专业的计算器相媲美。

选择"开始"→"所有程序"→"附件"→"计算器"命令，即可打开"计算器"窗口。

2.6.6　命令提示符

为了方便熟悉 DOS 命令的用户通过 DOS 命令使用计算机，Windows 7 通过"命令提示符"功能模块保留了 DOS 的使用方法。

选择"开始"→"所有程序"→"附件"→"命令提示符"命令，进入"命令提示符"窗口。在"开始"菜单的"搜索框"中输入"cmd"命令，也可进入"命令提示符"窗口。在此窗口中，用户只能使用 DOS 命令操作计算机。

2.6.7　便笺

便笺是方便的实用程序，用户可以随意地创建便笺来记录事情，并把它放在桌面上，以便随时能注意到。选择"开始"→"所有程序"→"附件"→"便笺"命令，即可将便笺添加到桌面上。

对便笺的操作如下。

（1）单击便笺，可以编辑便笺，添加文字、时间等。单击便笺外的地方，便笺即为"只读"状态。单击便笺左上角的"+"，可以在桌面上增加一个新的便笺；单击右上角的"×"，可以删除当前的便笺。

（2）拖曳便笺的标题栏，可以移动便笺的位置。

（3）右击便笺，可以通过弹出菜单实现对便笺的剪切、复制、粘贴等操作，也可以实现对便笺颜色的设置。

（4）拖曳便笺的边框，可以改变便笺的大小。

2.6.8　截图工具

在 Windows 7 以前的版本中，截图工具只有非常简单的功能，如<Print Screen>键是截取整个屏幕的，<Alt>+<Print Screen>组合键是截取当前窗口的。但在 Windows 7 中，截图工具的功能变得非常强大，可以与专业的屏幕截取软件相媲美。

选择"开始"→"所有程序"→"附件"→"截图工具"命令，打开图 2.16 所示的"截图工具"窗口。单击"新建"按钮右边的下拉箭头，选择一种截图方法（默认是"窗口截图"），如图 2.17 所示，即可移动（或拖曳）鼠标指针进行相应的截图。截图之后，"截图工具"窗口会自动显示所截取的图片，用户可以通过工具栏对所截取的图片进行处理，如进行复制、粘贴等操作，也可以把它保存为一个文件（默认是.png 文件）。

图 2.16　"截图工具"窗口

图 2.17　"新建"选项

2.7　磁盘管理

磁盘是计算机用于存储数据的硬件设备。随着硬件技术的发展，磁盘容量越来越大，存储的数据也越来越多，因此，对磁盘的管理越发显得重要了。Windows 7 提供了管理大规模数据的工具。各种高级存储的使用，使 Windows 7 的系统功能得以有效发挥。

Windows 7 没有提供一个单独的应用程序来管理磁盘，而是将磁盘管理集成到"计算机管理"程序中。执行"开始"→"控制面板"→"系统和安全"→"管理工具"→"计算机管理"命令，打开"计算机管理"窗口，选择"存储"中的"磁盘管理"，打开"磁盘管理"界面，如图 2.18 所示。

图 2.18　"磁盘管理"界面

在 Windows 7 中，几乎所有的磁盘管理操作都能够通过"计算机管理"窗口中的"磁盘管理"功能来完成，而且这些磁盘管理操作大多是基于图形界面的。

2.7.1 分区管理

Windows 7 提供了方便快捷的分区管理工具，用户可在程序向导的帮助下轻松地完成删除已有分区、新建分区、扩展分区大小等操作。

1. 删除已有分区

在"磁盘分区"界面的分区列表或者图形显示中，选中要删除的分区，单击鼠标右键，从快捷菜单中选择"删除卷"选项，会弹出系统警告，单击"是"按钮，即可完成对分区的删除操作。删除选中分区后，管理程序会在磁盘的图形显示中显示相应分区大小的未分配分区。

2. 新建分区

（1）在"计算机管理"窗口中选中未分配的分区，单击鼠标右键，从快捷菜单中选择"新建简单卷"命令，弹出"新建简单卷向导"对话框，单击"下一步"按钮。

（2）弹出"指定卷大小"对话框，为简单卷设置大小，完成后单击"下一步"按钮。

（3）弹出"分配驱动器号和路径"对话框，开始为分区分配驱动器号和路径，这里有 3 个单选项："分配以下驱动器号""装入以下空白 NTFS 文件夹中""不分配驱动器号或驱动器路径"。根据需要选择相应类型后，单击"下一步"按钮。

（4）弹出"格式化分区"对话框，单击"下一步"按钮，在弹出的窗口中单击"完成"按钮，即可完成新建分区操作。

3. 扩展分区大小

这是 Windows 7 新增加的功能，用户可以在不用格式化已有分区的情况下，对其进行分区容量的扩展。扩展分区后，新的分区仍保留原有分区数据。在扩展分区大小时，磁盘需有一个未分配空间，这样才能为其他的分区扩展大小。扩展分区大小的操作步骤如下。

（1）在"计算机管理"窗口中右键单击要扩展的分区，在弹出的快捷菜单中选择"扩展卷"选项，弹出"扩展卷向导"对话框，单击"下一步"按钮。

（2）选择可用磁盘，并设置要扩展容量的大小，单击"下一步"按钮。

（3）完成扩展卷向导，单击"完成"按钮即可扩展该分区的大小。

2.7.2 格式化驱动器

格式化是把文件系统放置在分区上，并在磁盘上划出区域。通常可以用 FAT、FAT32 或 NTFS 类型来格式化分区，Windows 7 系统中的格式化工具可以转化或重新格式化现有分区。

（1）在"计算机管理"窗口中选中需要进行格式化的驱动器的盘符，单击鼠标右键，打开快捷菜单，选择"格式化"命令，打开"格式化"对话框，如图 2.19 所示。

（2）在"格式化"对话框中，先对格式化的参数进行设置，然后单击"开始"按钮，便可进行格式化了。

注意：格式化操作会把当前盘上的所有信息全部抹掉，请谨慎操作。

2.7.3 磁盘操作

系统能否正常运转，能否有效利用内部和外部资源，并使系统达到高效稳定，在很大程度上取决于系统的磁盘维护管理。Windows 7 提供的磁盘管理工具使系统运行更可靠、管理更方便。

1. 磁盘备份

为了防止磁盘驱动器损坏、病毒感染、供电中断等各种意外故障造成数据丢失和损坏，用户需要进行磁盘数据备份，在需要时可以还原，以避免出现数据错误或数据丢失而造成损失。在 Windows 7 中，利用磁盘备份向导可以快捷地完成备份工作。

在"计算机管理"窗口中右键单击某个磁盘，在弹出的快捷菜单中选择"属性"选项，打开"属性"对话框，在其中选择"工具"选项卡，会出现图 2.20 所示的操作界面。单击"开始备份"按钮，系统会打开"备份和还原"窗口，用户可根据需要进行备份或还原操作。在进行备份操作时，可选择对整个磁盘进行备份，也可选择对其中的文件夹进行备份。在进行还原操作时，必须有事先做好的备份文件，否则，无法进行还原操作。

图 2.19　"格式化"对话框

图 2.20　"工具"选项卡

2. 磁盘清理

用户在使用计算机的过程中进行了大量的读写及安装操作，使得磁盘上存留有许多临时文件和已经没用的文件，其不但会占用磁盘空间，而且会降低系统处理速度，降低系统的整体性能。因此，计算机要定期进行磁盘清理，以便释放磁盘空间。

选择"附件"→"系统工具"→"磁盘清理"命令，打开"磁盘清理"对话框，选择一个驱动器，再单击"确定"按钮（或者右键单击"计算机管理"窗口中的某个磁盘，在弹出的快捷菜单中选择"属性"选项，再在打开的对话框中单击"常规"选项卡中的"磁盘清理"按钮）。在完成计算和扫描等工作后，系统列出了指定磁盘上所有可删除的无用文件。选择要删除的文件，单击"确定"按钮即可。

在"其他选项"选项卡中，用户可进行进一步的操作来清理更多的文件以提高系统的性能。

3. 磁盘碎片整理

用户在使用计算机的过程中，由于频繁建立和删除数据，造成磁盘上文件和文件夹增多，而这些文件和文件夹可能被分割放在同一个卷上的不同位置，Windows 系统需要花额外时间来读取数据。由于磁盘空间分散，存储时系统把数据存在不同的部分，这也会使系统需要花费额外时间，所以用户要定期对磁盘碎片进行整理。磁盘碎片整理的原理为：系统把碎片文件和文件夹的不同部分移动到卷上的相邻位置，使其拥有一个独立的连续空间。磁盘碎片整理的操作步骤

磁盘碎片整理

如下。

（1）选择"开始"→"所有程序"→"附件"→"系统工具"→"磁盘碎片整理程序"命令，打开"磁盘碎片整理程序"窗口。在此窗口中选择逻辑驱动器，单击"分析磁盘"按钮，进行磁盘分析。对驱动器的碎片进行分析后，系统自动激活"查看报告"按钮，单击该按钮，打开"分析报告"对话框，系统给出了驱动器碎片分布情况及该卷的信息。

（2）单击"磁盘碎片整理"按钮，系统自动进行整理工作，同时显示进度条。

磁盘碎片整理是应对机械硬盘变慢的一个好方法，但对于固态硬盘来说，这完全就是一种"折磨"。固态硬盘的擦写次数有限，碎片整理会大大减少固态硬盘的使用寿命。其实，固态硬盘的垃圾回收机制就已经是一种很好的"磁盘整理"，更多的整理完全没必要。

2.8 Windows 7 控制面板

在 Windows 7 系统中，几乎所有的硬件和软件资源都可设置和调整，用户可以根据自身的需要对其进行设定。Windows 7 中的相关软、硬件设置以及功能的启用等管理工作都可以在控制面板中进行，控制面板是普通计算机用户使用较多的系统设置工具。"控制面板"窗口中包括两种视图效果：类别视图和图标视图。在类别视图方式中，控制面板有 8 个大项目，如图 2.21 所示。

单击窗口中"查看方式"右侧的下拉箭头，在打开的下拉列表中选择"大图标"或"小图标"，可将控制面板窗口切换为 Windows 传统方式的效果，如图 2.22 所示。经典"控制面板"窗口中包含若干个小项目的设置工具，这些工具的功能涵盖了 Windows 系统的绝大多数方面。

图 2.21　类别视图的"控制面板"窗口

图 2.22　经典"控制面板"窗口

控制面板包含的内容非常丰富，由于篇幅限制，在此只讲解部分功能。其余功能读者可以查阅相关资料进行学习。

2.8.1　外观和个性化

Windows 系统的外观和个性化包括对桌面、窗口、按钮和菜单等一系列系统组件的显示设置，系统外观是计算机用户接触最多的部分。

外观和个性化

在类别视图的"控制面板"窗口中单击"外观和个性化"选项，打开"外观和个性化"窗口，如图 2.23 所示。可以看出，该窗口中包含"个性化""显示""桌面小工具""任务栏和'开始'菜单""轻松访问中心""文件夹选项"和"字体"7 个选项。下面介绍几种常用的设置。

图 2.23 "外观和个性化"窗口

1. 个性化

在"个性化"中，可以进行更改主题、更改桌面背景、更改半透明窗口颜色和更改屏幕保护程序等操作。

（1）在图 2.23 中，单击"个性化"选项，会出现"个性化"设置窗口，在此窗口中，可以对主题、桌面背景、透明窗口颜色、声音效果和屏幕保护程序进行更改。

Windows 桌面主题简称桌面主题（或主题），微软官方的定义是"背景加一组声音、图标以及只需要单击即可帮您个性化设置您的计算机元素"。通俗地说，桌面主题就是不同风格的桌面背景、操作窗口、系统按钮，以及活动窗口和自定义颜色、字体等的组合体。

（2）选择"更改桌面背景"选项，在"图片位置"下拉列表中，包含了系统提供图片的位置，在下面的图片选项框中，可以快速设置桌面背景。用户也可以在"浏览"对话框中选择指定的图像文件取代预设的桌面背景。

（3）选择"更改配色方案"选项，弹出"窗口颜色和外观"窗口，可以选择使用系统自带的配色方案进行快速设置，也可以单击"高级"按钮手动进行设置。

（4）选择"更改屏幕保护程序"选项，弹出"屏幕保护程序设置"窗口，在此可以设置屏幕保护方案。除此之外，还可以进行电源管理，如设置关闭显示器时间，设置电源按钮的功能，设置唤醒时需要密码等。

2. 显示

单击"显示"选项，打开"显示"窗口，可以在此设置屏幕上的文本大小及其他选项。单击"调整屏幕分辨率"选项，打开"屏幕与分辨率"窗口，可以在此调整显示器和分辨率的参数，以及屏幕显示的方向。

3. 任务栏和"开始"菜单

单击"任务栏和「开始」菜单"选项，弹出"任务栏和「开始」菜单属性"对话框，在此可以设置任务栏外观和通知区域，如图 2.24 所示。在"「开始」菜单"选项卡中，可以设置"开始"菜单的外观和行为、电源按钮的操作等。在"工具栏"选项卡中可以为工具栏添加地址和链接等。

图 2.24 "任务栏和「开始」菜单属性"
对话框

4. 字体

字体是屏幕上看到的、文档中使用的、发送给打印机的各种字符的样式。在 Windows 系统的

"fonts"文件夹中安装了多种字体，用户可以添加和删除字体。字体文件的操作方式和其他文件系统的对象执行方式相同，用户可以在"C:\Windows\fonts"文件夹中移动、复制或删除字体文件。系统中使用最多的字体主要有宋体、楷体、黑体、仿宋体等。

删除字体的方法很简单，在"字体"窗口中选中希望删除的字体，然后选择"文件"→"删除"命令，弹出警告对话框，询问是否删除字体，单击"是"按钮，所选择的字体即被删除。

2.8.2　时钟、语言和区域设置

在"控制面板"窗口中单击"时钟、语言和区域"选项，打开"时钟、语言和区域"对话框，用户可以在此设置计算机的时间和日期、位置、格式、键盘和语言等。

1. 日期和时间

Windows 7 系统默认的时间和日期格式是按照美国人的习惯设置的，世界各地的用户可根据自己的习惯来设置。

"时钟、语言和区域"对话框中包括"日期和时间""附加时区""Internet 时间"3 个选项卡。用户可以更改系统日期和时区。通过"Internet 时间"选项卡，用户可以使计算机与 Internet 时间服务器同步。

2. 区域和语言

打开"区域和语言"对话框，在"格式"选项卡中可以设置日期和时间格式、数字格式、货币格式以及排序的方式等；在"位置"选项卡中可以设置当前位置；在"键盘和语言"选项卡中可以设置输入法以及安装/卸载语言；在"管理"选项卡中可以进行复制设置、更改系统区域设置。

2.8.3　程序

应用程序的运行是建立在 Windows 系统的基础上的，目前，大部分应用程序都需要安装到操作系统中才能够使用。在 Windows 系统中安装程序很方便，既可以直接运行程序的安装文件，也可以通过系统的"程序和功能"工具进行更改和删除操作。通过"打开或关闭 Windows 功能"选项可以安装和删除 Windows 组件，此功能大大扩充了 Windows 系统的功能。

在"控制面板"窗口中单击"程序"选项，打开"程序"窗口，其包括 3 个选项："程序和功能""默认程序"和"桌面小工具"。"程序和功能"所对应的窗口如图 2.25 所示，在选中列表中的项目以后，如果在列表的顶端显示单独的"更改"和"卸载"按钮，那么用户可以利用"更改"按钮来重新启动其安装程序，然后对安装配置进行更改；用户也可以利用"卸载"按钮来卸载程序；若只显示"卸载"按钮，则用户对此程序只能执行卸载操作。

在"程序和功能"窗口中单击"打开或关闭Windows 功能"选项，弹出"Windows 功能"对话框，在对话框的"Windows 功能"列表中显示了可

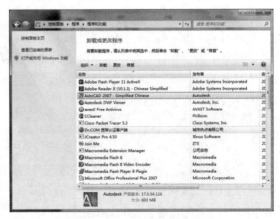

图 2.25　"程序和功能"窗口

用的 Windows 功能。当将鼠标指针移动到某一功能时，系统会显示所选功能的描述内容。勾选某一功能前的复选框后，单击"确定"按钮即对其进行添加；如果取消勾选某一功能前的复选框，单击

"确定"按钮，则会将此功能从操作系统中删除。

2.8.4 硬件和声音

在"控制面板"窗口中选择"硬件和声音"选项，打开图 2.26 所示的窗口。在此窗口中可以实现对设备和打印机、自动播放、声音、电源选项、显示的操作。

图 2.26 "硬件和声音"窗口

1. 鼠标的设置

在"硬件和声音"窗口中单击"鼠标"选项，可打开图 2.27 所示的"鼠标属性"对话框。

在"鼠标键"选项卡中，勾选"切换主要和次要的按钮"复选框可以使鼠标从右手习惯转为左手习惯，该选项选中后立即生效。"双击速度"用来设置两次单击鼠标按键的时间间隔，拖曳滑块的位置可以改变速度，用户可以双击右边的测试区来检验自己的设置是否合适。在"指针"选项卡中，可以选择各种不同的指针方案。在"指针选项"选项卡中，可以对指针的移动速度进行调整，还可以设置指针运动时的显示轨迹。在"滑轮"选项卡中，可以对具有滚动滑轮的鼠标的滑轮进行设置，设置滑轮每滚动一个齿格屏幕滚动多少。

2. 键盘的设置

单击"控制面板"窗口（在图标视图下）中的"键盘"，可打开图 2.28 所示的"键盘属性"对话框。"字符重复"栏用来调整键盘按键反应的快慢，其中"重复延迟"和"重复速度"分别表示按住某键后，计算机第一次重复这个按键之前的等待时间及之后重复该键的速度。拖曳滑块可以改变这两项的设置。"光标闪烁速度"用于设置文本窗口中光标的闪烁速度。

图 2.27 "鼠标属性"对话框

图 2.28 "键盘属性"对话框

2.8.5 用户账户和家庭安全

Windows 7 支持多用户管理，可以为每一个用户创建一个用户账户并为每个用户配置独立的用户文件，从而使得每个用户登录计算机时，都可以进行个性化的环境设置。

除此之外，Windows 7 内置的家长控制旨在让家长轻松放心地管理孩子能够在计算机上进行的操作。这些控制帮助家长确定他们的孩子能玩哪些游戏、能使用哪些程序、能够访问哪些网站，以及何时执行这些操作。"家长控制"是"用户账户和家庭安全控制"小程序的一部分，它将 Windows 7 家长控制的所有关键设置集中到一处。用户只需要在这一个位置进行操作，就可以配置对应计算机和应用程序的家长控制，对孩子玩游戏情况、网页浏览情况和整体计算机使用情况设置相应的限制。

在"控制面板"窗口中，单击"用户账户和家庭安全"选项，打开相应的窗口，可以实现用户账户、家长控制等管理功能。在"用户账户"窗口中，可以更改当前用户的密码和图片，也可以添加或删除用户账户。

2.8.6　系统和安全

Windows 系统的"系统和安全"主要实现查看计算机状态、计算机备份以及查找和解决问题的功能，包括防火墙设置、系统信息查询、系统更新、磁盘备份整理等一系列系统安全的配置。

在"控制面板"窗口中选择"系统和安全"选项，打开"系统和安全"窗口，其中主要包含以下几项。

1. Windows 防火墙

Windows 7 防火墙能够检测来自 Internet 或网络的信息，然后根据防火墙设置来阻止或允许这些信息通过计算机。这样可以防止黑客攻击系统或者防止恶意软件、病毒、木马程序通过网络访问计算机，而且有助于提高计算机的性能。

2. Windows Update

Windows Update 是为系统的安全而设置的。一个新的操作系统诞生之初，往往是不完善的，这就需要不断地打上系统补丁来提高系统的稳定性和安全性，这时就要用到 Windows Update。使用 Windows Update 后，用户不必手动联机搜索更新，Windows 会自动检测适用于计算机的最新更新，并根据用户所进行的设置自动安装更新，或者只通知用户有新的更新可用。

3. 备份和还原

备份和还原功能可以帮助用户在计算机出现意外之后，及时恢复硬盘中的数据。数据恢复的多少将根据备份的程序以及备份的时间决定。用户要养成良好的备份习惯，只有先备份，然后才可能还原。备份文件可以存放在内部硬盘、外部硬盘、光盘、U 盘及网络中。

2.9　Windows 7 系统管理

系统管理主要是指对一些重要的系统服务、系统设备、系统选项等涉及计算机整体性的参数进行配置和调整。在 Windows 7 中，用户可设置的参数很多，这为定制有个人特色的操作系统提供了很大的空间，用户可以方便、快速地完成系统的配置。

2.9.1　任务计划

任务计划是在安装 Windows 7 过程中自动添加到系统中的一个组件。定义任务计划主要是针对那些每天或定期都要执行某些应用程序的用户而言的。通过定义任务计划，用户可省去每次都要手动打开应用程序的操作，系统将按照用户预先的设

任务计划

定，自动在规定时间执行选定的应用程序。执行方法：选择"控制面板"→"系统和安全"命令，然后选择管理工具中的"计划任务"。

任务计划程序 MMC 管理单元可帮助用户设置在特定时间或在特定事件发生时执行设置的任务。该管理单元可以维护所有计划任务的库，提供了任务的组织视图以及用于管理这些任务的方便访问点。通过该管理单元，用户可以运行、禁用、修改和删除任务。

图 2.29　"系统属性"对话框

2.9.2　系统属性

在"控制面板"窗口中选择"系统和安全"→"系统"命令，再选择左侧的"高级系统设置"选项，打开图 2.29 所示的"系统属性"对话框。在"系统属性"对话框中有 5 个选项卡："计算机名""硬件""高级""系统保护"和"远程"。每个选项卡中分别提供了不同的系统工具。

1. "计算机名"选项卡

"计算机名"选项卡中提供了查看和修改计算机网络标识的功能，在"计算机描述"文本框中用户可为计算机输入注释文字。通过"网络 ID"和"更改"按钮，用户可修改计算机的域和用户账户。

2. "硬件"选项卡

"硬件"选项卡中提供了管理硬件的相关工具："设备管理器"和"设备安装设置"。"设备管理器"是 Windows 7 提供的一种管理工具，用于管理和更新计算机上安装的驱动程序。用户也可以使用"设备管理器"查看硬件信息、启用和禁用硬件设备、卸载已更新硬件设备等，如图 2.30 所示。"设备安装设置"用于设置 Windows 关于设备和驱动程序的检测、更新以及安装方式。

图 2.30　"设备管理器"窗口

3. "高级"选项卡

"高级"选项卡包括"性能""用户配置文件""启动和故障恢复"3 个模块，它提供了对系统性能进行详细设置、修改环境变量、启动和故障恢复设置的功能。

4. "系统保护"选项卡

"系统保护"选项卡提供了定期创建和保存计算机系统文件及设置的相关信息的功能。它将这些文件保存在还原点中，在发生重大系统事件（例如安装程序或设备驱动程序）之前创建这些还原点。每 7 天中，如果未创建任何还原点，系统则会自动创建还原点，用户也可以随时手动创建还原点。

5. "远程"选项卡

在"远程"选项卡中，用户可设置从网络中的其他位置使用本地计算机的方式。它提供了远程协助和远程桌面两种方式，远程协助允许从本地计算机发送远程协助邀请；远程桌面允许用户远程连接到本地计算机上。

2.9.3　硬件管理

从安装和删除的角度，硬件可分为两类：即插即用硬件和非即插即用硬件。即插即用硬件设备的安装和管理比较简单，而非即插即用设备需要在安装向导中进行繁杂的配置工作。

1. 添加硬件

在设备（非即插即用）连接到计算机上后，系统会检测硬件设备并自动打开添加硬件向导，为设备安装驱动程序。使用此向导不但可安装驱动程序，而且可以解决安装设备过程中遇到的部分问题。

2. 更新驱动程序

设备制造商在不断推出新产品的同时，也在不断完善原有的驱动程序，以提高设备性能。安装设备时使用的驱动程序会随着硬件技术的不断完善而落后，为了增加设备的操作性能，系统就需要不断地更新驱动程序。

2.10 Windows 7 的网络功能

随着计算机的发展，网络技术的应用也越来越广泛。网络是连接个人计算机的一种手段，通过网络，人们能够彼此共享应用程序、文档和一些外部设备，如磁盘、打印机、通信设备等。利用电子邮件（E-mail）系统，网上的用户还能互相交流和通信，使得物理上分散的微机在逻辑上紧密地联系起来。有关网络的基本概念在第 8 章进行阐述，在此主要介绍 Windows 7 的网络功能。

2.10.1 网络软硬件的安装

任何网络，除了需要安装一定的硬件（如网卡），还必须安装和配置相应的驱动程序。如果在安装 Windows 7 前已经完成了网络硬件的物理连接，Windows 7 安装程序一般能帮助用户完成所有必要的网络配置工作。

1. 网卡的安装与配置

网卡的安装很简单，打开机箱，只要将它插到计算机主板上相应的扩展槽内即可。如果安装的是专为 Windows 7 设计的"即插即用"型网卡，Windows 7 在启动时，会自动检测并进行配置。Windows 7 在进行自动配置的过程中，如果没有找到对应的驱动程序，会提示用户插入包含该网卡驱动程序的盘片。

2. IP 地址的配置

选择"控制面板"→"网络和 Internet"→"网络和共享中心"→"查看网络状态和任务"→"本地连接"命令，打开"本地连接状态"对话框，单击"属性"按钮，在弹出的"本地连接属性"对话框中，选中"Internet 协议版本 4（TCP/IPv4）"选项，然后单击"属性"按钮，弹出图 2.31 所示的"Internet 协议版本 4（TCP/IPv4）属性"对话框，在对话框中输入相应的 IP 地址，同时配置 DNS 服务器。

图 2.31 "Internet 协议版本 4（TCP/IPv4）属性"对话框

2.10.2 Windows 7 选择网络位置

初次连接网络时，需要设置网络位置，系统将为所连接的网络自动设置适当的防火墙和安全选项。在家庭、咖啡店或者办公室等不同位置连接网络时，选择一个合适的网络位置，可以确保将计算机设置为适当的安全级别。选择网络位置时，可以根据实际情况选择下列之一：家庭网络、工作网络、公用网络。

域类型的网络位置由网络管理员控制，因此无法选择和更改。

2.10.3　资源共享

计算机中的资源共享可分为以下 3 类。

（1）存储资源共享：共享计算机系统中的硬盘、光盘等存储介质，以提高存储效率，方便数据的提取和分析。

（2）硬件资源共享：共享打印机或扫描仪等外部设备，以提高外部设备的使用效率。

（3）程序资源共享：共享网络上的各种程序资源。

共享资源可以采用以下 3 种访问权限进行保护。

（1）完全控制：可以对共享资源进行任何操作，就像是使用自己的资源一样。

（2）更改：允许对共享资源进行修改操作。

（3）读取：对共享资源只能进行复制、打开或查看等操作，不能对其进行移动、删除、修改、重命名及添加文件等操作。

在 Windows 7 中，用户主要通过配置家庭组、工作组中的高级共享设置实现资源共享，共享存储在计算机、网络及 Web 上的文件和文件夹。

资源共享

2.10.4　在网络中查找计算机

由于网络中的计算机很多，查找自己需要访问的计算机非常麻烦，为此 Windows 7 提供了非常方便的方法来查找计算机。打开任意一个窗口，在窗口左侧单击"网络"选项，即可完成对网络中计算机的搜索。

比尔·盖茨介绍

Windows 操作
系统介绍

习题 2

一、填空题

1. 在 Windows 的"回收站"窗口中，要想恢复选定的对象，可以使用"文件"菜单中的_____命令。

2. 在 Windows 中，当用鼠标左键在不同驱动器之间拖曳对象时，系统默认的操作是_____。

3. 在 Windows 中，选定多个不相邻文件的操作是：单击第一个文件，然后按住_____键的同时，单击其他待选定的文件。

习题参考答案

4. 用 Windows 的"记事本"所创建文件的默认扩展名是_____。

二、选择题

1. 计算机操作系统的主要功能是（　　）。

    A. 管理计算机系统的软硬件资源，以充分发挥计算机资源的效率，并为其他软件提供良好的运行环境

    B. 把高级程序设计语言和汇编语言编写的程序翻译成计算机硬件可以直接执行的目标程序，为用户提供良好的软件开发环境

    C. 对各类计算机文件进行有效的管理，并提交计算机硬件高效处理

    D. 为用户提供方便地操作和使用计算机的方法

2. 计算机系统资源管理中，主要负责对内存进行分配与回收管理的是（　　　）。

    A. 处理器管理　　　　B. 存储器管理　　　C. I/O 设备管理　　　D. 文件系统管理

3. 在 Windows 中，需要查找近一个月内建立的所有文件，可以采用（　　　）。

    A. 按名称查找　　　　B. 按位置查找　　　C. 按日期查找　　　　D. 按高级查找

4. 磁盘碎片整理程序的主要作用是（　　　）。

    A. 延长磁盘的使用寿命

    B. 使磁盘中的坏区可以重新使用

    C. 使磁盘可以获得双倍的存储空间

    D. 使磁盘中的文件成连续的存储状态，提高系统的性能

5. 操作系统的主要功能是针对计算机系统的 4 类资源进行有效的管理，这 4 类资源是（　　　）。

    A. 处理器、存储器、打印机、硬盘　　　　　B. 处理器、硬盘、键盘和显示器

    C. 处理器、网络设备、外部设置、存储　　　D. 处理器、存储器、I/O 设备和文件系统

6. 在 Windows 中，需要查找以 n 开头且扩展名为 com 的所有文件，查找对话框内的名称框中应输入（　　　）。

    A. n.com　　　　　　B. n?.com　　　　　C. com.n*　　　　　　D. n*.com

7. 在选定文件或文件夹后，将其彻底删除的操作是（　　　）。

    A. 用<Delete>键删除

    B. 用<Shift>+<Delete>键删除

    C. 用鼠标直接将文件或文件夹拖到回收站中

    D. 用"文件"菜单中的删除命令

8. 操作系统中的文件管理系统主要负责（　　　）。

    A. 内存的分配与回收　　　　　　　　B. 处理器的分配和控制

    C. I/O 设备的分配与操纵　　　　　　D. 磁盘文件的创建、存取、复制和删除

三、思考题

1. 什么是操作系统？它的主要作用是什么？

2. 简述操作系统的发展过程。

3. 中文 Windows 7 的桌面由哪些部分组成？

4. 如何在"资源管理器"中进行文件的复制、移动、改名？各有几种方法？

5. 在资源管理器中删除的文件可以恢复吗？如果能，如何恢复？如果不能，请说明原因。

6. 在中文 Windows 7 系统中，如何切换输入法的状态？

7. Windows 7 系统中的控制面板有何作用？

8. 如何添加一个硬件？

9. 如何使用网络上其他用户所开放的资源？

03 第3章 文字处理软件 Word 2016

Microsoft Office 2016 是微软公司发布的新一代办公软件，其中主要包括 Word 2016、Excel 2016、PowerPoint 2016、Outlook 2016、Access 2016、OneNote 2016、Publisher 2016 等组件。该版本采用了新的界面主题，界面更加简洁明快，同时也增加了很多新功能，特别是在线应用方面，可以让用户更加方便地表达自己的想法、去解决问题以及与他人联系。本章主要介绍文字处理软件 Word 2016 的一些操作方法、使用技能和新功能。

【知识要点】

- 新建、打开及保存文档。
- 文档的基本操作。
- 字符及段落排版。
- 创建及美化表格。
- 图形与图像处理。
- 页面设置与打印。

章首导读

3.1 Word 2016 概述

Word 2016 是 Microsoft Office 2016 中应用最为广泛的一个组件，本节将主要对它的工作界面以及新建、保存、打开文档等基本操作进行简单介绍。

3.1.1 Word 2016 简介

Microsoft Office 2016 在其启动界面下，有很多互动功能，如随时中断软件启动、实时显示启动进度等；工作界面下的功能区中的按钮取消了边框设计，这使按钮的显示更加清晰。Microsoft Office 2016 与 Microsoft Office 2010 一样，采用功能区替代了传统的菜单操作方式。Microsoft Office 2016 中使用"文件"按钮取代了"Office"按钮，使习惯了 Microsoft Office 2003 等早期版本的用户更容易适应。

Word 2016 为用户提供了优秀的文档格式设置工具，使用户能够更加轻松、高效地组织和编写文档，并能轻松地与他人协同工作。Word 2016 不仅具有旧版本的功能，如文字录入与排版、表格制作、图形与图像处理等，还增添了导航窗格、屏幕截图、屏幕取词、背景移除、文字视觉效果等新功能。在 Word 2016 中进行格式修改时，用户可以在实施更改之前实时而直观地预览文档格式修改后的实际效果。

3.1.2　Word 2016 的启动与退出

安装了 Word 2016 之后，用户就可以使用其提供的强大功能了。用户可以通过"开始"菜单中的 Word 2016 程序菜单项、桌面上 Word 2016 的快捷方式或者双击任意一个 Word 文档来打开 Word 2016。

用户完成文档的编辑操作后，可以通过程序窗口右上角的"关闭"按钮或者按<Alt>+<F4>组合键退出 Word 2016 工作环境。如果在退出 Word 2016 时，用户对当前文档做过修改且还没有执行"保存"操作，那么系统会弹出一个对话框来询问用户是否要将修改操作进行保存。

3.1.3　Word 2016 窗口简介

Word 2016 的整个工作界面清新柔和，其窗口主要包括标题栏、快速访问工具栏、"文件"按钮、功能区、标尺栏、文档编辑区和状态栏等部分，如图 3.1 所示。

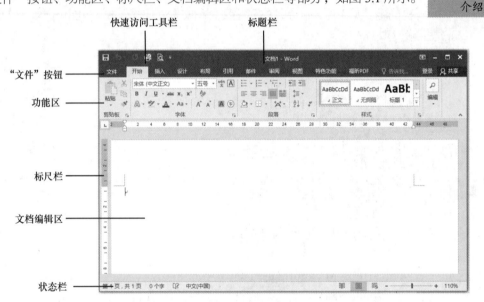

图 3.1　Word 2016 窗口

Word 2016 的功能区取代了早期版本中的菜单栏和工具栏，它横跨应用程序窗口的顶部，由选项卡、组和命令组成。选项卡位于功能区的顶部，如"开始""插入""页面布局"等。单击某一选项卡，可在功能区中看到若干个组，相关项显示在一个组中。命令是指组中的按钮、用于输入信息的框等。在 Word 2016 中还有一些特定的选项卡，只不过特定的选项卡只在需要时才会出现。例如，在文档中插入图片后，在功能区可以看到图片工具"格式"选项卡。如果用户选择其他对象（如表格），也将显示相应的选项卡。

单击对话框启动器，即某些组右下角的小箭头按钮 ，Word 2016 将以对话框的形式显示与该组相关的多选项，如"字体"或者"段落"设置对话框。

功能区将 Word 2016 中的所有功能选项巧妙地集中在一起，以便于用户查找使用。但是当用户暂时不需要功能区中的功能选项并希望拥有更多的工作空间时，可以通过双击活动选项卡临时隐藏功能区，此时组会消失，从而为用户提供更多空间。如果需要再次显示，则双击活动选项卡，组就会重新出现。

3.1.4　Word 2016 文档的基本操作

在使用 Word 2016 进行文档录入与排版之前，必须先创建文档，而在文档编辑排版工作完成之后也必须及时地保存文档以备下次使用，这些都属于文档的基本操作。本节将介绍如何完成这些基本操作，为后续的编辑和排版工作做准备。

1. 新建文档

在 Word 2016 中，可以创建两种形式的新文档：一种是没有任何内容的空白文档；另一种是根据模板创建的文档，如传真、信函和简历等。

启动 Word 2016 应用程序之后，系统会自动创建一个默认文件名为"文档1"的空白文档；通过"文件"→"新建"命令或者单击自定义快速访问工具栏中的"新建"按钮，同样可以创建空白文档。

Word 2016 提供了许多已经设置好的文档模板，选择不同的模板可以快速地创建各种类型的文档，如信函和传真等。模板中已经包含了特定类型文档的格式和内容等，用户只需根据个人需求稍做修改即可创建一个精美的文档。

2. 保存文档

在文档编辑完成后要保存文档，在文档编辑过程中也要特别注意保存文档，以免遇到停电或死机等情况使之前的工作白费了。通常，保存文档有以下几种情况。

（1）新文档的保存

创建好的新文档首次保存时，可以单击快速访问工具栏中的"保存"按钮▣或者选择"文件"→"保存"命令，均会弹出"另存为"对话框，如图3.2所示。在这个对话框中选择文档要保存的位置，输入文档的名称，并选择文件的保存类型后，单击"保存"按钮即可完成文档的"保存"操作。

（2）旧文档与换名、换类型文档的保存

如果当前编辑的文档是旧文档且不需要更名或更改位置保存，直接单击快速访问工具栏中的"保存"按钮，或者选择"文件"→"保存"命令，即可保存文档。此时不会出现对话框，只是以新内容代替旧内容保存到了原来的旧文档中。

图 3.2　"另存为"对话框

若要为一篇正在编辑的文档更改名称、保存位置或类型，则需要用到图3.2所示的"另存为"对话框，根据需要输入新的文档名称、选择新的存储路径或者选择新的保存类型即可。

（3）文档加密保存

为了防止他人未经允许打开或修改文档，可以对文档进行保护，即在保存时为文档加设密码。单击"另存为"对话框"工具"下拉列表中的"常规选项"，在弹出的"常规选项"对话框中分别输入打开文件时的密码和修改文件时的密码，再根据提示进行密码确认即可。

说明：对文件设置打开及修改密码，不能阻止文件被删除。

（4）文档定时保存

在文档的编辑过程中，建议设置定时自动保存功能，以防不可预期的情况发生使文件内容丢失。单击"另存为"对话框中的"工具"下拉列表中的"保存选项"，在弹出的"Word 选项"对话框中设置"保存自动恢复信息时间间隔"即可。

3. 打开文档

如果要对已经存在的文档进行操作，必须先将其打开。打开文档的方法很简单，直接双击要打开的文件图标，或者在启动 Word 2016 后，选择"文件"→"打开"命令，在之后显示的对话框中选择要打开的文件即可。

3.2 文档编辑

文档编辑是 Word 2016 的基本功能，主要包括文本的输入、选择、插入、删除、复制及移动等基本操作。此外，Word 2016 还为用户提供了查找和替换功能、撤销和恢复功能。

3.2.1 输入文本

打开 Word 2016 后，用户可以直接在文本编辑区进行输入操作，输入的内容显示在光标所在处。如果输入文本时光标还没有到当前行行尾，但想在下一行或下几行继续输入，此时可以使用 Word 的"即点即输"功能，只需在想输入文本的地方双击鼠标，光标即会自动移到该处，之后就可以直接输入了。在输入过程中如果遇到一些使用键盘无法录入的特殊符号，可以通过单击"插入"选项卡→"符号"组→"符号"下拉列表中的选项来完成录入。

文本的输入

3.2.2 选择文本

对文本进行编辑排版之前要先执行选中操作，从要选择文本的起点处按住鼠标左键，一直拖曳至终点处松开鼠标左键，即可选中文本，选中的文本将以蓝底黑字的形式出现。如果要选择的是篇幅比较大的连续文本，则使用上述方法就不是很方便了。此时可以在要选择的文本起点处单击鼠标左键，然后将鼠标指针移至选取终点处，再同时按<Shift>键与鼠标左键即可。此外，按住<Alt>键的同时拖曳鼠标左键，可以选中矩形区域中的文本。

3.2.3 插入与删除文本

在文档编辑过程中，用户会经常执行修改操作来对输入的内容进行更正。当遗漏某些内容时，可以通过单击鼠标将插入点定位到需要补充文本的位置处进行输入。如果要删除某些已经输入的内容，可以选中该内容后按<Delete>键或<Backspace>键将其删除，也可使用<Delete>键直接删除插入点之后的内容，使用<Backspace>键直接删除插入点之前的内容。

3.2.4 复制与移动文本

当需要重复输入文档中已有的内容或者要移动文档中某些文本的位置时，可以通过复制与移动操作来快速完成。复制与移动操作的方法类似，选中文本后，在所选取的文本上单击鼠标右键，会弹出快捷菜单，执行复制操作选择"复制"选项，执行移动操作则选择"剪切"选项，然后将鼠标指针移到目标位置，再单击鼠标右键，在弹出的快捷菜单中选择"粘贴选项"中合适的选项即可。用户也可通过拖曳鼠标指针来完成。直接拖曳，表示移动。在拖曳的同时，按住<Ctrl>键，表示复制。

3.2.5　查找与替换文本

利用查找功能可以方便快速地在文档中找到指定的文本；替换操作是在查找的基础上进行的，使用该功能可以将文档中的指定文本根据需要有选择地进行替换。查找和替换可以通过"开始"选项卡"编辑"组中的"查找"下拉列表和"替换"按钮来实现。"查找"下拉列表中有两个查找选项，单击"查找"选项，在文本编辑区的左侧会显示导航窗格，在显示"搜索文档"的文本框内输入查找关键字后按<Enter>键，即可显示查找结果，单击某个搜索结果能快速定位到正文中的相应位置；单击"高级查找"选项，会弹出"查找和替换"对话框，在该对话框中输入查找关键字并进行查找功能选项设置，然后单击"查找下一处"按钮，即能定位到正文中匹配该关键字的位置。要使用替换功能，只需单击"替换"按钮，在随后显示的"查找和替换"对话框中输入查找内容和要替换的内容，然后根据情况单击"替换"还是"全部替换"按钮即可。

查找与替换

3.2.6　撤销和恢复

Word 2016 的快速访问工具栏中提供的"撤销"按钮 ↶ 可以帮助用户撤销前一步或前几步操作，而"恢复"按钮 ↷ 则可以恢复执行上一步被撤销的操作。

若要撤销前一步操作，可以直接单击"撤销"按钮；若要撤销前几步操作，则可以多次单击"撤销"按钮，也可以单击"撤销"按钮旁的下拉箭头，在弹出的下拉列表中选择要撤销的操作即可。

3.3　文档排版

文档编辑完成之后，就要对整篇文档进行排版，以使文档具有美观的视觉效果。本节将介绍 Word 2016 中常用的排版技术。

在讲解排版技术之前，我们先来认识一下 Word 2016 中的几种视图。

（1）页面视图。该视图最接近文本、图形及其他元素在最终打印文档中的真实效果。

（2）阅读版式视图。该视图会默认以双页形式显示当前文档，该视图会隐藏"文件"按钮、功能区等窗口元素，以便于用户阅读当前文档。

（3）Web 版式视图。该视图会以网页的形式显示文档，适用于发送电子邮件和创建网页。

（4）大纲视图。该视图可以显示和更改标题的层级结构，并能折叠、展开各种层级的文档内容，适用于长文档的快速浏览和设置。

（5）草稿视图。该视图仅显示标题和正文，是最节省计算机系统硬件资源的视图模式。

3.3.1　字符格式设置

对字符格式的设置决定了字符在屏幕上显示的样式和打印输出的样式。字符格式设置可以通过功能区、对话框和浮动工具栏 3 种方式来完成，在设置前要先选择字符，即"先选中再设置"。

1．通过功能区进行设置

使用此种方法进行设置，要先单击功能区的"开始"选项卡，此时可以看到"字体"组中的相关命令项，如图 3.3 所示，利用这些命令项即可完成对字符格式的设置。

图 3.3　"开始"选项卡中的"字体"组

单击"字体"右侧的下拉箭头，在打开的下拉列表中单击其中的某种字体（如"楷体"），即可将所选字符以该字体形式显示。当用户将鼠标指针在下拉列表的字体选项上移动时，所选字符的显示形式也会随之发生改变，这是 Word 2016 提供给用户的在实施格式修改之前预览显示效果的功能。

单击"字号"右侧的下拉箭头，在打开的下拉列表中单击其中的某种字号（如"二号"），即可将所选字符以该字号大小显示。通过"增大字号"按钮 $A^\cdot$ 和"减小字号"按钮 $A^\cdot$ 也可改变所选字符的字号大小。

单击"加粗""倾斜"或"下画线"按钮，可以将选定的字符设置成粗体、斜体或加下画线的形式。3 个按钮允许联合使用，当"加粗"和"倾斜"按钮同时按下时显示的是粗斜体。

单击"突出显示"按钮 可以为选中的文字添加底色以突出显示。这种设置一般用在文中的某些内容需要读者特别注意的时候。如果要更改突出显示文字的底色，可单击"突出显示"按钮旁的下拉箭头，在弹出的下拉列表中单击所需的颜色即可。

Word 2016 中增加了为文字添加轮廓、阴影、发光等视觉效果的新功能，单击图 3.3 中的"文本效果"按钮 ，在弹出的下拉列表中选择所需的效果即可。在图 3.3 中还有其他的一些按钮，如将字符设置为上标或下标等，在此不做详述。

2. 通过对话框进行设置

单击"字体"组中的对话框启动器，在弹出的"字体"对话框的"字体"选项卡中，可以进行字体、字形（常规、倾斜、加粗或加粗倾斜）、字号、颜色、着重号等的设置，还可以通过"效果"区域的复选框进行特殊效果设置，如加删除线、上标、下标等。在"高级"选项卡中，可以放大或缩小字符、调整字符间距和位置等。

3. 通过浮动工具栏进行设置

当选中字符并将鼠标指针指向该字符时，在选中字符的右上角会出现一个浮动工具栏，利用它进行设置的方法与通过功能区的命令按钮进行设置的方法相同，这里不再详述。

3.3.2 段落格式设置

在 Word 中，我们通常把两个回车换行符之间的部分叫作一个段落。段落格式的设置包括段落对齐方式、段落缩进、段落间距与行间距等的设置。

1. 段落对齐方式

单击功能区"开始"选项卡中的对话框启动器"段落设置"按钮，将打开"段落"对话框，选择"对齐方式"下拉列表中的选项即可进行段落对齐方式的设置，或者单击"段落"组中的 5 种对齐方式按钮 进行设置。

2. 段落缩进

缩进决定了段落到左/右页边距的距离，左/右缩进设置的是段落左/右侧到页面左/右侧页边距的距离；首行缩进设置的是段落第一行由左缩进位置起向内缩进的距离；悬挂缩进设置的是段落除第一行以外的所有行由左缩进位置起向内缩进的距离。

段落缩进设置

通过"段落"对话框可以精确地设置所选段落的缩进方式和距离，当然用户也可以通过水平标尺工具栏来设置段落的缩进。将光标放到要设置的段落中或选中该段落，之后拖曳图 3.4 所示的缩进方式滑块即可调整对应的缩进量，不过此种方式只能模糊设置缩进量。

3. 段落间距与行间距

段落间距设置的是所选段落与上一段落和下一段落之间的距离，行间距设置的是所选段落相邻两行之间的距离，行间距共有 6 个选项供用户选择。

图 3.4　水平标尺

（1）单倍行距。将行距设置为该行最大字体的高度加上一小段额外间距，额外间距的大小取决于所用的字体。

（2）1.5 倍行距。将行距设置为单倍行距的 1.5 倍。

（3）2 倍行距。将行距设置为单倍行距的 2 倍。

（4）最小值。将行距设置为适应行上最大字体或图形所需的最小行距。

（5）固定值。将行距设置为固定值。

（6）多倍行距。将行距设置为单倍行距的倍数。

需要注意的是，当选择行距为"固定值"并输入一个磅值时，Word 将不管字体或图形的大小，这可能导致行与行相互重叠，所以使用该选项时要小心。

3.3.3　边框与底纹设置

添加边框与底纹能增加读者对文档内容的兴趣和注意程度，并能对文档起到一定的美化效果。边框和底纹可以通过"边框和底纹"对话框来进行设置。单击"开始"选项卡→"段落"组→"下框线"按钮 右侧的下拉箭头，在弹出的下拉列表中选择"边框和底纹"选项，将会显示"边框和底纹"对话框。在"边框"选项卡中可以设置边框的类型为"方框""阴影""三维"或"自定义"，还可以设置边框的样式、颜色和宽度等。在"页面边框"选项卡中可以设置页面边框，除

边框和底纹设置

了可以添加线型页面边框外，还可以添加艺术型页面边框。在"底纹"选项卡中不仅可以进行底纹设置，还可以选择填充色、图案样式和颜色等。

3.3.4　项目符号和编号

对于一些内容并列的相关文字，例如一个问答题的几个要点，用户可以使用项目符号或编号对其进行格式化设置，这样可以使内容看起来更加有条理、更加清晰。首先选中要添加项目符号或编号的文字，然后选择功能区的"开始"选项卡，要为所选文字添加项目符号，可单击"段落"组中的"项目符号"按钮 ，也可单击该按钮旁的下拉箭头，然后在弹出的下拉列表中选择其他的项目符号样式；要为所选文字添加编号，可单击"段落"组中的"编号"按钮 ，也可单击该按钮旁的下拉箭头，然后在弹出的下拉列表中选择其他的编号样式。

3.3.5　分栏设置

分栏排版就是将文字分成几栏排列，常见于报纸、杂志中，通过"布局"选项卡"页面设置"组中的"分栏"按钮即可实现分栏设置。可以直接选择"分栏"下拉列表中的分栏选项实现分栏设置，也可单击"更多分栏"选项，在"分栏"对话框中进行更详细的分栏设置，如设置更多的栏数、

栏的宽度以及栏与栏的间距等。若要撤销分栏，选择"一栏"即可。

需要注意的是，进行分栏设置时要先选中文字，若不先选中，则系统会默认对整篇文档进行分栏，而且分栏排版只有在页面视图下才能够显示出来。

3.3.6 格式刷

使用格式刷可以快速地将某文本的格式设置应用到其他文本上，操作步骤如下。

（1）选中要复制样式的文本。

（2）单击功能区的"开始"选项卡→"剪贴板"组→"格式刷"按钮，之后将鼠标指针移动到文本编辑区，会看到鼠标指针旁出现一个小刷子的图标。

（3）用格式刷扫过（即按住鼠标左键拖曳）需要应用样式的文本即可。

单击"格式刷"按钮，使用一次格式刷后其功能就会自动关闭。如果需要将某文本的格式连续应用多次，则可以双击"格式刷"按钮，之后直接用格式刷扫过不同的文本就可以了。要结束使用格式刷功能，可再次单击"格式刷"按钮或按<Esc>键。

3.3.7 样式与模板

样式与模板是 Word 中非常重要的内容，熟练使用这两个工具可以简化格式设置的操作，提高排版的质量和速度。

1．样式

样式是应用于文档中的文本、表格等的一组格式特征，利用其能迅速改变文档的外观。应用样式时，只需执行简单的操作就可以应用一组格式。单击功能区的"开始"选项卡→"样式"组→"其他"按钮，在之后显示的"样式"下拉列表中列出了可供选择的样式。要对文档中的文本应用样式，可先选中这段文本，然后单击下拉列表中需要使用的样式名称就可以了。要删除某文本中已经应用的样式，可先将其选中，再选择下拉列表中的"清除格式"选项即可。

2．模板

模板是一种预先设定好格式的特殊文档，其中包含了文档的基本结构和文档设置。模板省去了用户每次都要排版和设置的烦恼。对于某些格式相同或相近文档的排版工作，模板是不可缺少的工具。Word 2016 提供了样式丰富的模板，有博客文章、书法字帖、信函、传真、简历和报告等，利用这些模板可以快速地创建专业而又美观的文档。另外，Microsoft Office 官方网站还提供了贺卡、名片、信封、发票等特定功能的模板。Word 2016 模板文件的扩展名为".dotx"，利用模板创建新文档的方法我们在前面已经介绍过，在此不再赘述。

3.3.8 创建目录

在撰写书籍或杂志等类型的文档时，通常需要创建目录来使读者可以快速浏览文档中的内容，并可通过目录右侧的页码找到所需内容。在 Word 2016 中，我们可以非常方便地创建目录，并且在目录发生变化时，通过简单的操作就可以对目录进行更新。

创建目录

1．标记目录项

在创建目录之前，需要通过"样式"下拉列表中的选项，将要在目录中显示的内容根据所要创建的目录项级别，分别进行"标题 1""标题 2"或"标题 3"的样式设置。

2. 创建目录

创建目录可以通过"引用"选项卡下"目录"组中的"目录"下拉列表来实现。将光标定位到需要显示目录的位置后，选择"目录"下拉列表中的"手动目录""自动目录 1"和"自动目录 2"项，即可创建目录。也可选择"自定义目录"，在弹出的"目录"对话框中选择是否显示页码、页码是否右对齐，并设置制表符前导符的样式以及目录的格式和显示级别即可。

3. 更新目录

当文档中的目录内容发生变化时，需要对目录进行及时更新。要更新目录，可单击功能区的"引用"选项卡→"目录"组→"更新目录"按钮，在弹出的"更新目录"对话框中选择是对整个目录进行更新还是只进行页码更新。也可以右击目录，在弹出的快捷菜单中选择"更新域"。还可以将光标定位到目录上，再按<F9>键打开"更新目录"对话框进行更新设置。

3.3.9　特殊格式设置

1. 首字下沉

在很多报纸和杂志中，我们经常可以看到正文的第一个字放大突出显示的排版形式。要使自己的文档也有此种效果，可以通过设置首字下沉来实现。单击功能区"插入"选项卡→"文本"组→"首字下沉"按钮，根据需要设置"下沉"或"悬挂"。另外，也可通过"首字下沉选项"打开"首字下沉"对话框，然后在对话框中对下沉的文字进行字体及下沉行数的设定。

2. 给中文加拼音

在中文排版时如果需要给中文加拼音，可先选中要加拼音的文字，再单击功能区"开始"选项卡→"字体"组→"拼音指南"按钮 ，然后在弹出的"拼音指南"对话框中对"对齐方式""字体""偏移量"和"字号"等进行调整即可。

3.4　表格制作

表格是用于组织数据的非常有用的工具之一，它以行和列的形式简明扼要地表达信息，便于读者阅读。在 Word 2016 中，用户不仅可以快捷地创建表格，还可以对表格进行修饰以增加其视觉上的美观程度。此外，用户还能对表格中的数据进行排序以及简单计算等。

3.4.1　创建表格

1. 插入表格

要在文档中插入表格，可先将光标定位到要插入表格的位置，单击功能区"插入"选项卡→"表格"组→"表格"按钮，在弹出的下拉列表中会显示一个示意网格，向网格右下方移动鼠标指针，当达到需要的行列位置后单击鼠标左键即可。

也可选择下拉列表中的"插入表格"选项打开"插入表格"对话框，在其中的"列数"和"行数"文本框中输入列数、行数，再在"'自动调整'操作"选项中根据需要进行选择即可创建一个新表格。

2. 绘制表格

插入表格的方法只能创建规则的表格，对于一些复杂的不规则表格，则可以通过绘制表格的方法来实现。

要绘制表格，可选择"表格"下拉列表中的"绘制表格"选项，之后将鼠标指针移到文本编辑区，可看到鼠标指针已变成一个笔状图标，此时就可以像自己拿了画笔一样通过拖曳鼠标指针画出所需的任意表格。

需要注意的是，首次通过拖曳鼠标指针绘制出的是表格的外围边框，之后才可以绘制表格的内部框线，要结束绘制表格，双击鼠标或者按<Esc>键均可。

3.4.2 输入表格内容

表格中的每一个小格叫作单元格，在每一个单元格中都有一个段落标记，可以把每一个单元格当作一个小的段落来处理。要在单元格中输入内容，需要先将光标定位到单元格中，可以通过在单元格上单击鼠标左键或者使用方向键将光标移至单元格中。例如，可以对新创建的空表进行内容的填充，得到图3.5所示的表格。

姓　　名	英　　语	计 算 机	高　　数
李明	86	80	93
王芳	92	76	89
张楠	78	87	88

图3.5　输入表格内容

当然，也可以修改所输入内容的字体、字号、颜色等，这与文档的字符格式设置方法相同，都需要先选中内容再设置。

3.4.3 编辑表格

1. 选定表格

在对表格进行编辑之前，需要学会如何选定表格中的不同元素，如单元格、行、列或整个表格等。Word 2016中有如下一些技巧。

（1）选定一个单元格。将鼠标指针移到该单元格左边，当鼠标指针变成实心右上方向的箭头时单击鼠标左键，该单元格即被选定。

（2）选定一行。将鼠标指针移到表格外该行的左侧，当鼠标指针变成空心右上方向的箭头时单击鼠标左键，该行即被选定。

（3）选定一列。将鼠标指针移到表格外该列的最上方，当鼠标指针变成实心向下方向的黑色箭头时单击鼠标左键，该列即被选定。

（4）选定整个表格。可以拖曳鼠标指针进行选取，也可以通过单击表格左上角的被方框框起来的四向箭头图标⊞来选定整个表格。

2. 调整行高和列宽

调整行高是指改变本行中所有单元格的高度，将鼠标指针指向此行的下边框线，鼠标指针会变成垂直分离的双向箭头，直接拖曳鼠标指针即可调整本行的高度。

调整列宽是指改变本列中所有单元格的宽度，将鼠标指针指向此列的右边框线，鼠标指针会变成水平分离的双向箭头，直接拖曳鼠标指针即可调整本列的宽度。要调整某个单元格的宽度，要先选中单元格，再执行上述操作，此时的改变仅限于选中的单元格。

也可以先将光标定位到要改变行高或列宽的那一行或列中的任一单元格，此时，功能区中会出现用于表格操作的两个选项卡"设计"和"布局"，再单击"布局"选项卡→"单元格大小"组中显示当前单元格行高和列宽的文本框右侧的微调按钮，即可精确调整单元格的行高和列宽。

3. 合并和拆分

表格的合并与拆分功能可以完成一些不规则表格的创建，通过功能区的"布局"选项卡→"合并"组→"合并单元格"和"拆分单元格"按钮可快速实现单元格的合并与拆分。将多个单元格合并后，原来各单元格中的内容将以一列的形式显示在新单元格中；而将一个单元格拆分后，原单元格中的内容将显示在拆分后的首个单元格中。

表格合并与拆分

如果要将一个表格拆分成两个，可先将光标定位到拆分分界处（即第二个表格的首行上），再单击功能区的"布局"选项卡→"合并"组→"拆分表格"按钮，即完成表格的拆分。

4. 插入行或列

要在表格中插入新行或新列，可先将光标定位到要在其周围加入新行或新列的那个单元格，再根据需要单击功能区的"布局"选项卡→"行和列"组→"在上方插入"或"在下方插入"按钮，即可在单元格的上方或下方插入一个新行，单击"在左侧插入"或"在右侧插入"按钮可以在单元格的左侧或右侧插入一个新列。

在此，对图 3.5 进行修改，为其插入一个"平均分"行和一个"总成绩"列，得到图 3.6 所示的表格。

姓　　名	英　　语	计　算　机	高　　数	总　成　绩
李明	86	80	93	
王芳	92	76	89	
张楠	78	87	88	
平均分				

图 3.6　插入新行和新列的成绩表

5. 删除行或列

要删除表格中的某一列或某一行，可先将光标定位到此行或此列中的任一单元格，再单击功能区的"布局"选项卡→"行和列"组→"删除"按钮，在弹出的下拉列表中根据需要选择相应选项即可。若要一次删除多行或多列，则需将其都选中，再执行上述操作。

需要注意的是，选中行或列后直接按<Delete>键只能删除其中的内容而不能删除行或列。

6. 更改单元格对齐方式

单元格中文字的对齐方式有 9 种，默认的对齐方式是靠左上对齐。要更改某些单元格的文字对齐方式，可先选中这些单元格，再单击功能区的"布局"选项卡→"对齐方式"组→9 个小的图例按钮，根据需要的对齐方式单击某个按钮即可；也可以选中单元格后单击鼠标右键，在弹出的快捷菜单中单击"单元格对齐方式"选项下的某个图例选项。

7. 绘制斜线表头

在创建一些表格时，需要在首行的第一个单元格中分别显示出行标题和列标题，有时还需要显示出数据标题，这就需要通过绘制斜线表头来进行制作。

要为图 3.6 中的表格创建表头，可以通过以下步骤来实现。

（1）将光标定位在表格首行的第一个单元格中，并将此单元格的尺寸调大。

（2）选择功能区的"设计"选项卡→"表格样式"组→"边框"按钮→"斜下框线"选项，即可在单元格中出现一条斜线。

（3）在单元格中的"姓名"文字前输入"科目"后按<Enter>键。

（4）调整两行文字在单元格中的对齐方式分别为"右对齐"和"左对齐"，完成设置后再将表中除表头单元格外的所有单元格的对齐方式设置为水平和垂直都居中，效果如图 3.7 所示。

姓　名＼科　目	英　语	计 算 机	高　数	总　成　绩
李明	86	80	93	
王芳	92	76	89	
张楠	78	87	88	
平均分				

图 3.7　绘制斜线表头后的成绩表

3.4.4　美化表格

1．修改表格框线

如果要对表格的框线颜色或线型等进行修改，可先选中要更改的单元格，若是对整个表格进行更改，将光标定位在任一单元格即可，之后切换到功能区的"设计"选项卡，选择"边框"组→"边框"按钮→"边框和底纹"选项，在弹出的"边框和底纹"对话框中设置边框的样式、颜色和宽度，并根据需要在右侧"预览"区中选择上、下、左、右等图示按钮以将该设置应用于不同边框。

2．添加底纹

要为表格添加底纹，可先选中要添加底纹的单元格，若是为整个表格添加底纹，则需选中整个表格，之后切换到功能区的"设计"选项卡，选择"表格样式"组中"底纹"下拉列表中的颜色即可。

3.4.5　表格排序与数字计算

表格排序与
数字计算

1．表格中数据的计算

在 Word 2016 中，可以通过在表格中插入公式的方法来对表格中的数据进行计算。例如，要计算图 3.7 中李明的总成绩，可先将光标定位到要插入公式的单元格中，然后单击功能区的"布局"选项卡→"数据"组→"公式"按钮，会弹出图 3.8 所示的"公式"对话框。在"公式"文本框中已经显示出了公式"= SUM(LEFT)"，由于要计算的正是公式所在单元格左侧数据之和，所以此时不需要更改，直接单击"确定"按钮就会计算出李明的总成绩。若要计算英语课程的平均成绩，可先将光标定位到要插入公式的单元格中，再重复以上操作，也会弹出"公式"对话框，只是此时"公式"文本框中显示的公式是"= SUM(ABOVE)"，由于要计算的是平均成绩，此时要使用的函数是"AVERAGE"，将"公式"文本框中的"SUM"修改为"AVERAGE"，或者通过"粘贴函数"下拉列表选择"AVERAGE"

图 3.8　"公式"对话框

函数，在"编号格式"下拉列表中选择数据显示格式为保留两位小数"0.00"，然后单击"确定"按钮就可计算并显示英语课程的平均成绩。用相同的方式可以计算其余的数据。

2．表格中数据的排序

要对表格中的数据进行排序，首先要选中排序区域，如果不选中，则默认对整个表格进行排序。单击功能区的"布局"选项卡→"数据"组→"排序"按钮，打开"排序"对话框。在该对话框中分别设置排序的"主要关键字""次要关键字"以及排序方法、有无标题行等。

3.5　图文混排

要使文档具有更好的美观效果，仅仅通过编辑和排版是不够的，有时还需要在文档中适当的位置放置一些图片并对其进行编辑以增加文档的美观程度。Word 2016 为用户提供了功能强大的图片编辑工具，用户无须使用其他专用的图片工具，即能完成对图片的插入、剪裁和添加图片特效，或者更改图片亮度、对比度、颜色饱和度和色调等，从而轻松、快速地将简单的文档转换为图文并茂的艺术作品。通过新增的去除图片背景功能，用户还能方便地移除所选图片的背景。

3.5.1　插入图片

在文档中插入图片的操作步骤如下。

（1）将光标定位到文档中要插入图片的位置。

（2）单击功能区的"插入"选项卡→"插图"组→"图片"按钮，打开"插入图片"对话框。

（3）找到要选用的图片并选中。

（4）单击"插入"按钮即可将图片插入文档中。

图片的插入

图片插入文档中后，四周会出现 8 个控制点，把鼠标指针移动到控制点上，当鼠标指针变成双向箭头时，拖曳鼠标指针可以改变图片的大小。同时功能区中出现了用于图片编辑的"格式"选项卡，如图 3.9 所示，该选项卡中有"调整""图片样式""排列"和"大小"4 个选项组，利用其中的命令按钮可以对图片进行亮度、对比度、位置及环境方式等设置。

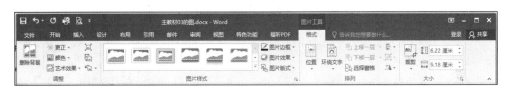

图 3.9　"格式"选项卡

Word 2016 在"调整"组中增加了许多图片编辑的新功能，包括为图片设置艺术效果、图片修正、自动消除图片背景等。对图片应用艺术效果，如铅笔素描、线条图形、水彩海绵、马赛克气泡、蜡笔平滑等，可使其看起来更像素描、绘图或绘画作品。微调图片的颜色饱和度、色调，可使其具有引人注目的视觉效果。调整图片的亮度、对比度、锐化和柔化，或重新着色，可使其更适合文档内容。去除图片背景能够更好地突出图片主题。要对所选图片进行以上设置，只需单击图 3.9 中相应的设置按钮，在弹出的下拉列表中进行选择即可。

通过"图片样式"组可以将图片设置成该组中预设好的样式。用户还可以根据自己的需要通过"图片边框""图片效果"和"图片版式"3 个下拉列表对图片进行自定义设置，包括更改图片的边框，设置阴影、发光、三维旋转等效果，将图片转换为 SmartArt 图形等。

对图片来说，将其插入文档中后，一般要进行环绕方式的设置，这样可以使文字与图片以不同的方式显示。选中图片后单击图 3.9 "排列"组中的"环绕文字"按钮，在弹出的下拉列表中根据需要进行选择即可。

使用 Word 2016 中新增的屏幕截图功能，用户能将屏幕截图即时插入文档中。单击功能区的"插入"选项卡→"插图"组→"屏幕截图"按钮，在弹出的下拉列表中可以看到所有已经开启的窗口的缩略图，单击任意一个窗口即可将该窗口完整的截图自动插入文档中。如果只想截取屏幕上的一小部分，可选择"屏幕剪辑"选项，然后在屏幕上通过拖曳鼠标指针选取想要截取的部分即可将选取内容以图片的形式插入文档中。在添加屏幕截图后，可以使用图片工具"格式"选项卡对截图进行编辑或修改。

3.5.2 插入联机图片

在文档中插入联机图片的操作步骤如下。

（1）将光标定位到文档中要显示联机图片的位置。

（2）单击功能区的"插入"选项卡→"插图"组→"联机图片"按钮，在文档编辑区的中间会显示"插入图片"任务窗格。

（3）在"搜索文字"文本框中输入查找图片的关键字，如"计算机"。

（4）在任务窗格的下方列表中会显示搜索结果。

（5）单击要使用的联机图片，经下载后即可将其插入文档中。

插入联机图片后，在功能区同样会出现用于图片编辑的"格式"选项卡，利用其对联机图片进行设置的方法与图片类似。

3.5.3 插入艺术字

艺术字是具有特殊效果的文字，用户可以在文档中插入 Word 2016 艺术字库提供的任一效果的艺术字。在文档中插入艺术字的方法非常简单，只需先将光标定位到文档中要显示艺术字的位置，在功能区的"插入"选项卡"文本"组中的"艺术字"下拉列表中选择一种样式，再在文本编辑区中的"请在此放置您的文字"文本框中输入文字即可。

艺术字插入文档中后，功能区中会出现用于编辑艺术字的绘图工具"格式"选项卡，利用"形状样式"组中的命令按钮可以对艺术字进行边框、填充、阴影、发光、三维效果的设置。利用"艺术字样式"组中的命令按钮可以对艺术字进行边框、填充、阴影、发光、三维效果以及转换方式的设置。与图片一样，也可以通过单击"排列"组中的"环绕文字"按钮，在弹出的下拉框中对其进行环绕方式的设置。

3.5.4 插入自选图形

Word 2016 提供了很多自选图形绘制工具，其中包括各种线条、矩形、基本形状（如圆、椭圆及梯形等）、箭头和流程图等。插入自选图形的操作步骤如下。

（1）单击功能区的"插入"选项卡→"插图"组→"形状"按钮，在弹出的下拉框中选择所需的自选图形。

（2）移动鼠标指针到文档中要显示自选图形的位置，按住鼠标左键并拖动至合适的大小后松开鼠标即可绘出所选图形。

自选图形插入文档后，在功能区中会显示出绘图工具"格式"选项卡，与编辑艺术字类似，用户也可以对自选图形进行边框、填充色、阴影、发光、三维旋转以及文字环绕方式的设置。

3.5.5 插入 SmartArt 图形

Word 2016 中的 SmartArt 工具增加了大量新模板，还新添了多个新类别，并提供了更丰富多彩的图表绘制功能，能帮助用户制作出精美的文档、图表对象。使用 SmartArt 工具，可以非常方便地在文档中插入用于演示流程、层次结构、循环或者关系的 SmartArt 图形。

在文档中插入 SmartArt 图形的操作步骤如下。

（1）将光标定位到文档中要显示图形的位置。

（2）单击功能区的"插入"选项卡→"插图"组→"SmartArt"按钮，打开"选择SmartArt 图形"对话框，如图 3.10 所示。

（3）对话框左侧列表中显示的是 Word 2016 提供的 SmartArt 图形分类列表。单击列表中的某一种类别，对话框中间显示出该类别下的所有 SmartArt 图形的图例。单击某一图例，在对话框右侧即可预览到该种 SmartArt 图形，并且预览图的下方会显示该图的文字介绍。

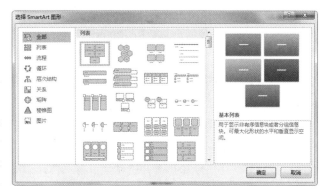

图 3.10　"选择 SmartArt 图形"对话框

（4）单击"确定"按钮，即可在文档中插入组织结构图，根据需要进行内容输入。

在文档中插入组织结构图后，功能区会显示用于编辑 SmartArt 图形的 SmartArt 工具，包括"设计"和"格式"两个选项卡。通过 SmartArt 工具可以为 SmartArt 图形添加新形状、更改布局、更改颜色、更改形状样式（包括填充、轮廓以及阴影、发光等效果设置），还能为文字更改边框，设置填充色、发光、阴影、三维旋转和转换效果等。

3.5.6　插入文本框

文本框是存放文本的容器，也是一种特殊的图形对象。要在文档中插入文本框，可以通过单击"插入"选项卡→"文本"组→"文本框"按钮，在弹出的下拉列表中进行设置，也可以直接选择内置的文本框样式，还可以手工绘制横排或竖排的文本框。

文本框插入文档后，在功能区中会显示绘图工具"格式"选项卡，文本框的编辑方法与艺术字类似，用户可以对其文字设置边框、填充色、阴影、发光、三维旋转效果等。若想更改文本框中的文字方向，可单击"文本"组中的"文字方向"按钮，在弹出的下拉列表中选择文字方向即可。

3.6　邮件合并

邮件合并是 Word 软件的一种可以批量处理的功能。使用此功能需要一个包含所有文件共有内容的 Word 主文档（比如未填写的信封等）和一个包含变化信息的 Excel 数据源文件（填写的收件人、发件人、邮编等）。使用邮件合并功能可以在主文档中插入变化的信息，合并后的文件用户可以保存为 Word 文档，也可以打印出来，还可以以邮件的形式发出去。邮件合并主要应用于批量打印信封、请柬、工资条、个人简历、获奖证书、准考证等。

合并前，先准备好变化信息的 Excel 数据源文件；合并时，打开已写好的包含所有文件共有内容的 Word 主文档，然后选择"邮件"选项卡→"开始邮件合并"组→"选择收件人"→"使用现有列表"选项，选择已准备好的 Excel 数据源文件，此时，这两个文件（Word 主文档和 Excel 数据源文件）建立起了联系；然后依次在主文档中确定要插入内容的位置后，选择"编写和插入域"组→"插入合并域"→Excel数据源文件中的某一列，即可把数据源中的内容对应插入主文档中。当把所有需要的域插入后，可通过"预览结果"组中的 ◄ ◄ [2] ► ► 按钮来查看，也可通过"完成"组中的"完成并合并"按钮进行"编辑单个文档"或"发送电子邮件"操作。若选择了"编辑单个文档"，则Word软件会根据主文档和数据源文件生成若干页（数据源文件中的每一行对应生成Word文档的一页）Word文档，并且每页文档指定位置的内容已替换为Excel数据源文件中对应的内容。

3.7　文档页面设置与打印

通过前面的介绍，读者已经可以制作一篇图、文、表混排的精美文档了，但是为了使文档具有较好的输出效果，还需要对其进行页面设置，包括页眉和页脚、纸张大小和方向、页边距、页码等，设置完成之后，还可以根据需要选择是否将文档打印输出。

3.7.1　设置页眉与页脚

页眉和页脚中含有在页面的顶部和底部重复出现的信息，可以在页眉和页脚中插入文本或图形，例如页码、日期、公司徽标、文档标题、文件名或作者名等。页眉与页脚只有在页面视图下才可以看到，在其他视图下无法看到。

设置页眉和页脚的操作步骤如下。

（1）切换至功能区的"插入"选项卡。

（2）要插入页眉，可单击"页眉和页脚"组中的"页眉"按钮，在弹出的下拉列表中选择内置的页眉样式或者选择"编辑页眉"选项，然后输入页眉内容。

（3）要插入页脚，可单击"页眉和页脚"组中的"页脚"按钮，在弹出的下拉列表中选择内置的页脚样式或者选择"编辑页脚"选项，然后输入页脚内容。

在页眉和页脚的设置过程中，页眉和页脚的内容会突出显示，而正文中的内容则变为灰色，同时在功能区中会出现用于编辑页眉和页脚的"设计"选项卡，如图3.11所示。通过"页眉和页脚"组中的"页码"下拉列表可以设置页码出现的位置，并且还可以设置页码的格式；通过"插入"组中的"日期和时间"按钮可以在页眉或页脚中插入日期和时间，并可以设置其显示格式。通过单击"文档部件"下拉列表中的"域"选项，在之后弹出的"域"对话框中的"域名"列表中进行选择，可以在页眉或页脚中显示作者名、文件名及文件大小等信息。通过"选项"组中的复选框可以设置首页不同或奇偶页不同的页眉和页脚。

图3.11　页眉和页脚的"设计"选项卡

3.7.2　设置纸张大小与方向

在进行文字编辑排版之前，要先设置好纸张大小及方向。单击"布局"选项卡→"页面设置"组→"纸张方向"按钮，在弹出的下拉列表中选择"纵向"或"横向"；单击"纸张大小"按钮，可以在弹出的下拉列表中选择一种已经列出的纸张大小,或者单击"其他纸张大小"选项,在之后弹出的"页面设置"对话框中进行纸张大小的选择。

3.7.3 设置页边距

页边距是页面四周的空白区域。要设置页边距,可单击"布局"选项卡→"页面设置"组→"页边距"按钮,在弹出的下拉列表中选择页边距并进行设置,也可以单击"自定义页边距"选项,在之后弹出的"页面设置"对话框中进行设置。

3.7.4 打印预览与打印

Word 2016 将打印预览、打印设置及打印功能都融合在了"文件"菜单的"打印"命令面板中。该面板分为两部分,左侧是打印设置,右侧是打印预览。在左侧面板中整合了所有与打印相关的设置,包括打印份数、打印机、打印范围、打印方向及纸张大小等,用户可以根据右侧的预览效果进行页边距的调整,还可以通过左侧面板右下角的"页面设置"选项打开"页面设置"对话框。在右侧面板中能看到当前文档的打印预览效果,通过预览区下方的翻页按钮能进行前后翻页预览,调整右侧的滑块能改变预览视图的大小。在 Word 2016 中,用户可以边进行打印设置边进行打印预览,设置完成后可以直接一键打印,这大大简化了打印工作,节省了时间。

由于篇幅有限,Word 2016 的很多功能在此没有讲到,有兴趣的读者可以查阅 Office 的帮助文档或相关书籍。

样式与模板

邮件合并

习题 3

一、选择题

1. Word 2016 文档文件默认的扩展名是(　　)。
   A. .doc   B. .docx   C. .dot   D. .dotx

2. Word 2016 新增的功能包括(　　)。
   A. 背景移除   B. 屏幕截图
   C. 屏幕取词   D. 以上都是

习题参考答案

3. 将文档进行分两栏设置后,在(　　)视图下可以显示。
   A. 大纲   B. 草稿   C. 页面   D. Web

4. 在 Word 编辑状态下,若要调整段落左右的边界,最直接、最快捷的方法是使用(　　)。
   A. 工具栏   B. 标尺   C. 样式和格式   D. 格式栏

5. 在 Word 2016 的(　　)选项卡中,可以为选中的文字设置文字艺术效果。
   A. 开始   B. 插入   C. 页面布局   D. 引用

6. 在 Word 编辑状态下，利用键盘上的（　　）键可以在插入和改写两种状态间切换。
   A. <Delete>　　　　B. <Backspace>　　C. <Insert>　　　　D. <Home>

7. 通过 Word 2016 打开一个文档并做了修改，之后执行关闭文档操作，则（　　）。
   A. 文档被关闭，并自动保存修改后的内容
   B. 文档被关闭，修改后的内容不能保存
   C. 弹出对话框，并询问是否保存对文档的修改
   D. 文档不能关闭，并提示出错

8. 样式和模板是 Word 的高级功能，其中样式包括（　　）等格式信息。
   A. 字体　　　　　　B. 段落缩进　　　　C. 对齐方式　　　　D. 以上都是

9. 下列对于 Word 中表格的叙述，正确的是（　　）。
   A. 不能删除表格中的单元格　　　　　　B. 表格中的文本只能垂直居中
   C. 可以对表格中的数据排序　　　　　　D. 不可以对表格中的数据进行公式计算

10. 在 Word 文档中插入的图片默认使用（　　）环绕方式。
    A. 四周型　　　　　B. 紧密型　　　　　C. 嵌入型　　　　　D. 上下型

二、简答题

1. 简述 Word 2016 工作界面的基本组成及各部分的主要功能。

2. 简述利用格式刷进行格式复制的操作步骤。

三、操作题（扫描二维码下载素材）

操作题素材

操作题一

某单位的员工王飞负责整理相关文件并下发给各部门，利用"操作题一素材"文件夹下提供的相关素材，按下列要求帮助小王完成文件的修订与编排工作。

1. 打开文档"Word 素材_1.docx"，将其另存为"Word1.docx"，后续操作均基于此文件。

（1）按下列要求改变 Word1.docx 的页面布局：纸张大小为 A4，对称页边距，上、下边距为 2.5cm，内侧边距为 2.5cm、外侧边距为 2cm，装订线为 1cm，页眉、页脚距边界均为 1cm。

（2）为文档中红色的文本段落应用样式"标题 1"，绿色文本段落应用样式"标题 2"。

（3）将原编号内容"第一章、第二章、第三章、……"替换为自动编号的"第一章、第二章、第三章、……"，编号与后续文本间仅以一个西文空格分隔，编号位置为左侧对齐 0cm、文本缩进 0cm；将原编号内容"第一条、第二条、第三条、……"替换为自动编号"第一条、第二条、第三条、……"，编号与后续文本间仅以一个西文空格分隔，编号位置为左侧对齐 0.75cm、文本缩进 0cm。要求自动编号应与原文对照一致，即每个标题 1 样式下的章、条均从编号 1 开始。

（4）将原文中重复的手动纯文本编号"第一章、第二章、……、第十二章，第一条、第二条、……、第四十九条"以及其右侧的两个空格删除。

（5）设置页眉：在页眉中间位置插入当前页所属标题 1 的标题内容，在页面的右边距内插入格式为"圆（右侧）"、自 1 开始的连续页号，位置在水平、垂直方向上均相对于外边距居中排列。

（6）保存并关闭编辑完成的文档 Word1.docx。

2. 打开文档"Word 素材_2.docx"，将其另存为"Word2.docx"，后续操作均基于此文件。

（1）保证文档中的编辑标记处于显示状态。

（2）将文中的手动换行符替换为段落标记并删除文中的所有空行（文档尾部的空行除外）。

（3）删除页眉中的所有内容及格式。

（4）在文档添加内容"可以公开"，字体为微软雅黑，斜式的文字水印。

（5）在"附件："右侧的蓝色文本处插入图标"button.gif"，并适当调整该图标的大小。

3. 以 Word2.docx 为源文档，按照下列要求将整理好的通知文件发送给各个单位。

（1）各个单位的信息存放在 Excel 文档"业务网点.xlsx"中，其中"地图"列中仅显示图片的文件名为序号 01、02、……图片文件的扩展名均为".jpg"。例如，"方庄管理部"地图图片的完整文件名为"04.jpg"，每个单位的地图存放在与"业务网点.xlsx"文档相同的文件夹下。

（2）将文档 Word1.docx 链接到图标"button.gif"上，并添加屏幕提示文字"单击打开附件"。

（3）在 Word2.docx 的开始处以及最后的"联系信息确认"部分的蓝色文字标注位置插入业务网点信息；当地图的图片文件为空时，跳过该单位不发通知，最后生成 19 份独立的通知文档，每份文档占用一页，以"通知.docx"为文件名保存于文件夹下。

（4）最后保存源文档 Word2.docx。

操作题二

小王准备在校园科技文化节为同学们介绍计算机领域的相关内容，按照下列要求，帮助他完成内容的编辑与美化。

1. 在"操作题二素材"文件夹下，打开"Word 素材.docx"文件，将其另存为"Word.docx"，后续操作均基于此文件。

2. 调整纸张大小为高 20cm、宽 15cm，页边距上、下、左、右各为 1.5cm。

3. 为文档添加"边线型"封面，将文档开头的"黑客技术"文本移入封面的"标题"占位符中，删除其他占位符。

4. 在不改变原有字号和字体格式的前提下，将编号为"一、"到"七、"的 7 个标题段落的样式设置为标题 1，将其段前和段后间距设置为 0.5 行，将手动编号设置为自动编号，且编号和后面文字使用一个西文空格分隔。

5. 在不改变原有字号和字体格式的前提下，将编号为"（一）"到"（五）"的 5 个标题段落的样式设置为标题 2，将其段前和段后间距设置为 0.5 行，将手动编号设置为自动编号，且编号和后面文字使用一个西文空格分隔。

6. 在不修改正文样式的前提下，修改其他正文段落为首行缩进 2 字符，段前和段后间距为 0.5 行。

7. 在封面后面为文档添加目录，包含标题 1 和标题 2 内容以及文档开头的标题文本"引言"和文档末尾的文本"索引"，设置"引言"和"索引"两处文本的大纲级别，但不能修改其样式，使其在目录中和标题 1 同级。

8. 使目录位于独立的页面内；在文档页脚中添加样式为"标签 1"的页码，封面和目录页没有页码，正文部分页码从 1 开始。

9. 修改文档的脚注编号为连续编号。

10. 将文件夹下的"索引条件.docx"文件中的词条作为索引项项目，在文档中进行标记，并在文档末尾标题"索引"后插入索引。

11. 删除文档中全部的"Internet"索引，并更新索引和目录。

12. 保存文档"Word.docx"，然后将其另存为"Word 繁体.docx"，将文档全部内容转换为中文繁体字，但不要转换常用词汇。

第4章 电子表格软件 Excel 2016

Excel 2016 是微软公司推出的 Office 2016 系列办公软件中的一个组件，可以用来制作电子表格、完成许多复杂的数据运算、进行数据的统计和分析等，并且具有强大的制作图表的功能。本章从基本的操作入手，内容涉及工作表的编辑、数据处理和图表制作等方面的知识。

【知识要点】

* 数据录入与数据格式设置。
* 公式的使用与数据的引用。
* 常用函数。
* 数据管理（排序、筛选、分类汇总、合并计算）。
* 图表制作。

章首导读

4.1 Excel 2016 基础

4.1.1 Excel 2016 的启动与退出

环境介绍

1. 启动

如果要启动 Excel 2016，可以用下列方法之一。

（1）选择"开始"→"Excel 2016"命令，即可启动 Excel 2016。

（2）双击任意一个 Excel 文件，Excel 就会启动并且打开相应的文件。

（3）双击 Excel 2016 的桌面快捷方式也可以新建一个 Excel 表格。

2. 退出

如果要退出 Excel 2016，可以用下列方法之一。

（1）单击 Excel 2016 标题栏右上角的"关闭"按钮 ×。

（2）按<Alt>+<F4>组合键。

4.1.2 Excel 2016 的窗口组成

Excel 2016 提供了全新的应用程序操作界面，其窗口组成如图 4.1 所示。

4.1.3 工作簿的操作

1. 新建工作簿

选择"文件"→"新建"命令，或者单击快速访问工具栏中的"新建"按钮 □。

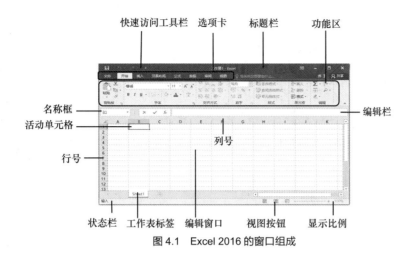

图 4.1　Excel 2016 的窗口组成

2. 打开工作簿

选择"文件"→"打开"命令，或者单击快速访问工具栏中的"打开"按钮，在出现的对话框中输入或选择要打开的文件，然后单击"打开"按钮。

3. 保存工作簿

（1）选择"文件"→"保存"命令，若该文件已保存过，可直接将工作簿保存起来。

（2）若是一个新文件，保存时将会弹出一个"另存为"对话框，在"文件名"文本框中输入一个新的名字来保存当前的工作簿；如果需要将工作簿保存到其他位置，可以在"保存位置"列表中选择其他的磁盘或目录；如果需要选择以其他文件格式保存 Excel 工作簿，可以在"保存类型"列表中选择其他的文件格式，然后单击"保存"按钮。

（3）设置安全性选项。选择"另存为"→"工具"→"常规选项"命令后，会弹出"常规选项"对话框，在对话框中进行打开权限密码与修改权限密码的设置。

4. 关闭工作簿

选择"文件"→"关闭"命令或直接单击窗口右上角的 ✕ 按钮。

4.1.4　工作表的操作

1. 选定工作表

要选定单个工作表，只需要将其变成当前活动工作表，即在其工作表标签上单击鼠标。

2. 工作表重命名

在创建新的工作簿时，所有的工作表会以 Sheet1、Sheet2、……命名，在实际操作中，为了更有效地进行管理，可用以下两种方法对工作表重命名。

（1）双击要重新命名的工作表标签，输入新名字后按<Enter>键即可。

（2）用鼠标右键单击某工作表标签，在弹出的快捷菜单中选择"重命名"命令并进行相应操作。

3. 移动工作表

单击要移动或复制的工作表标签，将之拖曳到需要移动到的位置即可。

4.2 数据输入

4.2.1 单元格中数据的输入

数据输入

1. 文本的输入

单击需要输入文本文字的单元格后直接输入即可，输入的文字会在单元格中自动以左对齐方式显示。

若需将纯数字作为文本输入，可以在其前面加上单引号，如"'450002"，然后按<Enter>键；也可以先输入一个等号，再在数字前后加上双引号，如"="450002""。

2. 数值的输入

数值是指能用来计算的数据。单元格中可以输入的数值包括整数、小数、分数及用科学记数法表示的数。在 Excel 2016 中能用来表示数值的字符有 0~9、+、-、(、)、/、\$、%、,、.、E、e。

在输入分数时应注意，要先输入 0 和空格。例如，输入"6/7"，正确的输入是"0 6/7"，按<Enter>键。

默认情况下，输入单元格中的数值将自动右对齐。

3. 日期和时间

在工作表中输入日期时，其格式最好采用 YYYY-MM-DD 的形式，可在年、月、日之间用"/"或"-"连接。例如，"2008/8/8"或"2008-8-8"。

如果要在单元格中同时输入日期和时间，应先输入日期后输入时间，中间以空格隔开。时、分、秒之间用冒号分隔。例如，要输入"2008 年 8 月 8 日晚上 8 点 8 分"，可输入"2008-8-8 8:8 PM"或"2008-8-8 20:8"。

4. 批注

在选定的活动单元格上单击鼠标右键以插入批注。或者切换到"审阅"选项卡下，单击"批注"组中的"新建批注"按钮，在选定的单元格右侧会弹出一个批注框。

4.2.2 自动填充数据

数据填充

在表格中输入数据时，往往有些栏目是由序列构成的，如编号、序号、星期等，在 Excel 2016 中，序列值不必一一输入，可以在某个区域快速建立序列，实现自动填充数据。

1. 自动重复列中已输入的项目

如果在单元格中输入的前几个字符与该列中已有的项相匹配，Excel 会自动输入其余的字符。但 Excel 只能自动完成包含文字或文字与数字的组合的项。只包含数字、日期或时间的项不能自动完成。

2. 使用"填充"命令填充相邻单元格

（1）实现单元格复制填充

在"开始"选项卡上的"编辑"组中，选择"填充"命令，然后选择"向上""向下""向左"或"向右"，可以实现单元格某一方向所选相邻区域的复制填充。

（2）实现单元格序列填充

选定要填充区域的第一个单元格并输入数据序列中的初始值；选定含有初始值的单元格区域；在"开

始"选项卡上的"编辑"组中，选择"填充"→"序列"命令，弹出"序列"对话框，如图 4.2 所示。

3. 使用填充柄填充数据

填充柄是位于选定区域右下角的小黑方块。将鼠标指针指向填充柄时，鼠标指针变为黑"十"字形状。

对于数字、数字和文本的组合、日期或时间段等连续序列，首先可选定包含初始值的单元格，然后将鼠标指针移到单元格区域右下角的填充柄  上，按住鼠标左键，在要填充序列的区域上拖曳填充柄，在拖曳过程中，可以观察到序列的值；松开鼠标左键（即释放填充柄之后）会出现"自动填充选项"按钮 ，然后选择如何填充所选内容。例如，可以选择"复制单元格"实现数据的复制填充，也可以选择"填充序列"实现数值的连续序列填充。

4. 使用自定义填充序列填充数据

自定义填充序列可以基于工作表中已有项目的列表，也可以从头开始输入列表。

选择"文件"选项卡→"选项"→"高级"→"常规"→"创建用于排序和填充系列的列表"→"编辑自定义列表"命令，弹出"自定义序列"对话框，如图 4.3 所示。选择"自定义序列"列表中的"新序列"命令，然后在"输入序列"列表中输入各个项，从第一个项开始，在输入每个项后，按<Enter>键；当列表完成后，单击"添加"按钮，然后单击"确定"按钮两次。在工作表中，单击一个单元格，然后在自定义填充序列中输入要用作列表初始值的项目，将填充柄 拖过要填充的单元格。

图 4.2　"序列"对话框

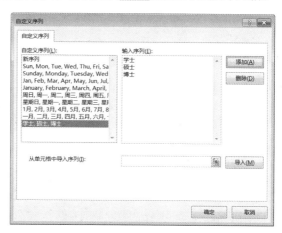

图 4.3　"自定义序列"对话框

4.3　格式化

4.3.1　设置工作表的行高和列宽

为使工作表表格在屏幕上或打印出来能有一个比较好的效果，用户可以对列宽和行高进行适当调整。

单元格操作

1. 使用鼠标调整

将鼠标指针指向列号或行号，待鼠标指针变成双向箭头 后，按住鼠标左键并拖曳箭头至适当位置，松开鼠标左键后即可看到表格调整了位置。若在列号或行号的表格线处双击鼠标，则可将表格中该行（列）调整到能显示当前单元格数据的适当位置处。

2. 使用菜单调整

选定单元格区域，选择"开始"选项卡→"单元格"组→"格式"→"列宽"或"行高"命令，然后在对话框中设置列宽值和行高值，也可以选择"自动调整列宽"或"自动调整行高"命令。

4.3.2　单元格的操作

在对单元格进行操作之前，必须先选定单元格使之成为活动单元格。

1. 选定单元格或区域

（1）选定一个单元格。单击单元格。

（2）选定一行。单击行号。

（3）选定整个表格。单击工作表左上角行号和列号的交叉按钮，即"全选"按钮。

（4）选定一个矩形区域。在区域左上角的第一个单元格内单击，按住鼠标左键沿着对角线方向拖曳鼠标指针到区域右下角的最后一个单元格，松开鼠标左键。

（5）选定不相邻的矩形区域。按住<Ctrl>键，单击选定的单元格或拖曳鼠标指针选择矩形区域。

2. 插入行、列、单元格

在需要插入单元格的位置处单击相应的单元格，然后选择"开始"选项卡→"单元格"组→"插入"→"插入单元格"命令，会弹出"插入"对话框。选择插入单元格的方式后单击"确定"按钮即可完成插入操作。

插入行、列的操作与插入单元格的操作类似。

3. 删除行、列、单元格

单击相应的行号或列号将其选定后，单击鼠标右键，通过弹出的快捷菜单删除行或列。

4. 单元格内容的复制与粘贴

（1）利用鼠标拖曳完成。选定要复制的单元格，将鼠标指针指向选定单元格的边框上，按住<Ctrl>键，同时按住鼠标左键，并拖曳选定的单元格到放置数据的位置。拖曳时鼠标指针会变成+形状，释放鼠标左键后即可完成复制粘贴操作。

（2）利用剪贴板完成。单击需要复制内容的单元格，然后单击"开始"选项卡→"剪贴板"→"复制"按钮，单击需要粘贴的单元格，再单击"剪贴板"→"粘贴"按钮即可完成复制粘贴操作。我们也可以单击"剪贴板"→"粘贴"下方的下拉箭头，在打开的下拉列表中选择"选择性粘贴"选项，弹出"选择性粘贴"对话框，如图 4.4 所示，选择选项后单击"确定"按钮，即可完成复制粘贴操作。

图 4.4 "选择性粘贴"对话框

5. 清除单元格

选中要清除的单元格，单击"开始"选项卡→"编辑"组→"清除"按钮，在打开的下拉列表中选择"清除内容"选项，单元格中的内容即会被删除。如果单元格进行了格式设置，要想清除格式，应在下拉列表中选择"清除格式"选项。

（1）全部清除。即清除区域中的内容、批注和格式。

（2）清除格式。只清除区域中的数据格式。

（3）清除内容。只清除区域中的数据，也等同于选中后按<Delete>键。

（4）清除批注。清除区域的批注信息。

4.3.3　设置单元格格式

1. 字符的格式化

选定要设置字体格式的单元格后，可以通过以下两种方法进行设置。

（1）使用选项卡中的"字体"命令设置。

（2）通过"设置单元格格式"对话框设置。

2. 数字格式化

在 Excel 中，数字是最常用的单元格内容，所以系统提供了多种数字格式。当对数字格式化后，单元格中显示的是格式化后的结果，编辑栏中显示的是系统实际存储的数据。

"开始"选项卡的"数字"组中提供了 5 种快速格式化数字的按钮，即"会计数字样式"按钮、"百分比样式"按钮%、"千位分隔样式"按钮、"增加小数位数"按钮、"减少小数位数"按钮。设置数字样式时，只要选定单元格区域后单击相应的按钮即可。当然，用户也可以通过"设置单元格格式"对话框进行更多、更详细的设置。

3. 对齐及缩进设置

默认情况下，单元格中文本左对齐，数值右对齐。"开始"选项卡的"对齐方式"组中提供了几个对齐和缩进按钮，用于改变字符的对齐方式。用户也可以通过"设置单元格格式"对话框进行详细的设置。

（1）自动换行。通过多行显示使单元格所有内容都可见，按<Alt>+<Enter>组合键可以强制换行。

（2）合并后居中。将选择的多个单元格合并成较大的一个，并将新单元格中的内容居中。

4. 边框和底纹

屏幕上显示的网格线是为用户输入和编辑方便而预设的，在进行打印和显示时，用户可以用它作为表格的边框线，也可以自己定义边框样式和底纹颜色或取消它。

（1）使用选项卡中的"格式"命令设置。

（2）通过"设置单元格格式"对话框设置。

4.3.4　使用条件格式

条件格式基于条件更改单元格区域的外观，有助于突出显示所关注的单元格或单元格区域，强调异常值，常使用数据条、颜色刻度和图标集来直观地显示数据。例如，在学生成绩表中，可以使用条件格式将各科成绩和平均成绩不及格的分数醒目地显示出来。

条件格式

1. 快速格式化

选择单元格区域，选择"开始"选项卡→"样式"组→"条件格式"→"突出显示单元格规则"→"小于"命令，会弹出"小于"条件格式对话框，如图 4.5 所示。设置条件格式后，不及格的学生成绩的显示效果如图 4.6 所示（由于此图是灰色显示，不及格单元格的浅红色背景效果不明显）。

	学生成绩表					
姓名	数学	计算机	英语	物理	平均成绩	总成绩
张三	98	87	97	90	93	372
李四	54	67	45	33	50	199
王五	99	82	88	76	86	345
赵六	68	78	92	54	73	292
田七	87	78	82	79	82	326

图 4.5　"小于"条件格式对话框　　　　　　图 4.6　学生成绩条件格式显示效果

2. 高级格式化

选择单元格区域，选择"开始"选项卡→"样式"组→"条件格式"→"新建规则"命令，将弹出"新建格式规则"对话框。选择"只为包含以下内容的单元格设置格式"选项，设置所需条件，然后单击"确定"按钮实现高级条件格式的设置。

4.3.5 套用表格格式

Excel 2016 提供了一些已经制作好的表格格式，用户在制作报表时，可以套用这些格式，以制作出既漂亮又专业化的表格。操作步骤如下。

（1）选定要格式化的区域。

（2）单击"开始"选项卡→"样式"组→"套用表格格式"按钮。

（3）在列表中选择要使用的格式。

4.4 公式和函数

4.4.1 公式的使用

在 Excel 中，公式可用于对工作表中的数据进行计算。在工作表中输入数据后，运用公式即可对表格中的数据进行计算并得到需要的结果。

在 Excel 中使用公式是以等号开始的，运用各种运算符号，将值、常量、单元格引用、函数返回值等组合起来，形成公式的表达式。Excel 2016 会自动计算公式表达式的结果，并将其显示在相应的单元格中。

公式的使用

1. 公式运算符及其优先级

在构造公式时，经常要使用各种运算符，常用的运算符有 4 类，如表 4.1 所示。

表 4.1 运算符及其优先级

优先级别	类别	运算符
高 ↓ 低	引用运算	:（冒号）、,（逗号）、（空格）
	算术运算	−（负号）、%（百分号）、^（乘方）、* 和 /、+和 −
	字符运算	&（字符串连接）
	比较运算	=、<、< =、>、> =、< >（不等于）

引用运算是电子表格特有的运算。

冒号（:）：引用运算符，指由两对角的单元格围起的单元格区域。

逗号（,）：联合运算符，表示同时引用逗号前后的单元格。

空格（ ）：交叉运算符，引用两个或两个以上单元格区域的重叠部分。如"B3:C5 C3:D5"就引用了 C3、C4、C5 这 3 个单元格，如果单元格区域没有重叠的部分，系统就会弹出错误信息"#NULL!"。

字符串连接符（&）：其作用是将两串字符连接成为一串字符，如果要在公式中直接输入文本，则文本需要用英文双引号括起来。

在 Excel 2016 中，计算并非简单地从左到右依次执行，运算符的计算顺序为：冒号、逗号、空格、负号、百分号、乘方、乘除、加减、字符串连接符、比较符号。注意，使用括号可以改变运算符的执行顺序。

2. 公式的输入

输入公式的操作类似输入文本类型的数据，不同的是，在输入一个公式前，要先输入一个等号"="，然后再输入公式的表达式。在单元格中输入公式的操作步骤如下。

（1）单击要输入公式的单元格。

（2）在单元格中输入一个等号"="。

（3）输入第一个数值、单元格引用或者函数等。

（4）输入一个运算符号。

（5）输入下一个数值、单元格引用等。

（6）重复上面的步骤，输入完毕按<Enter>键或单击编辑栏中的"输入"按钮☑，如图 4.7 所示，即可在单元格中显示出计算结果。

通过拖曳填充柄，可以复制引用公式。利用"公式"选项卡"公式审核"组中的相应命令，可以对被公式引用的单元格及单元格区域进行追踪，如图 4.8 所示。

图 4.7　使用公式

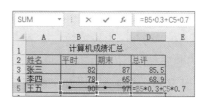

图 4.8　公式追踪

3. 公式错误信息

在运用公式计算时，经常会出现一些异常信息，它们通常以符号"#"开头，以感叹号或问号结尾，公式错误值及可能出错的原因如表 4.2 所示。

表 4.2　公式错误值及可能出错的原因

错误值	可能出错的原因
#####	单元格中输入的数值或公式太长，单元格显示不下，这不代表公式有错
#DIV/0!	做除法时，分母为 0
#NULL?	应当用逗号将函数的参数分开，却误用了空格
#NUM!	与数字有关的错误，如计算产生的结果太大或太小，以致无法在工作表中准确表示出来
#REF!	公式中出现了无效的单元格地址
#VALUE!	在公式中输入了错误的运算符，对文本进行了算术运算

4.4.2　单元格的引用

我们在公式中可以引用本工作簿或其他工作簿中任何单元格区域的数据。公式中输入的是单元格区域地址，引用后，公式的运算值会随着被引用单元格的变化而变化。

1. 单元格引用类型

单元格的引用类型分为相对引用、绝对引用和混合引用 3 种。

（1）相对引用。相对引用是指某公式所在单元格的位置改变，引用的单元格也随之改变。运用相对引用，当公式所在单元格的位置发生改变时，引用也随之改变。图 4.9 所示的 B5 和 C5 就代表相对引用单元格。

（2）绝对引用。绝对引用指向工作表中固定位置的单元格，它的位置与包含公式的单元格无关。绝对引用在列号与行号前面均加上"$"符号，图 4.10 所示的"$B$2"和"$C$2"就代表绝对引用单元格。

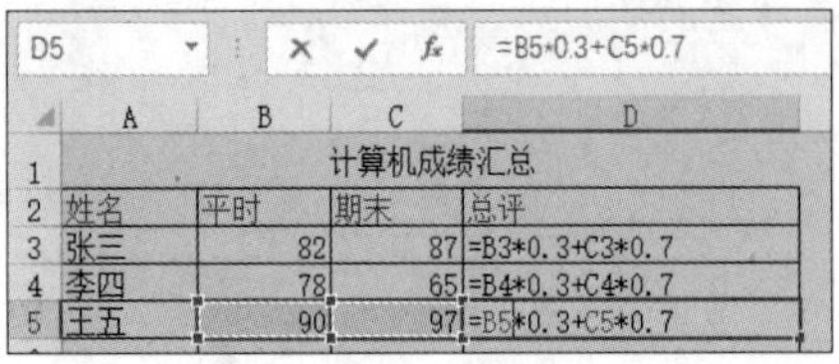

图 4.9 相对引用示例

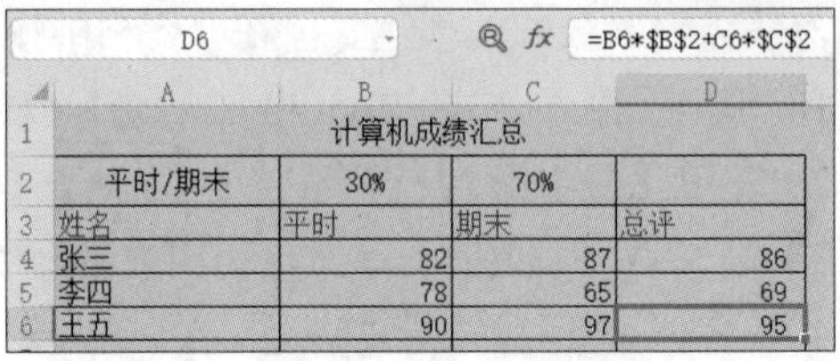

图 4.10 绝对引用示例

（3）混合引用。混合引用是指在一个单元格地址中，用绝对列和相对行或者相对列和绝对行，如"$A1"或"A$1"。当含有公式的单元格因复制等原因引起行、列引用的变化时，公式中相对引用的部分会随着位置的变化而变化，而绝对引用部分不随位置的变化而变化。如图 4.11 所示，B2 单元格的值是利用"B$1"和"$A2"这两个混合引用单元格的乘积来实现的。第 1 行数字为被乘数，第 A 列数字为乘数，B2:F6 为利用混合引用得到的 6×6 乘法表。

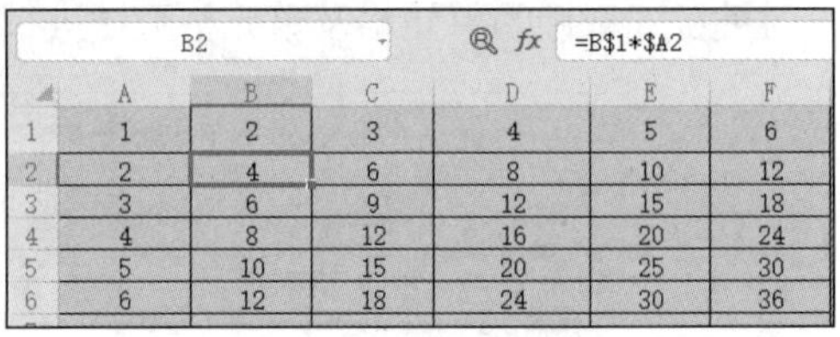

图 4.11 混合引用示例

2. 同一工作簿不同工作表的单元格引用

要在公式中引用同一工作簿不同工作表的单元格内容，则需要在单元格或单元格区域前注明工作表名。例如，当前 Sheet2 工作表 F4 单元格中求 Sheet1 工作表的单元格区域 A1:A4 之和，方法有以下 2 种。

（1）在 Sheet2 的 F4 单元格中输入"=SUM(Sheet1!A1:A4)"，按<Enter>键确定。

（2）在 Sheet2 的 F4 单元格中输入"=SUM("后，用鼠标选取 Sheet1 中的 A1:A4 单元格区域，再输入")"，按<Enter>键即可。

4.4.3 函数的使用

一个函数包含函数名称和函数参数两部分。函数名称表达函数的功能，每一个函数都有唯一的函数名，函数中的参数是函数运算的对象，可以是数字、文本、逻辑值、表达式、引用或是其他的函数。要插入函数可以切换到 Excel 2016 窗口中的"公式"选项卡下进行。若熟悉使用的函数及其语法规则，可在"编辑栏"内直接输入函数。建议最好使用"公式"选项卡下的"插入函数"对话框输入函数。

1. 使用"插入函数"对话框

具体操作步骤如下。

（1）选定要输入函数的单元格。

（2）选择"公式"→"插入函数"命令，会出现"插入函数"对话框。

（3）在选择类别中选择常用函数或其他函数类别，然后在"选择函数"列表中选择要用的函数，如图 4.12 所示。单击"确定"按钮后，会弹出"函数参数"对话框。

（4）在弹出的"函数参数"对话框中输入参数，如图 4.13 所示。如果选择单元格区域作为参数，则单击参数框右侧的"折叠对话框"按钮来缩小公式选项板，选择完毕，单击参数框右侧的"展开对话框"按钮恢复公式选项板。

图 4.12　"插入函数"对话框

图 4.13　设置函数参数

2. 常用函数

（1）求和函数 SUM()

格式：SUM(number1,number2,…)。

功能：计算一组数值 number1,number2,…的总和。

说明：此函数的参数是必不可少的，参数允许是数值、单个单元格的地址、单元格区域、简单算式，并且允许最多使用 30 个参数。

简单函数

（2）求平均值函数 AVERAGE()

格式：AVERAGE(number1,number2,…)。

功能：计算一组数值 number1,number2,…的平均值。

说明：对于所有参数进行累加，并计数，再用总和除以计数结果，区域内的空白单元格不参与计数，但如果单元格中的数据为"0"时则参与运算。

（3）最大值函数 MAX()

格式：MAX(number1,number2,…)。

功能：计算一组数值 number1,number2,…的最大值。

说明：参数可以是数字或者是包含数字的引用。如果参数为错误值或为不能转换为数字的文本，将会导致错误。

（4）最小值函数 MIN()

格式：MIN(number1,number2,…)。

功能：计算一组数值 number1,number2,…的最小值。

参数说明同 MAX()。

计数函数

（5）计数函数 COUNT()

格式：COUNT(value1,value2,…)。

功能：计算区域中包含数字的单元格个数。

说明：只有引用中的数字或日期会被计数，而空白单元格、逻辑值、文字和错误值都会被忽略。在 B6 单元格输入"=COUNT(B1:B5)"的结果如图 4.14 所示。

（6）条件计数函数 COUNTIF()

格式：COUNTIF(range,criteria)。

功能：计算区域中满足条件的单元格个数。

说明：条件的形式可以是数字、表达式或文字。例如，在 E9 单元格输入"= COUNTIF(F3:F7, ">=80")-COUNTIF(F3:F7,">=90")"的结果如图 4.15 所示。

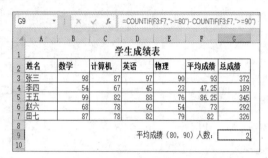

图 4.14　计数结果　　　　　　　　图 4.15　条件计数结果

（7）条件函数 IF()

格式：IF(logical_test, value_if_true, value_if_false)。

功能：根据逻辑值 logical_test 进行判断，若为 true，返回 value_if_true；否则，返回 value_if_false。

条件函数

说明：IF()函数可以嵌套使用，最多嵌套 7 层，用 logical_test 和 value_if_true 参数可以构造复杂的测试条件。

例如，在 H3 单元格中输入"=IF(F3<60,"不及格","及格")"，返回值为"及格"。

又如，在 H3 单元格中输入"=IF(F3<60,"不及格",IF(F3<70,"及格",IF(F3<80,"中", IF(F3<90,"良","优"))))"，以实现自动综合评定，效果如图 4.16 所示。

（8）排名函数 RANK()

格式：RANK(number, ref, order)。

功能：返回单元格 number 在一个垂直区域中的排位名次。

排名函数

说明：order 是排位的方式，为 0 或省略时会按降序排名次（值最大的为第一名），不为 0 就按升序排名次（值最小的为第一名）。

函数 RANK()对重复数的排位相同，但重复数的存在会影响后续数值的排位。

例如，在 I3 单元格中输入"=RANK(F3,$F$3:$F$7)"就实现了自动排名，效果如图 4.17 所示。

图 4.16　条件函数应用案例　　　　　图 4.17　排名函数应用实例

4.4.4　快速计算与自动求和

1. 快速计算

在分析、计算工作表的过程中，有时需要得到临时计算结果而不用在工作表中表现出来，这时可以使用快速计算功能。

方法：用鼠标选定需要计算的单元格区域，即可得到选定区域数据的平均值、计数个数及求和结果，并显示在窗口下方的状态栏中，如图 4.18 所示。

2. 自动求和

求和时可以使用"开始"选项卡中的"自动求和"命令，也可以使用"公式"选项卡中的"自动求和"命令，如图 4.19 所示。

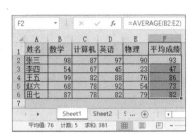

图 4.18　快速计算

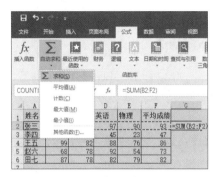

图 4.19　自动求和

4.5　数据管理

Excel 2016 不但具有数据计算的能力，而且具有强大的数据管理功能。用户可以运用数据的排序、筛选、分类汇总、合并计算功能实现对复杂数据的分析与处理。

4.5.1　数据排序

排序可以快速直观地显示数据，并有助于用户更好地理解数据，有助于用户组织并查找所需数据，有助于用户最终做出更有效的决策。

数据表是包含标题及相关数据的一组数据行，每一行相当于数据表中的一条记录。通常数据表中的第一行是标题行，由多个字段名（关键字）构成，表中的每一列对应一个字段。

数据排序

1. 快速排序

如果只对单列进行排序，首先单击所要排序字段内的任意一个单元格，然后单击"数据"选项卡→"排序和筛选"组→"升序"按钮 或"降序"按钮 ，则数据表中的记录就会按所选字段为排序关键字进行相应的排序操作。

2. 复杂排序

复杂排序是指通过设置"排序"对话框中的多个排序条件对数据表中的数据内容进行排序。操作方法如下。

（1）单击需要排序的数据表中的任一单元格，再单击"数据"选项卡→"排序和筛选"组→"排序"按钮，出现"排序"对话框，如图 4.20 所示。

（2）单击"主要关键字"右侧的下拉箭

图 4.20　"排序"对话框

头，在展开的下拉列表中选择主要关键字，然后设置排序依据和次序。

（3）单击"添加条件"按钮，以同样方法设置次要关键字。

首先按照主要关键字排序，对于主要关键字相同的记录，则按次要关键字排序，当记录的主要关键字和次要关键字都相同时，才按第三关键字排序。

排序时，如果要排除第一行的标题行，可选中"数据包含标题"复选框；如果数据表中没有标题行，则不选中"数据包含标题"复选框。

4.5.2 数据筛选

数据筛选

数据筛选的主要功能是将符合要求的数据集中显示在工作表上，不符合要求的数据暂时隐藏，从而从数据表中检索出有用的数据信息。

1. 自动筛选

自动筛选是进行简单条件的筛选，方法如下：选择数据表中的任一单元格，单击"数据"选项卡→"排序和筛选"组→"筛选"按钮，此时，在每个列标题的右侧会出现一个下拉箭头，单击某字段右侧的下拉箭头，将弹出一个下拉列表，其中列出了该列中的所有项目，从下拉列表中选择需要显示的项目即可；要取消筛选，可重新单击"筛选"按钮。

2. 自定义筛选

在数据表自动筛选的条件下，单击某字段右侧的下拉箭头，在弹出的下拉列表中选择"数字筛选"或"文本筛选"选项，并单击"自定义筛选"选项，然后在弹出的"自定义自动筛选方式"对话框中设置筛选条件，如图4.21所示。

3. 高级筛选

高级筛选是以用户设定的条件对数据表中的数据进行筛选，可以筛选出同时满足两个或两个以上条件的数据。

首先在工作表中设置条件区域，条件区域至少为两行，第一行为字段名，第二行以下为查找的条件。设置条件区域前，先将数据表的字段名复制到条件区域的第一行单元格中，当作查找时的条件字段，然后在其下一行输入条件。同一行不同列单元格中的条件为"与"逻辑关系，同一列不同行单元格中的条件为"或"逻辑关系。条件区域设置完成后进行高级筛选的具体操作步骤如下。

（1）单击数据表中的任一单元格。

（2）单击"数据"选项卡→"数据和筛选"组→"高级"按钮，将弹出"高级筛选"对话框，如图4.22所示。

图4.21 "自定义自动筛选方式"对话框

图4.22 "高级筛选"对话框

（3）此时需要设置要筛选的数据区域。

（4）单击"条件区域"文本框，在工作表中选定条件区域。

（5）在"方式"选项区域中选择"在原有区域显示筛选结果"或"将筛选结果复制到其他位置"。单击"确定"按钮完成筛选。进行高级筛选后的示例效果如图 4.23 所示。

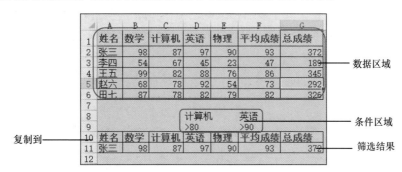

图 4.23　高级筛选示例

4.5.3　分类汇总

在实际工作中，我们往往需要对一系列数据进行小计和合计，这时使用分类汇总功能就十分方便了。

（1）首先对分类字段进行排序，使相同的记录集中在一起。

（2）单击数据表中的任一单元格。单击"数据"选项卡→"分级显示"组→"分类汇总"按钮，将弹出"分类汇总"对话框，如图 4.24 所示。

（3）设置完成后，单击"确定"按钮。最终的分类汇总示例效果如图 4.25 所示。

分类汇总

图 4.24　"分类汇总"对话框

图 4.25　分类汇总示例

4.5.4　合并计算

对 Excel 2016 中的数据表进行数据管理，有时需要将几张工作表上的数据合并到一起，例如，使用日报表记录每天的销售信息，到周末需要汇总生成周报表，到月底需要汇总生成月报表，到年底需要汇总生成年报表。使用"合并计算"功能，可以对多张工作表上的数据进行合并。合并计算的具体步骤如下。

合并计算

（1）准备好参加合并计算的工作表，如上半年销售额表、下半年销售额表、全年销售额表，如图 4.26 所示。将上半年和下半年两张工作表上的销售额数据汇总到全年销售额表上。

（2）选中目标区域的单元格（本例是选中全年销售额表上的 B3 单元格），单击"数据"选项卡→"数据工具"组→"合并计算"按钮，出现"合并计算"对话框，如图 4.27 所示。

（3）单击"确定"按钮，完成合并计算功能。汇总后的结果如图 4.28 所示。

图 4.26 合并数据前的各工作表

图 4.27 "合并计算"对话框

图 4.28 合并计算结果

4.6 图表

为使表格中的数据关系更加直观，可以将数据以图表的形式表示出来。通过创建图表，我们可以更加清楚地了解各个数据之间的关系以及数据的变化情况，方便对数据进行对比和分析。

图表制作

根据数据特征和观察角度的不同，Excel 2016 提供了柱形图、折线图、饼图、条形图、面积图、XY 散点图、股价图、曲面图、圆环图、气泡图和雷达图共 11 类图表供用户选用，每一类图表又包括若干个子类型。

图表由图表区和绘图区组成。图表区是整个图表的背景区域；绘图区是用于绘制数据的区域。

建立图表以后，可通过增加图表项（如数据标记、标题、文字等）来美化图表及强调某些信息。大多数图表项是可以被移动及调整大小的，当然我们也可以用图案、颜色、对齐、字体及其他格式属性来设置这些图表项的格式。

4.6.1 创建图表

创建图表的过程如下。

（1）首先选择要包含在图表中的单元格或单元格区域。

（2）选择"插入"选项卡下的"图表"组，其中给出了图表的样本，我们可以选择所需的图表样式，或者单击"图表"右下角的"查看所有图表"按钮，在弹出的"插入图表"对话框中选择"所有图表"标签，然后在左侧列表中选择某一大类图表，再在右边区域中选择所需的图表类型，确定后即创建了原始图表，如图 4.29 所示。

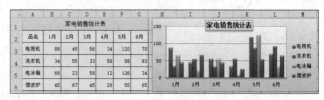

图 4.29 创建图表

4.6.2　图表的编辑

用户通过"图表工具"选项卡中的命令可以方便地对图表进行更多的设置与美化。

1. 利用"设计"选项卡设置图表

单击创建的图表，会出现图表工具"设计"选项卡。

（1）图表的数据编辑。选择"设计"选项卡→"数据"组→"选择数据"命令，会出现"选择数据源"对话框，在该对话框中可以对图表中引用的数据进行添加、编辑、删除等操作。

（2）图表类型与样式的快速改换。选择"设计"选项卡→"类型"组→"更改图表类型"命令，重新选定所需类型。对于已经选定的图标类型，在"设计"选项卡上的"图表样式"组中，可以重新选定所需图表样式。

2. 利用"图表布局"组设置图表

单击创建的图表，选择"图表工具"中的"设计"选项卡→"图表布局"组→"添加图表元素"命令。用户使用其中的命令可以设置图表标题，设置坐标轴标题，设置图表图例、数据标签等。

3. 利用"形状样式"组设置图表

在"图表工具"中的"格式"选项卡→"形状样式"组中选择要设置的格式，如设置"形状填充""形状轮廓"或"形状效果"等。

4.6.3　快速突显数据的迷你图

Excel 2016 提供了全新的"迷你图"功能，利用它在一个单元格中便可绘制出简洁、漂亮的小图表，并且数据中潜在的价值信息也可以醒目地呈现在屏幕上。操作步骤如下。

创建迷你图

（1）选中用来放置迷你图的目标单元格，切换到"插入"选项卡，并在"迷你图"选项组中单击"折线"按钮。

（2）在弹出的对话框中选择需要进行直观展现的数据范围。

（3）单击"确定"按钮关闭对话框，一个简洁的"折线迷你图"就创建成功了。通过向下拖曳迷你图所在单元格右下角的填充柄将其复制到其他单元格中，从而快速创建一组迷你图，折线迷你图效果如图 4.30 所示。

	A	B	C	D	E	F	G	H
1	家电销售统计表							
2	品名	1月	2月	3月	4月	5月	6月	
3	电视机	88	45	56	34	120	70	
4	洗衣机	34	55	33	56	88	93	
5	电冰箱	66	23	56	12	126	34	
6	微波炉	45	67	45	26	55	65	
7								

图 4.30　折线迷你图效果

4.7　打印

4.7.1　页面布局设置

打印设置

在 Excel 2016 的工作界面中，用户可以通过"页面布局"选项卡中的"页面设置"命令，对页面布局效果进行快速设置。

单击"页面布局"选项卡→"页面设置"右下角的对话框启动器，弹出"页面设置"对话框。在"页面设置"对话框中可以对"页面""页边距""页眉/页脚"或"工作表"进行详细的设置。

4.7.2 打印预览

1. 在打印前预览工作表

在打印前，选择要预览的工作表。选择"文件"选项卡→"打印"命令，在视图右侧会显示一个"打印预览"窗口，若选择了多个工作表，或者一个工作表中含有多页数据时，要预览下一页和上一页，可在"打印预览"窗口的底部单击"下一页"和"上一页"按钮。单击"显示边距"按钮，"打印预览"窗口中会显示页边距，要更改页边距，可将页边距拖至所需的高度和宽度。用户也可以通过拖曳打印预览页顶部的控点来更改列宽。

2. 利用"分页预览"视图调整分页符

分页符是为了便于打印而将一张工作表分隔为多页的分隔符。在"视图"选项卡→"工作簿视图"组→"分页预览"视图中可以轻松地实现添加、删除或移动分页符的操作。手动插入的分页符是以实线显示的。虚线只能指示 Excel 自动分页的位置。

3. 利用"页面布局"视图对页面进行微调

打印包含大量数据或图表的 Excel 工作表之前，可以在"视图"选项卡→"工作簿视图"组→"页面布局"视图中快速对其进行微调，以使工作表达到专业水准。在此视图中，可以如同在"普通"视图中那样更改数据的布局和格式。此外，还可以使用标尺测量数据的宽度和高度，更改页面方向，添加或更改页眉和页脚，设置打印边距，隐藏或显示行标题与列标题，将图表或形状等对象准确地放置到所需位置。

4.7.3 打印设置

选择相应的选项来打印选定区域、活动工作表、多个工作表或整个工作簿，选择"文件"选项卡→"打印"命令。

若要连同行标题和列标题一起打印，选中"页面布局"选项卡→"工作表选项"组→"标题"中的"打印"复选框即可。

窗口设置

习题 4

一、选择题

1. 在 Excel 2016 中，要统计某列数据中包含的空单元格个数，最佳方法是（　　）。
   A. 使用 COUNTA()函数进行统计
   B. 使用 COUNT()函数进行统计
   C. 使用 COUNTBLANK()函数进行统计
   D. 使用 COUNTIF()函数进行统计

习题参考答案

2. 在 Excel 2016 中，要为工作表添加"第 1 页，共? 页"样式的页眉，最快捷的方法是（　　）。
   A. 在"页面布局"视图中，在页眉区域输入"第&[页码]页，共[总页数]页"
   B. 在"页面布局"视图中，在页眉区域输入"第[页码]页，共&[总页数]页"
   C. 在"页面布局"视图中，在页眉区域输入"第&\页码\页，共&\总页数\页"
   D. 在"页面设置"对话框中，为页眉应用"第 1 页，共? 页"的预设样式

3. 在 Excel 2016 中，如果想要告诉读者该工作簿为最终版本，不要随意修改，最优操作方法是（　　）。

    A. 用密码对工作簿进行加密　　　　　　B. 保护工作簿中的所有工作表

    C. 保护工作簿结构　　　　　　　　　　D. 将工作簿标记为最终状态

4. 在 Excel 2016 的工作表中输入了大量数据后，若要在该工作表中选择一个连续且较大范围的特定数据区域，最快捷的方法是（　　）。

    A. 选中该区域的某一个单元格，然后按<Ctrl>+<A>组合键

    B. 单击该数据区域的第一个单元格，按住<Shift>键不放再单击该区域的最后一个单元格

    C. 单击该数据区域的第一个单元格，按<Ctrl>+<Shift>+<End>组合键

    D. 用鼠标直接在数据区域中拖曳完成选择

5. 小唐在 Excel 中对产品销售情况进行分析，他需要选择不连续的数据区域作为创建分析图表的数据源，最优的操作方法是（　　）。

    A. 直接拖曳鼠标指针选择相关的数据区域

    B. 按住<Ctrl>键不放，拖曳鼠标指针依次选择相关的数据区域

    C. 按住<Shift>键不放，拖曳鼠标指针依次选择相关的数据区域

    D. 在名称框中分别输入单元格区域地址，中间用西文半角逗号分隔

6. 若在工作簿 1 的工作表 Sheet2 的 C1 单元格内输入公式时，需要引用工作簿 2 的工作表 Sheet1 中 A2 单元格的数据，那么正确的引用为（　　）。

    A. Sheet1!A2　　　　　　　　　　　　B. 工作簿 2!Sheet1(A2)

    C. 工作簿 2Sheet1A2　　　　　　　　　D. [工作簿 2]Sheet1!A2

7. 在 Excel 2016 中，要想把 A1 和 B1 单元格、A2 和 B2 单元格、A3 和 B3 单元格合并为 3 个单元格，最快捷的操作方法是（　　）。

    A. 使用"合并单元格"命令　　　　　　B. 使用"合并后居中"命令

    C. 使用"多行合并"命令　　　　　　　D. 使用"跨越合并"命令

8. 在 Excel 中，假设在 D4 单元格内输入公式"=C3+$A$5"，再把公式复制到 E7 单元格中，则在 E7 单元格内，公式实际上是（　　）。

    A. C3+$A$5　　　　B. D6+$A$5　　　　C. C3+$B$8　　　　D. D6+B8

9. 在 Excel 工作表中，要计算 A1:C8 单元格区域中值大于等于 60 的单元格个数，应使用的公式是（　　）。

    A. =COUNT(A1:C8,">=60")　　　　　　B. = COUNTIF(A1:C8, >=60)

    C. = COUNT(A1:C8, >=60)　　　　　　D. = COUNTIF(A1:C8, " >=60")

10. 在 Excel 2016 中，要想使用图表绘制一元二次函数图像，应当选择的图表类型是（　　）。

    A. 散点图　　　　　B. 折线图　　　　　C. 雷达图　　　　　D. 曲面图

二、操作题（扫描二维码下载素材）

操作题一

小张是东方公司的会计，为提高工作效率，同时又确保数据的准确性，她使用 Excel 编制了员工工资表。请你帮助她完成下列任务。

1. 在"操作题一素材"文件夹下，将"Excel 素材.xlsx"文件另存为"Excel.xlsx"，后续操作均基于此文件。

2. 在"2015 年 8 月"工作表中完成下列任务。

操作题素材

（1）将 A1 单元格中的标题内容在 A1:M1 单元格区域中跨列居中对齐。

（2）修改"标题"样式的字体为"微软雅黑"，并将其应用于第 1 行的标题内容。

（3）员工工号的首字母为部门代码，根据"员工工号"列的数据，在"部门信息"工作表中查询每位员工所属部门，并填入"部门"列。

（4）在"应纳税所得额"列中填入每位员工的应纳税所得额，计算方法为：应纳税所得额=应付工资合计−扣除社保−3 500（如果计算结果小于 0，则应纳税所得额为 0）。

（5）计算每位员工的应纳个人所得税，计算方法为：应纳个人所得税=应纳税所得额×对应税率−对应速算扣除数（对应税率和对应速算扣除数位于隐藏的工作表"工资薪金所得税率"中）。

（6）在"实发工资"列中，计算每位员工的实发工资，计算方法为：实发工资=应付工资合计−扣除社保−应纳个人所得税。

（7）将"序号"列中的数值设置为"001,002,…"格式，即不足 3 位用 0 占位。

（8）将 E 列到 M 列中的数值设置为会计专用格式。

（9）为从第 2 行开始的整个数据区域所有单元格添加边框线。

3．复制工作表"2015 年 8 月"置于原工作表右侧，并完成下列任务。

（1）修改新复制的工作表名称为"分类汇总"。

（2）使用分类汇总功能，按照部门进行分类，计算每个部门员工实发工资的平均值，部门需要按照首字拼音的字母顺序升序排序，汇总结果显示在数据下方。

（3）新建名称为"收入分布"的工作表，并按照素材文件夹下的"收入分组.png"示例所示的分组标准在 A1:C5 单元格区域创建表格。在"人数"和"比例"列中分别按照"实发工资"计算每组的人数及占整体比例（结果保留整数）。

4．在"人数"和"比例"列中分别按照"实发工资"计算每组的人数及占整体比例（结果保留整数）。

5．在"收入分布"工作表的 A6:G25 单元格区域中，参照素材文件夹下的"图表.png"示例创建簇状柱形图，比较每个收入分组的人数，并进行以下设置。

（1）调整柱形填充颜色为标准蓝色，边框为"白色，背景 1"。

（2）分类间距为 0%。

（3）垂直轴和水平轴都不显示线条和刻度，垂直轴为 0~140，刻度单位为 35。

（4）修改图表名称为"收入分布图"。

（5）修改图表属性，以便在工作表被保护的情况下，依然可以编辑图表中的元素，但不需要设置保护工作表。

6．将"收入分布"工作表的单元格区域 A1:G25 设置为打印区域。

（1）在 Sheet1 中制作成绩统计表，并将 Sheet1 更名为"成绩统计表"。

（2）利用公式或函数分别计算平均成绩、总成绩、名次，并统计各科与平均成绩不及格人数、各科与平均成绩最高分、平均成绩优秀的比例（平均成绩大于等于 85 分的人数/考生总人数，并以%形式表示）。

（3）利用条件格式将各科与平均成绩不及格的单元格数据改为红色字体。

（4）以"平均成绩"为关键字降序排序。

（5）以表中的"姓名"为水平轴标签，"平均成绩"为垂直序列，制作簇状柱形图，并将图形放置于成绩统计表的下方。

操作题二

财务人员小明正在对本公司近 3 年的银行流水账进行整理。按照下列要求帮助她完成相关数据的计算、统计和分析工作。

1. 将"操作题二素材"文件夹下的工作簿文档"Excel 素材.xlsx"另存为"Excel.xlsx",之后所有的操作均基于此文件。操作过程中,不可以随意改变原工作表素材数据的顺序。

2. 将以 Tab 符分隔的文本文件"2018 年银行流水.txt"中的数据导入工作表"银行交易明细"数据的最下方(自单元格 A437 开始),并删除与外部数据的连接。

3. 在工作表"银行交易明细"中,按照下列要求对数据表进行完善。

(1)将第 A 列"交易日期"中的数据转换为类似"2016 年 01 月 15 日"格式的日期(要求月、日均显示为两位),并居中显示。

(2)在"账户余额"列中自 D5 单元格开始,通过公式"本行余额=上行余额+本行收入–本行支出"计算每行的余额。

(3)设置收入、支出、账户余额 3 列数据的数字格式为数值,保留两位小数,使用千位分隔符。

(4)将 A1 单元格中的标题在数据区域内跨列居中,为自 A3 开始的数据区域套用一个表格格式。

(5)在最下方添加汇总行,分别计算收入和支出总额,其他列不进行任何计算。

(6)适当调整数据区域的字体、字号、列宽,并将数据区域以外的所有空白行列隐藏。

(7)将前 3 行锁定,令其总是可见。

4. 以工作表"银行交易明细"为数据源,在工作表"销售情况统计"中完成以下各项统计分析工作。

(1)按照工作表"银行交易明细"F 列"微支项目"中的分类,统计各年各季度的"销售收入"及"采购成本",并填入相应单元格中,其中 2016 年第 1、第 2 季度和 2018 年第 3、第 4 季度的收支均为 0。

(2)按照公式"毛利润=销售收入–采购成本"计算各年各季度的毛利润并填入 F 列中。

(3)按照公式"毛利率=毛利润/销售收入"计算各年各季度的毛利率并填入 G 列中,要求毛利率数据显示为保留两位小数的百分比格式,如果出现错误值则不显示。

5. 以计算完成的工作表"销售情况统计"为数据源,参照"图表示例.png"中的效果,在数据源右侧插入一个反映 3 年销售收入与毛利率关系的图表,要求如下。

(1)图表标题位置和内容与示例一致。

(2)横纵坐标轴的格式、刻度格式、刻度显示单位与示例一致。

(3)数据标签位置、格式及其内容与示例一致。

(4)数据点颜色应该不同。

(5)图例位置及内容与示例一致。

(6)适当改变图表样式。

6. 以工作表"银行交易明细"为数据源,参照"透视图示例.png",自新工作表"费用支出统计"的 A3 单元格开始生成数据透视表,要求如下。

(1)统计各年度每个月的员工支出项目的总和,包含行、列合计和分年度合计。

(2)行、列标题内容及格式、排列顺序均与示例相同。

(3)设置数据区域的数字格式为保留两位小数、使用千位分隔符的数值。

(4)适当改变透视表样式,调整列宽、字体和字号。

(5)所有空单元格均显示为 0。

操作题三

在某评选投票工作中,李海需要在 Excel 中根据计票数据采集情况完成相关统计分析。具体要求如下。

1. 在"操作题三素材"文件夹下,将"Excel 素材.xlsx"文件另存为"Excel.xlsx",后续操作均基于此文件。

2. 利用"省市代码""各省市选票数"和"各省市抽样数"工作表中的数据信息，在"各省市选票抽样率"工作表中完成统计工作。注意事项如下。

（1）不要改变"地区"列的数据顺序。

（2）各省市的选票数为其在"各省市选票数"工作表中的4批选票之和。

（3）各省市的抽样数为其在"各省市抽样数"工作表3个阶段分配样本数之和。

（4）各省市的抽样率为其抽样数与选票数之比，数字格式设置为百分比样式，并保留2位小数。

3. 为"各省市选票抽样率"工作表的数据区域设置一个美观的表样式，并以3种不同的字体颜色和单元格底纹在"抽样率"列分别标记出最高值、最低值和高于平均抽样率值的单元格。

4. 利用"省市代码""候选人编号""第一阶段结果""第二阶段结果"和"第三阶段结果"工作表中的数据信息，在"候选人得票情况"工作表中完成计票工作。注意事项如下。

（1）不要改变该工作表中各行、列的数据顺序。

（2）通过公式填写候选人编码所对应的候选人姓名。

（3）计算各候选人在每个省市的得票情况及总票数。

（4）在数据区域最右侧增加名为"排名"的列，利用公式计算各候选人的总票数排名。

（5）锁定工作表的前两行和前两列，确保在浏览过程中始终保持表头和候选人信息可见。

5. 将"候选人得票情况"工作表复制为当前工作簿的一个新工作表，新工作表名称为"候选人得票率"。在新工作表中，将表头文字"候选人在各地区的得票情况"更改为"候选人在各地区的得票率"。

6. 利用"候选人得票情况""各省市选票抽样率"工作表中的数据信息，在"候选人得票率"工作表中完成统计工作。注意事项如下。

（1）利用公式计算各候选人在不同地区的得票率（得票率指该候选人在该地区的得票数与该地区选票抽样数的比值），数字格式设置为百分比样式，并保留2位小数。

（2）将"总票数"列标题修改为"总得票率"，并完成该列数据的计算（总得票率指该候选人的总得票数与所有地区选票抽样总数的比值），数字格式设置为百分比样式，并保留2位小数。

（3）将"排名"列标题修改为"得票率最高的地区"，并根据之前的计算结果将得票率最高的地区统计至相对应单元格。

（4）在统计完成的得票率数据区域内，利用条件格式突出显示每个候选人得票率最高的两个地区，并将这些单元格设置为标准黄色字体、标准红色背景色填充。

7. 在"候选人得票率"工作表的数据区域下方，根据候选人"姓名"和"总得票率"生成一个簇状柱形图图表，用以显示各候选人的总得票率统计分析。其中，图表数据系列名称为"总得票率"，数据标签仅包含值，并显示在柱形图上方。

操作题四

小郑是某企业财务部门的工作人员，现在需要使用Excel设计财务报销表格。请你根据下列要求，帮助小郑运用已有的原始数据完成相关工作。

1. 打开"操作题四素材"文件夹下的素材文档"Excel.xlsx"，后续操作均基于此文件。

2. 在"差旅费报销"工作表中完成下列任务。

（1）将A1单元格中的标题内容在A1:K1单元格区域中跨列居中对齐（不要合并单元格）。

（2）创建一个新的单元格样式，名为"表格标题"，字号为16，颜色为标准蓝色，应用于A1单元格，并适当调整行高。

（3）在单元格区域 I3:22 使用公式计算住宿费的实际报销金额，规则如下：

① 在不同城市每天住宿费报销的最高标准可以从工作表"城市分级"中查询；

② 每次出差报销的最高额度为相应城市的日住宿标准×出差天数（返回日期–出发日期）；

③ "住宿费–报销金额"项的值取"住宿费–发票金额"与每次出差报销的最高额度两者中的较低者。

（4）在单元格区域 J3:J22 使用公式计算每位员工的补助金额，计算方法为补助标准×出差天数（返回日期–出发日期），每天的补助标准可以在"职务级别"工作表中查询。

（5）在单元格区域 K3:K22 使用公式计算每位员工的报销金额，报销金额=交通费+住宿费–报销金额+补助金额，在 K23 单元格计算报销金额的总和。

（6）在单元格区域 I3:I22 使用条件格式，对"住宿费–发票金额"大于"住宿费–报销金额"的单元格应用标准红色字体。

（7）在单元格区域 A3:K22 使用条件格式。对出差天数（近回日期–出发日期）大于等于 5 天的记录行应用标准绿色字体（如果某个单元格中两种条件格式规则发生冲突，则优先应用第 6 项中的规则）。

3. 在"费用合计"和"车辆使用费报销"工作表中，对 A1 单元格应用单元格样式"表格标题"，并设置为与下方表格等宽的跨列居中格式。

4. 在"费用合计"工作表中完成下列任务。

（1）在单元格 C4 和 C5 中，分别建立公式，使其值分别等于"差旅费报销"工作表 K23 单元格中的值和"车辆使用费报销"工作表 H21 单元格中的值。

（2）在单元格 C6 中使用函数计算单元格 C4 和 C5 之和。

（3）在单元格 D4 中建立超链接，显示的文字为"填写请单击！"，并在单击时可以跳转到工作表"差旅费报销"的 A3 单元格。

（4）在 B2 单元格中，建立数据验证规则，要求可以通过下拉列表填入"市场部""物流部""财务部""行政部""采购部"，并最终显示文本"市场部"。

（5）在单元格 D5 中，通过函数进行设置，如果单元格 B2 中的内容为"行政部"或"物流部"，则显示为单击时可以跳转到工作表"车辆使用费报销"A3 单元格的超链接，显示的文本为"填写请单击！"，如果是其他部门则显示文本"无须填写！"。

5. 在工作表"差旅费报销"和工作表"车辆使用费报销"的 A1:C1 单元格区域中插入内置的左箭头形状，并在其中输入文本"返回主表"，为形状添加超链接，要求在单击形状时，可以跳转到"费用合计"工作表的单元格 A1。

6. 在工作表"差旅费报销"中，保护工作表（不要使用密码），以便 I3:K22 单元格区域以及 K23 单元格可以选中但无法编辑，也无法看到其中的公式，其他单元格都可以正常编辑。

7. 进行设置，取消显示工作表标签，且活动工作表为"费用合计"。

05 第5章 演示文稿软件 PowerPoint 2016

　　PowerPoint 2016 是微软公司推出的 Office 2016 软件包中的一个重要组成部分，是专门用来制作演示文稿的应用软件。利用 PowerPoint 2016 可以制作出集文字、图形及多媒体对象于一体的演示文稿，并以动态的形式展现出来。

　　本章将从认识 PowerPoint 2016 的界面开始，详细地介绍使用 PowerPoint 2016 制作、编辑、放映和打印演示文稿的全过程。通过本章的学习，读者要掌握 PowerPoint 2016 的基本操作方法，掌握演示文稿的各种设置方法，并能够使用 PowerPoint 2016 制作出包含文字、图形、图像、声音以及视频剪辑等多媒体元素于一体的演示文稿。

【知识要点】
- 演示文稿的创建及保存。
- 演示文稿对象的编辑、设置。
- 演示文稿主题、版式、切换方式的设置。
- 演示文稿声音、动画的使用。
- 演示文稿的放映。
- 演示文稿的打印。

章首导读

5.1 PowerPoint 2016 基础

　　PowerPoint 2016 的启动、退出和文件保存与 Word 2016、Excel 2016 的启动、退出和文件保存方式类似，因此这些操作的具体方法在此就不详细介绍了。

5.1.1 窗口的组成

　　在启动 PowerPoint 2016 后，将会看到图 5.1 所示的工作界面。

PowerPoint
工作界面

5.1.2 视图方式的切换

　　PowerPoint 2016 提供了几种演示文稿视图模式，即"普通"视图、"大纲"视图、"幻灯片浏览"视图、"备注页"视图和"阅读"视图，此外还有一个用于播放的"幻灯片放映"视图。

　　在视图模式之间进行切换，可以使用窗口下方的视图模式切换按钮，也可以使用"视图"选项卡中相应的视图模式命令。

视图方式的
切换

1."普通"视图

"普通"视图是 PowerPoint 2016 默认的视图模式,也是最常用的视图模式。在此视图模式下,可以编辑或设计演示文稿,同时也可以显示幻灯片、大纲和备注内容,图 5.1 所示为"普通"视图。

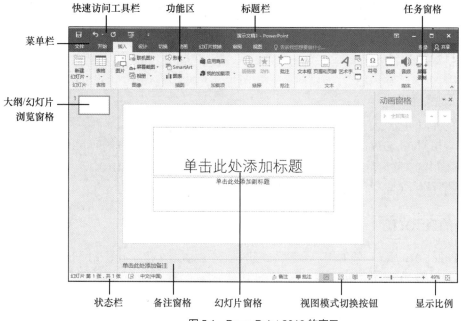

图 5.1　PowerPoint 2016 的窗口

2."大纲"视图

"大纲"视图由大纲窗格、幻灯片缩图窗格和幻灯片备注页窗格组成。在大纲窗格中可显示演示文稿的文本内容和组织结构。

3."幻灯片浏览"视图

在"幻灯片浏览"视图中,能够看到整个演示文稿的外观,如图 5.2 所示。

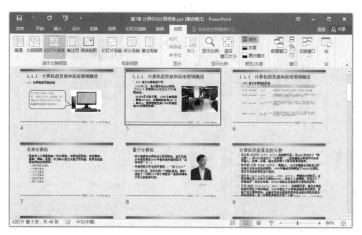

图 5.2　"幻灯片浏览"视图的窗口

在该视图中,可以对演示文稿进行编辑(但不能对单张幻灯片编辑),包括改变幻灯片的背景设置和配色方案、调整幻灯片的顺序、添加或删除幻灯片、复制幻灯片等。另外,还可以使用"幻灯片浏览"工具栏中的按钮来设置幻灯片的放映时间、选择幻灯片的动画切换方式等。

4. "备注页"视图

选择"视图"选项卡中的"备注页"命令，即可切换到"备注页"视图，备注页方框会出现在幻灯片图片的下方，用户可以用它来添加与每张幻灯片内容相关的备注。备注一般包含演讲者在讲演时所需的一些提示重点，这些信息在播放时观众是看不到的。

5. "阅读"视图

"阅读"视图并不是显示单个静止的画面，而是以动态的形式显示演示文稿中的各个幻灯片。

6. "幻灯片放映"视图

播放幻灯片的界面叫"幻灯片放映"视图。详细介绍参看 5.3 节的内容。

联机帮助：在使用 PowerPoint 2016 的过程中，用户可能会遇到各种各样的问题，这时可以通过 PowerPoint 2016 提供的"联机帮助"自我学习和解决问题。在 PowerPoint 2016 中，用户可以通过菜单右侧的 ♀ 告诉我您想要做什么... （或<F1>键）得到帮助。

5.1.3 创建新的演示文稿

演示文稿的
创建

启动 PowerPoint 2016 后，一般的用户会选择新建一个空白演示文稿，如图 5.1 所示，然后直接利用此空白演示文稿工作。

用户新建演示文稿的具体操作步骤如下：选择"文件"→"新建"命令，系统会显示图 5.3 所示的"新建"窗口。在该窗口中，用户可以按照列出的模板来创建演示文稿，也可以利用"搜索联机模板和主题"来创建演示文稿。

图 5.3 "新建"窗口

5.1.4 演示文稿的保存

演示文稿的
保存

演示文稿制作完毕需要保存起来以备后用，同时在编辑的过程中，为了防止意外而造成数据的丢失，也需要进行及时保存。用户可以使用下面的方法保存演示文稿。

（1）通过"文件"菜单

选择"文件"→"保存"命令。

（2）通过快速访问工具栏

单击快速访问工具栏中的"保存"按钮 💾。

（3）通过键盘

按<Ctrl>+<S>组合键保存。

类似 Word 与 Excel 的操作，如果演示文稿是第一次保存，则系统会显示"另存为"对话框，由用户选择保存文件的位置和名称（如果演示文稿的第一张幻灯片包含"标题"，那么默认文件名就是该"标题"）。需要注意，PowerPoint 2016 生成的文档文件的默认扩展名是".pptx"。这是一个非向下兼容的文件类型，也就是说，无法用早期的 PowerPoint 版本打开这种类型的文件。如果希望将演示文稿保存为使用早期的 PowerPoint 版本可以打开的文件，可以选择"文件"→"另存为"命令，在弹出的对话框的"保存类型"下拉列表中选择"PowerPoint 97-2003 演示文稿"选项。

5.2　演示文稿的设置

5.2.1　编辑幻灯片

1. 输入文本

在幻灯片中添加文本的方法有很多种，最简单的方法是直接将文本输入到幻灯片的占位符和文本框中。

（1）在占位符中输入文本

编辑幻灯片

占位符就是一种带有虚线或阴影线的边框。在这些边框内，可以放置标题、正文、图表、表格、图片等对象。

当创建一个空演示文稿时，系统会自动插入一张"标题幻灯片"。在该幻灯片中，共有两个虚线框，这两个虚线框就是占位符，占位符中显示"单击此处添加标题"和"单击此处添加副标题"的字样。将鼠标指针移至占位符中，单击鼠标即可输入文字。

（2）使用文本框输入文本

如果要在占位符之外的其他位置输入文本，可以先在幻灯片中插入文本框。选择"插入"选项卡→"文本框"命令，在幻灯片的适当位置绘制一个文本框，之后就可以在文本框的光标处输入文本了。用户在选择文本框时默认的是"横排文本框"，如果需要"竖排文本框"，可以单击"文本框"命令的下拉按钮，然后进行选择。

将鼠标指针指向文本框的边框，当鼠标指针变成"十"字形状时，按住鼠标左键可以拖动文本框到任意位置。

在 PowerPoint 中涉及对文字的复制、粘贴、删除、移动的操作和对文字字体、字号、颜色等的设置以及对段落格式的设置等操作，均与 Word 中的相关操作类似，在此就不详细叙述了，读者可同Word 的相关操作进行比较，掌握其操作方法。

2. 插入幻灯片

在"普通"视图或者"幻灯片浏览"视图中均可插入空白幻灯片。有以下 4 种方法实现该操作。

（1）选择"开始"选项卡→"新建幻灯片"命令。

（2）在"大纲/幻灯片浏览窗格"中选中一张幻灯片，按<Enter>键。

（3）按<Ctrl>+<M>组合键。

（4）在"大纲/幻灯片浏览窗格"中单击鼠标右键，在弹出的快捷菜单中选择"新建幻灯片"命令。

3. 幻灯片的复制、移动和删除

在 PowerPoint 中，对幻灯片的复制、移动和删除等操作均与 Word 中对文本对象的相关操作类似，在此就不详细叙述了，读者可同 Word 的相关操作进行比较，掌握其操作方法。

5.2.2 编辑图片和图形

演示文稿中只有文字信息是远远不够的。在 PowerPoint 2016 中，用户可以插入剪贴画和图片，并且可以利用系统提供的绘图工具绘制自己需要的简单图形对象。另外，用户还可以对插入的图片进行修改。

演示文稿对象
的编辑和设置

1. 插入及编辑剪贴画

Office 2016 没有剪贴画库，为了方便以后的操作，用户可以从"联机图片"中搜索"剪贴画"，其中的分类与以前的版本类似，包括人物、植物、动物、建筑物、背景、标志、保健、科学、工具、旅游、农业及形状等图形类别。搜索到剪贴画后，用户可以直接将它们插入演示文稿中。

（1）插入剪贴画

选择"插入"选项卡→"图像"→"联机图片"命令，系统会弹出一个"插入图片"对话框，在搜索框中输入"剪贴画"，然后单击"搜索"按钮，会打开图 5.4 所示的"剪贴画"对话框。用户可直接选择图片进行插入，也可设置"尺寸""类型""颜色"后再进行搜索。

在插入一幅剪贴画后，系统会自动出现"图片工具"菜单项，单击"格式"选项卡，会打开图 5.5 所示的工具栏，在此可以对插入的剪贴画或图片进行编辑，例如，改变图片的大小和位置、剪裁图片、改变图片的对比度和颜色等。

图 5.4 "剪贴画"对话框

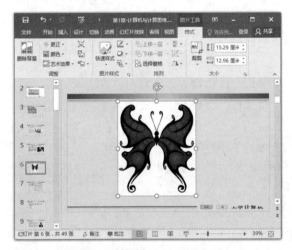

图 5.5 "格式"选项卡的工具栏

（2）编辑剪贴画

在幻灯片中插入一幅剪贴画后，一般都要对其进行编辑。对图片的编辑，大都是通过图片的尺寸控制点或"图片工具"的"格式"选项卡中的命令来进行。

当剪贴画在幻灯片上的大小不合适的时候，可以用鼠标拖动剪贴画的尺寸控制点来改变剪贴画的大小。如果需要精确调整剪贴画的大小和位置，可以通过单击"格式"选项卡中的"大小"选项组右下角的箭头，打开"设置图片格式"对话框进行设定，其精度可达 0.1mm。

当只需要剪贴画中的某个部分时，可以通过"格式"选项卡中的"裁剪"命令处理。

当在幻灯片中插入了多幅剪贴画后,可根据需要选择"格式"选项卡→"排列"选项组中的相关命令调整剪贴画的层次位置。

2. 插入并编辑来自文件的图片

除了插入剪贴画外,PowerPoint 2016 还允许插入各种来源的图片文件。

选择"插入"选项卡→"图像"→"图片"命令,系统会显示"插入图片"对话框。选择所需图片后,单击"插入"按钮可以将图片文件插入幻灯片中,插入后对图片的操作类似剪贴画。

3. 插入并编辑自选图形

选择"插入"选项卡→"插图"→"形状"命令,系统会显示"自选图形"对话框。其中的自选图形包括线条、矩形、基本形状、箭头总汇、公式形状、流程图、星与旗帜、标注、动作按钮等。单击所需图形,然后在幻灯片中拖出所选形状。对于封闭区域的图形,单击鼠标右键后选择"编辑文字"命令就可以在图形中添加文字。

4. 插入并编辑 SmartArt 图形

选择"插入"选项卡→"插图"→"SmartArt"命令,系统会显示"选择 SmartArt 图形"对话框。用户可以在列表、流程、循环、层次结构、关系、矩阵、棱锥图等图形中进行选择。单击所需图形,然后根据提示输入图形中所需的必要文字,如图 5.6 所示。如果需要对加入的 SmartArt 图形进行编辑,用户还可以通过"SmartArt 工具"的"设计"选项卡中的命令进行相应操作。

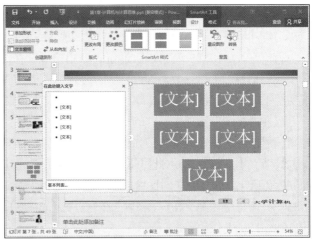

图 5.6　编辑 SmartArt 图形

5. 插入并编辑图表

图表具有较好的视觉效果,当演示文稿中需要用数据说明问题时,往往用图表显示更为直观。利用 PowerPoint 2016 可以制作出常用的图表形式,包括二维图表和三维图表。在 PowerPoint 2016 中可以链接或嵌入 Excel 文件中的图表,并可以在 PowerPoint 2016 提供的数据表窗口中进行修改和编辑。

选择"插入"选项卡→"插图"→"图表"命令,系统会显示一个类似 Excel 编辑环境的界面,用户可以使用类似 Excel 中的操作方法编辑处理相关图表。

6. 插入并编辑艺术字

艺术字以普通文字为基础,经过一系列的加工,使输出的文字具有阴影、形状、色彩等艺术效果。但艺术字是一种图形对象,它具有图形的属性,不具备文本的属性。

选择"插入"选项卡→"文本"→"艺术字"命令,系统会显示艺术字形状选择框。单击所需的艺术字类型,然后在"绘图工具"的"格式"选项卡中选择适当的工具对艺术字进行编辑。

5.2.3　应用幻灯片主题

为了改变演示文稿的外观,最方便快捷的方法就是应用幻灯片主题。PowerPoint 2016 提供了几十种专业模板,它可以快速地帮助用户生成美观的演示文稿。

选择"设计"选项卡,在"主题"中可看到系统提供的部分主题。当鼠标指针指向一种模板时,可以预览这种效果。单击某一模板,则表示该效果"应用于所有幻灯片"。

演示文稿主题
和幻灯片版式
的使用

在模板上单击鼠标右键，在弹出快捷菜单中选择"应用于选定幻灯片"命令，可以设置单张幻灯片的效果。

5.2.4 应用幻灯片版式

当创建演示文稿后，可能需要对某一张幻灯片的版面进行更改，这在演示文稿的编辑中是比较常见的事情。最简单的改变幻灯片版面的方法就是用其他的版面去替代它。

选择"开始"选项卡→"幻灯片"→"版式"命令，系统会显示"版式"选择框。单击所需的版式类型后，当前幻灯片的版式就被改变了。

5.2.5 使用母版

PowerPoint 2016 提供了 3 种母版：幻灯片母版、讲义母版和备注母版。

1. 幻灯片母版

幻灯片母版是一张包含格式占位符的幻灯片，这些占位符是为标题、主要文本和所有幻灯片中出现的背景项目设置的。用户可以在幻灯片母版上为所有幻灯片设置默认版式和格式。换句话说，如果更改幻灯片母版，会影响所有基于幻灯片母版的演示文稿幻灯片。在幻灯片母版视图下，可以设置每张幻灯片上都要出现的文字或图案，例如公司的名称、徽标等。

选择"视图"选项卡→"幻灯片母版"命令，系统会在幻灯片窗格中显示幻灯片母版样式。此时用户可以改变标题的样式，如设置标题的字体、字号、字形、对齐方式等，用同样的方法也可以设置其他文本的样式。用户还可以通过"插入"选项卡将对象（如图片、图表、艺术字等）添加到幻灯片母版上。例如，在幻灯片母版上加入一张剪贴画，如图 5.7 所示。单击"幻灯片母版"选项卡中的"关闭母版视图"按钮，切换到幻灯片浏览视图以后，幻灯片母版上插入的剪贴画就会出现在所有的幻灯片上，如图 5.8 所示。

图 5.7 编辑幻灯片母版

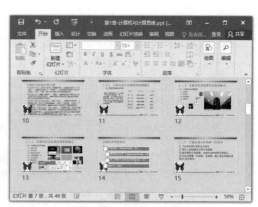

图 5.8 幻灯片母版改变后的效果

2. 讲义母版

讲义是演示文稿的打印版本，为了在打印出来的讲义中留有足够的注释空间，可以设定在每一页中打印幻灯片的数量。也就是说，讲义母版可用于编排讲义的格式，此外还可以设置页眉、页脚、占位符格式等。

3. 备注母版

备注母版主要用于控制备注页的格式。备注页是用户输入的对幻灯片的注释内容。利用备注母版，可以控制备注页中输入的备注内容与外观。另外，备注母版还可以调整幻灯片的大小和位置。

5.2.6　设置幻灯片背景

演示文稿背景
的设置

可以通过修改幻灯片母版、为幻灯片插入图片等方式来美化幻灯片。实际上，幻灯片由两部分组成，一部分是幻灯片本身，另一部分就是母版。在播放幻灯片时，母版是固定的，而更换的则是母版上面的幻灯片本身。有时为了活跃幻灯片的播放效果，需要修改部分幻灯片的背景，这时可以通过对幻灯片背景的设置来改变它们。

选择"设计"选项卡→"自定义"→"设置背景格式"命令，会在视图窗口的右侧显示"设置背景格式"窗格，在其中可对背景进行"填充"设置，包括"纯色填充""渐变填充""图片或纹理填充"和"图案填充"等，如图 5.9 所示。

图 5.9　"设置背景格式"窗格

5.2.7　使用幻灯片动画效果

对象动画效果
的设置

在 PowerPoint 2016 中，用户可以通过"动画"选项卡的"动画"选项组中的命令为幻灯片上的文本、形状、声音和其他对象设置动画，这样可以突出重点，并提高演示文稿的趣味性。

在幻灯片中，选中要添加自定义动画的项目或对象，例如，选择一个图片。在"动画"选项卡中，可以从"动画"选项组中选择一个动画，也可选择"高级动画"选项组中的"添加动画"命令，系统会下拉出"添加动画"窗格，如图 5.10 所示。选择"进入"→"擦除"命令。然后单击"确定"按钮结束自定义动画的初步设置。

为幻灯片项目或对象添加了动画效果以后，该项目或对象的旁边会出现一个带有数字的粉色矩形标志 1 ，且在动画窗格列表中会显示该动画的效果选项。若动画窗格没有显示，可选择"高级动画"选项组→"动画窗格"命令，此时用户还可以对刚刚设置的动画进行修改。例如，将"开始"动画的方式修改为"上一动画之后"（默认的方式是"单击时"），将"效果选项"修改为"自左侧"（默认的方式是"自底部"），将"持续时间"修改为"01.00"（默认的方式是"00.50"）。

当为同一张幻灯片中的多个对象设定了动画效果以后，它们之间的顺序还可以通过"对动画重新排序"中的"向前移动"或"向后移动"命令进行调整。

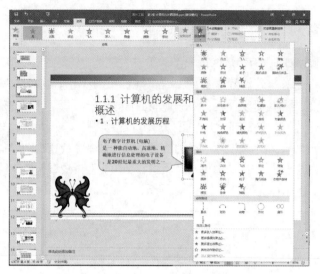

图 5.10　自定义动画的设置过程

5.2.8　使用幻灯片多媒体效果

多媒体效果的
设置

为了改善幻灯片放映时的视听效果，用户可以在幻灯片中插入声音、视频等多媒体对象。PowerPoint 2016 没有之前版本中的媒体剪辑库，用户除了可以插入"PC上的视频""联机视频""PC 上的音频"外，还可以插入录制的音频。

1．添加声音

选择"插入"选项卡→"媒体"→"音频"命令，系统会显示包含"PC 上的音频""录制音频"的操作。例如，选择添加一个"PC 上的音频"，此时系统会打开"插入音频"对话框，在本机上选择一个音频文件后单击"插入"按钮即可。

插入音频文件之后，系统在幻灯片上会出现一个"喇叭"图标，用户可以通过"音频工具"对插入的音频文件的播放、音量等进行设置。完成设置之后，该音频文件会按前面的设置，在放映幻灯片时播放。

2．插入影片文件

选择"插入"选项卡→"媒体"→"视频"命令，系统会显示包含"联机视频""PC 上的视频"的操作。例如，选择添加一个"PC 上的视频"，此时系统会打开"插入视频文件"对话框，在用户选择了一个要插入的视频文件后，系统在幻灯片上会出现该视频文件的窗口，用户可以像编辑其他对象一样，改变它的大小和位置。用户可以通过"视频工具"对插入的视频文件的播放、音量等进行设置。完成设置之后，该视频文件会按前面的设置，在放映幻灯片时播放。

注意：在向幻灯片插入"音频"和"视频"后，被添加的"音频"和"视频"文件会复制到幻灯片中，与幻灯片文件合为一个文件。此后，幻灯片中的音频和视频内容与原来的文件没有关系。这一点与前期版本的处理方式不一样。

5.3　演示文稿的放映

在演示文稿制作完成后，就可以观看演示文稿的放映效果了。放映之前，可以设置幻灯片放映的方式。放映时，可以从头开始放映，也可以从当前幻灯片开始放映。

演示文稿放映
的设置

5.3.1　放映设置

1. 设置幻灯片放映

选择"幻灯片放映"选项卡→"设置"→"设置幻灯片放映"命令，系统会显示"设置放映方式"对话框，如图 5.11 所示。

在"放映类型"区域有 3 个选项。

（1）演讲者放映（全屏幕）。该类型将以全屏幕方式显示演示文稿，这是最常用的演示方式。

（2）观众自行浏览（窗口）。该类型将在小型的窗口内播放幻灯片，并提供操作命令，允许移动、编辑、复制和打印幻灯片。

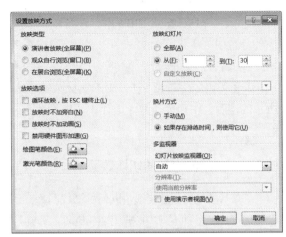

图 5.11　"设置放映方式"对话框

（3）在展台浏览（全屏幕）。该类型可以自动放映演示文稿。

用户可以根据需要在"放映类型""放映幻灯片""放映选项"和"换片方式"区域进行选择，所有设置完成之后，单击"确定"按钮即可。

在图 5.11 所示的对话框中，还可以设置是否循环放映、放映幻灯片的范围、换片方式及绘图笔的颜色等。

2. 隐藏或显示幻灯片

在放映演示文稿时，如果不希望播放某张幻灯片，可以将其隐藏起来。隐藏幻灯片并不是将其从演示文稿中删除，而是在放映演示文稿时不显示那一张幻灯片，其仍然保留在文件中。隐藏或显示幻灯片的操作步骤如下。

选择"幻灯片放映"选项卡→"设置"→"隐藏幻灯片"命令，系统会将选中的幻灯片设置为隐藏状态；再次选择该命令即可解除隐藏状态。

3. 放映幻灯片

启动幻灯片放映的方法有很多，常用的有以下几种。

（1）选择"幻灯片放映"选项卡→"开始放映幻灯片"→"从头开始""从当前幻灯片开始"或者"自定义幻灯片放映"命令。

（2）按<F5>键。

（3）单击窗口右下角的"放映幻灯片"按钮 ☷。

其中，按<F5>键，将从第一张幻灯片开始放映；单击窗口右下角的"放映幻灯片"按钮 ☷，将从演示文稿的当前幻灯片开始放映，也可以使用组合键<Shift>+<F5>。

4. 控制幻灯片放映

在幻灯片放映时，可以用鼠标和键盘进行翻页、定位等操作。单击鼠标左键或向下滚动滑轮可将幻灯片切换到下一页，向上滚动滑轮可将幻灯片切换到上一页。也可使用键盘的<Space>键、<Enter>键、<Page Down>键、<→>键、<↓>键将幻灯片切换到下一页，用<Back Space>键、<↑>键、<←>键将幻灯片切换到上一页。还可以单击鼠标右键，从弹出的快捷菜单中选择相关命令。

5. 对幻灯片进行标注

在放映幻灯片过程中，可以用鼠标操作在幻灯片上画图或写字，从而对幻灯片中的一些内容进行标注。在 PowerPoint 2016 中，还可以将播放演示文稿时所使用的墨迹保存在幻灯片中。

在放映时，屏幕的左下角会出现"幻灯片放映"控制栏，单击其中的  按钮，或者单击鼠标右键，在弹出的快捷菜单中选择"指针选项"，会出现图 5.12 所示的内容，用户选择激光指针、笔或荧光笔和相应墨迹颜色以后，就可以在幻灯片中进行行标注操作。

图 5.12　指针选项

5.3.2　使用幻灯片的切换效果

幻灯片的切换是指当前页以何种形式消失，下一页以什么样的形式出现。设置幻灯片的切换效果，可以使幻灯片以多种不同的形式出现在屏幕上，并且可以在切换时添加声音，从而增加演示文稿的趣味性。

设置幻灯片切换效果的操作步骤如下。

（1）选中要设置切换效果的一张或多张幻灯片。

（2）选择"切换"选项卡，系统会显示"切换到此幻灯片"的操作选项，如图 5.13 所示，单击选择某种切换方式。

图 5.13　"切换"选项卡

（3）可以选择切换的"声音""持续时间""应用范围"和"换片方式"。如果这里没有选择"全部应用"，则前面的设置只对选中的幻灯片有效。

5.3.3　设置链接

在 PowerPoint 中，链接是指从一张幻灯片到另一张幻灯片、一个网页或一个文件的连接，包括超链接和动作链接。链接本身可能是文本或对象（如图片、图形、形状或艺术字）。设置了链接的文本会用下画线显示出来，图片、形状和其他对象的链接没有附加格式。

超链接的设置

1. 编辑超链接

首先选中要创建超链接的文本或对象，然后选择"插入"选项卡→"链接"选项组→"链接"命令，系统会显示出"插入超链接"对话框，如图 5.14 所示。在此可以选择链接到某一个文件或网页、当前演示文稿中的某一张幻灯片、某一个新建文档或是某一个邮件地址。

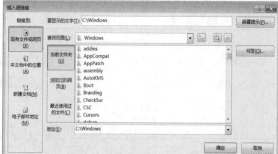

（1）单击"现有文件或网页"图标，在右侧

图 5.14　"插入超链接"对话框

列表框中选择或输入此超链接要链接到的文件或 Web 页的地址。

（2）单击"本文档中的位置"图标，右侧将列出本演示文稿的所有幻灯片以供用户选择。

（3）单击"新建文档"图标，系统会显示"新建文档名称"对话框。在"新建文档名称"文本框中输入新建文档的名称。单击"更改"按钮，设置新文档所在的文件夹名，再在"何时编辑"选项组中设置是否立即开始编辑新文档。

（4）单击"电子邮件地址"图标，系统会显示"电子邮件地址"对话框。在"电子邮件地址"文本框中输入要链接的邮件地址，在"主题"文本框中输入邮件的主题。若用户希望访问者给自己回信，并且将信件发送到自己的电子邮箱中，就可以创建一个电子邮件地址的超链接。

（5）在图 5.14 所示的界面中，单击"屏幕提示"按钮，还可以在"设置超链接屏幕提示"对话框中设置当鼠标指针置于超链接上时出现的提示内容。

（6）最后单击"确定"按钮完成设置。

在放映演示文稿时，如果将鼠标指针移到了超链接上，鼠标指针会变成"手形"，再单击鼠标就可以跳转到相应的链接位置。

2. 删除超链接

如果要删除超链接，可先选中链接文字或对象，再选择"插入"选项卡→"链接"→"链接"命令，系统会显示"编辑超链接"对话框，单击右下角的"删除链接"按钮即可删除超链接。

如果要删除整个超链接，选定包含超链接的文本或图形，然后按<Delete>键，即可删除该超链接以及代表该超链接的文本或图形。

3. 编辑动作链接

编辑动作链接的步骤：先选中要创建动作链接的文字或对象，再选择"插入"选项卡→"链接"→"动作"命令，系统会显示出"操作设置"对话框，如图 5.15 所示。根据提示选择"超链接到"的位置即可。

图 5.15 "操作设置"对话框

以上对超链接的操作也可以通过右击要创建动作链接的文字或对象，在弹出的快捷菜单中选择相应的"超链接""取消超链接""编辑超链接"来实现。

5.4 演示文稿的打印设置

选择"文件"→"打印"命令，系统会显示图 5.16 所示的界面，在这个界面中，可以设定打印机、打印份数等信息。单击"整页幻灯片"的下拉按钮，将弹出一个下拉列表，在其中可以对每张纸上打印的内容进行选择，如图 5.17 所示。

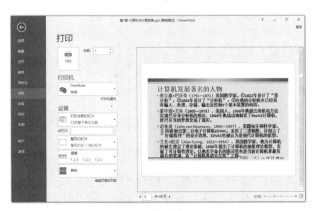

图 5.16 "打印"窗口

图 5.17 选择打印内容

PPT 的设计
原则

实例——圣诞
快乐

习题 5

一、选择题

习题参考答案

1. 在 PowerPoint 中可以通过多种方法创建一张新幻灯片，下列操作方法错误的是（　　）。

   A. 在"普通"视图的幻灯片缩略图窗格中，定位光标后按<Enter>键

   B. 在"普通"视图的幻灯片缩略图窗格中单击鼠标右键，从快捷菜单中选择"新建幻灯片"命令

   C. 在"普通"视图的幻灯片缩略图窗格中定位光标，从"开始"选择卡上单击"新建幻灯片"按钮

   D. 在"普通"视图的幻灯片缩略图窗格中定位光标，从"插入"选择卡上单击"幻灯片"按钮

2. 如果希望每次打开 PowerPoint 演示文稿时，窗口中都处于"幻灯片浏览"视图，最优的操作方法是（　　）。

   A. 通过"视图"选项卡上的"自定义视图"按钮进行指定

   B. 每次打开演示文稿后，通过"视图"选项卡切换到"幻灯片浏览"视图

   C. 每次保存并关闭演示文稿前，通过"视图"选项卡切换到"幻灯片浏览"视图

   D. 通过高级选项设置用"幻灯片浏览"视图打开全部文档

3. 在 PowerPoint 演示文稿中利用"大纲"窗格组织、排列幻灯片中的文字时，输入幻灯片标题后进入下一级文本输入状态的最快捷方法是（　　）。

   A. 按<Ctrl>+<Enter>组合键

   B. 按<Shift>+<Enter>组合键

   C. 按<Enter>键后，从右键菜单中选择"降级"

   D. 按<Enter>键后，再按<Tab>键

4. 在 PowerPoint"普通"视图中编辑幻灯片时，需将文本框中的文本级别由第二级调整为第三级，最优的操作方法是（　　）。

   A. 在文本最右边添加空格形成缩进效果

   B. 当光标位于文本最右边时按<Tab>键

   C. 在段落格式中设置文本之前缩进距离

   D. 当光标位于文本中时，单击"开始"选项卡上的"提高列表级别"按钮

5. 在 PowerPoint 中制作演示文稿时，希望将所有幻灯片中标题的中文字体和英文字体分别统一为微软雅黑、Arial，正文的中文字体和英文字体分别统一为仿宋、Arial，最优的操作方法是（　　）。

   A. 在幻灯片母版中通过"字体"对话框分别设置占位符中的标题和正文字体

B. 在一张幻灯片中设置标题、正文字体，然后通过格式刷应用到其他幻灯片的相应部分

C. 通过"替换字体"功能快速设置字体

D. 通过自定义主题字体进行设置

6. 小李利用 PowerPoint 制作一份学校简介的演示文稿，他希望将学校外景图片铺满每张幻灯片，最优的操作方法是（　　　）。

A. 在幻灯片母版中插入该图片，并调整大小及排列方式

B. 将该图片文件作为对象插入全部幻灯片中

C. 将该图片作为背景插入并应用到全部幻灯片中

D. 在一张幻灯片中插入该图片，调整大小及排列方式，然后复制到其他幻灯片

7. PowerPoint 2016 演示文稿的首张幻灯片为标题版式幻灯片，要从第二张幻灯片开始插入编号，并使编号值从 1 开始，正确的方法是（　　　）。

A. 直接插入幻灯片编号，并勾选"标题幻灯片中不显示"复选框

B. 从第二张幻灯片开始，依次插入文本框，并在其中输入正确的幻灯片编号值

C. 首先在"页面设置"对话框中，将幻灯片编号的起始值设置为 0，然后插入幻灯片编号，并勾选"标题幻灯片中不显示"复选框

D. 首先在"页面设置"对话框中，将幻灯片编号的起始值设置为 0，然后插入幻灯片编号

8. 若将 PowerPoint 2016 幻灯片中多个圆形的圆心重叠在一起，最快捷的操作方法是（　　　）。

A. 借助智能参考线，拖动每个圆形使其位于目标圆形的正中央

B. 同时选中所有圆形，设置其"左右居中"和"上下居中"

C. 显示网络线，按照网络线分别移动圆形的位置

D. 在"设置形状格式"对话框中，调整每个圆形的"位置"参数

9. 在 PowerPoint 2016 中，要显著减小一个包含大量图片的演示文稿大小，最优的操作方法是（　　　）。

A. 裁剪文档中的图片　　　　　　　B. 压缩文档中的图片

C. 删除文档中图片的背景　　　　　D. 修改文档中图片的样式

10. 在 PowerPoint 2016 中，如需减小包含了视频文件的演示文稿大小，最优的操作方法是（　　　）。

A. 对视频进行裁剪　　　　　　　　B. 对视频进行压缩

C. 减小视频的高度和宽度　　　　　D. 修改视频的样式

二、操作题（素材扫描二维码下载）

操作题一

随着云计算技术的不断演变，IT 助理小陈希望为客户整理一份演示文稿，传递云计算技术对客户的价值。根据"操作题一素材"文件夹下"PPT 素材.docx"中的内容，帮助小陈完成演示文稿的制作，具体要求如下。

操作题素材

1. 在"操作题一素材"文件夹下，新建名为"PPT.pptx"的文件（".pptx"为扩展名），后续操作均基于此文件。

2. 按照"参考效果.docx"文件中的效果。将"PPT 素材.docx"中的内容移动到对应的幻灯片，整个演示文稿幻灯片数量为 18，设置幻灯片比例为 16：9。

3. 使用"操作题一素材"文件夹下的"cloud.thmx"文件作为演示文稿的主题，并将主题颜色修改为"字幕"。

4. 将演示文稿中所有文本的中文字体修改为微软雅黑，西文字体修改为 Arial，标题应用加粗效果，并使用"操作题—素材"文件夹下的"cloud.png"作为幻灯片中的项目符号，大小为100%。

5. 将第1张幻灯片版式修改为"标题幻灯片"，第15～17张幻灯片的版式修改为"两栏内容"，第18张幻灯片的版式修改为"空白"。

6. 将第2张幻灯片中标题下方文本框中的内容转换为 SmartArt 图形，布局为"梯形列表"，为从左到右3个形状依次添加超链接，分别链接到第3张、第5张和第14张幻灯片。

7. 将第4张幻灯片标题下的数据转换为图表，具体类型和样式可参考"参考效果.docx"文件中的效果，需要设置的内容如下。

（1）将图例置于图表下方。

（2）不显示横轴的刻度和纵轴的刻度。

（3）设置水平轴位置坐标轴为"在刻度线上"。

（4）修改数据标记为圆圈，填充色为"白色，背景1"。

（5）将每个数据系列2018年以后部分的折线线型修改为短画线。

（6）为图表添加擦除动画，方向为自左侧，要求图表背景无动画，第1个数据系列在单击时出现，其他两个数据系列在上一动画之后出现。设置图表与标题占位符左边缘对齐。

8. 在第15～17张幻灯片右侧占位符中，分别插入素材文件夹下与幻灯片标题同名的图片，调整第16张幻灯片中图片的高度和宽度都为10cm。

9. 将最后一张幻灯片中的文本框放在幻灯片水平和垂直都居中的位置，其中文本也居中对齐。

10. 为演示文稿添加幻灯片编号，首页不显示编号。

11. 按照表5.1所示要求为演示文稿分节。

表5.1　幻灯片分节表

幻灯片	节标题
第1～2张	默认节
第3～4张	云计算的概念
第5～13张	云计算的特征
第14～17张	云计算的服务形式
第18张	默认节

12. 为演示文稿的每一节添加一种不同的切换动画效果。

操作题二

公园管理处员工小葛正在准备有关公园宣传的 PPT 文件，按照下列要求帮助小葛组织材料完成该 PPT 的整合制作，完成后的演示文稿共包含22张幻灯片，且没有空白幻灯片。

1. 根据"操作题二素材"文件夹下的 Word 文档"PPT 素材.docx"中提供的内容生成一份初始包含22张幻灯片的演示文稿"PPT.pptx"，一页 Word 文本对应一张幻灯片，其转换关系如表5.2所示。要求新建幻灯片中不包含原素材中的任何格式，之后所有的操作均基于"PPT.pptx"文件。

表5.2　转换关系表

Word 文档中的文本颜色	对应 PPT 内容
红色	标题
绿色	第一级文本
黑色	第二级文本

2. 按照下列要求对演示文稿内容进行整体设计。

（1）为整个演示文稿应用内置的设计主题"回顾"。

（2）将文本占位符中所有级别文本的字体设为"微软雅黑"。

（3）除标题幻灯片外，在其他幻灯片右下角插入图片 Logo.jpg，设置该图片底色透明，并对齐幻灯片的底部及右侧。

（4）修改"标题和内容"版式。文本内容分为两栏、行距 1.5 倍，在文本框水平方向左对齐、垂直方向中部对齐。保持第一级文本前无项目符号，设置第二、三、四、五级文本的项目符号为"箭头项目符号"。

3. 对第 1 张幻灯片进行下列操作。

（1）应用"标题幻灯片"版式。

（2）标题及副标题文本颜色均设为标准黄色。

（3）将该张幻灯片的背景样式更换为应用"十字图案蚀刻"艺术效果的图片"颐和园.jpg"。

（4）设定标题和副标题分别自动从左侧和右侧以"飞入"的动画方式同时进入。

4. 为第 2、第 4、第 17、第 21 张幻灯片应用"标题和内容"版式，并将第 2 幻灯片的第一级文本分别链接到对应标题的首张幻灯片。

5. 将第 7 张幻灯片的版式设为"比较"，左侧小标题为"佛香阁"，内容框插入图片"佛香阁.jpg"，并为其应用"纹理化"艺术效果。右侧小标题为"五方阁"，内容框插入图片"五方阁.jpg"。两张图片均应用"映像圆角矩形"样式。

6. 参照原素材文件"PPT 素材.docx"第 18 页中的表格，在第 18 张幻灯片中创建一个表格。改变其表格样式。调整表格中文本的字体、字号、颜色及对齐方式，并将原素材表格下方的文字移至备注中。

7. 参照样例文件"组织结构图.jpg"将第 20 张幻灯片中的文本转换为 SmartArt 图形"组织结构图"，要求如下。

（1）删除幻灯片的标题框。

（2）要求组织结构图的层次结构、布局方式与图例一致。

（3）适当改变其 SmartArt 样式、颜色、字体和字号，为其背景填充某个纹理效果。

（4）为 SmartArt 图形添加动画效果。令 SmartArt 图形中文本框部分依次按级别飞入。要求单击鼠标时第一级自顶部飞入，其后第二级两个文本框分别自左、右飞入，最后第三级自底部飞入，但全部连接线条不设动画。

8. 按下列要求对演示文稿进行分节管理。

（1）按表 5.3 所列对演示文稿分节并更改节名。

表 5.3　分节表

节名	包含的幻灯片
简介	第 1～3 张
景观	第 4～16 张
管理	第 17～20 张
信息	第 21～22 张

（2）为每节分别应用不同的切换方式，其中标题幻灯片不设切换方式。

操作题三

某旅游局宣传干事小刘编写了一篇旅游产品推广文章，现需要根据该文章制作一个演示文稿，具体要求如下。

1. 在"操作题三素材"素材文件夹下，利用"PPT 素材.docx"文档中的内容生成一个 PowerPoint 演示文稿，并将生成的演示文稿保存为"PPT.pptx"，之后所有的操作均基于此文件。

2. 将"土楼主题.thmx"主题应用到本演示文稿，并设置演示文稿中的幻灯片大小为 16∶9。

3. 依据幻灯片顺序，将演示文稿分为 6 节，每节各包含一张幻灯片；节名分别为"标题""简介""人文历史""特点特色""代表建筑"和"相关趣闻"。

4. 依据幻灯片文本内容占位符中的一级标题，将"人文历史"节中的幻灯片拆分成 2 张幻灯片，将"特点特色"节中的幻灯片拆分为 7 张幻灯片。将"代表建筑"节中的幻灯片拆分成 6 张幻灯片。

5. 将"代表建筑"节中的所有幻灯片版式设置为"两栏内容"，分别在该节每张幻灯片右侧的内容占位符中添加对应代表建筑的图片，图片以对应名称存于素材文件夹下。设置这些图片与左侧文本框大小相近，图片样式均为"映像圆角矩形"。

6. 将第一张幻灯片的版式设置为标题幻灯片。在该幻灯片副标题的正下方添加一个"基本 V 型流程"SmartArt 图形，图形文本顺序为"简介""人文历史""特点特色""代表建筑"和"相关趣闻"；将每个图形形状分别链接到对应节的第一张幻灯片。

7. 除"标题"节外，在其他各节第一张幻灯片的右下角添加返回第一张幻灯片的动作按钮，并确保将来任意调整幻灯片顺序后，在放映时单击该按钮依然可以回到演示文稿首张幻灯片。

8. 分别为每节幻灯片设置不同的切换效果。

9. 为"代表建筑"节每张幻灯片中的图片设置动画效果，使得该幻灯片换片完成后图片自动进入。

10. 设置幻灯片为循环放映方式，如果不单击鼠标，每隔 10s 自动切换至下一张幻灯片。

操作题四

小李参加了某乡村中学的支教活动，现在要准备一份数学课的 PPT 课件。根据"操作题四素材"文件夹下提供的素材内容，参考样例文档"参考效果 PPT.docx"帮助他完成演示文稿的制作，具体要求如下。

1. 打开 PPT.pptx，后续操作均基于此文件。

2. 参照样例效果，设计幻灯片母版。

（1）设置空白版式的背景样式为"样式 4"。

（2）在空白版式中插入圆角矩形，和幻灯片等宽，高度为 1cm。在幻灯片中水平居中对齐，到幻灯片上边缘的距离为 29cm，设置圆角矩形的填充颜色为"白色，文字 1，深色 15%"，并取消边框。

（3）输入样例效果图所示的文本和符号，其中文本"认识立体图形""初识圆锥""圆锥的组成要素""练习与总结"字体为黑体，两个竖线符号字符代码为"250A"。以上 4 个文本项和 2 个符号位于 6 个独立的文本框中。

（4）为文本框"初识圆锥""圆锥的组成要素"和"练习与总结"添加超链接，分别链接到幻灯片 3、幻灯片 5 和幻灯片 9。

（5）适当调整每张幻灯片中的文字和图形内容，使其位于圆角矩形背景形状之中。

3. 参照样例效果，修改幻灯片 1 中的文本字体和字号，并应用恰当的艺术字文本、轮廓和阴影效果。

4. 参照样例效果，将幻灯片 2 中的文本转换为"线型列表"布局的 SmartArt 图形。

5. 参照样例效果，在幻灯片 1 和 2 中，通过插入一个内置的形状形成圆锥，要求顶部的棱台效果为"角度"，高度为 300 磅，宽度为 150 磅。

6．在幻灯片 3 中，删除沙堆图片的白色背景。

7．参照样例效果，在幻灯片 6 中，将文本转换为表格，文本在单元格中垂直和水平都居中对齐，表格无背景色且只有内部框线。

8．在幻灯片 7 中，参照样例效果添加形状和输入文本，要求 4 个形状大小一样，且纵向等距分布，并为这些形状设置如下的动画触发效果。

（1）单击形状"顶点"时，圆锥上方顶点对应的红色圆点出现。

（2）单击形状"底面"时，包含文本"底面是圆形"的圆形出现。

（3）单击形状"侧面"时，包含文本"侧面是扇形"的扇形出现。

9．在幻灯片 8 中，完成下列操作。

（1）参照样例效果，为幻灯片中的内容设置项目符号，符号的字符代码为"25B2"。

（2）在第二行文本开头插入公式 $h = \sqrt{l^2 + r^2}$。

06 第6章 多媒体技术及应用

本章从多媒体技术的基本概念入手，详细讲述多媒体计算机的组成和多媒体信息在计算机中的表示，然后简单介绍图像处理软件 Photoshop 及其使用方法。通过本章的学习，读者应掌握多媒体技术的基本概念和基本知识。

【知识要点】
- 多媒体技术的基本概念。
- 多媒体计算机系统的组成。
- 多媒体信息在计算机中的表示与处理。
- 图像处理软件 Photoshop。

章首导读

6.1　多媒体技术的基本概念

多媒体技术的出现标志着信息技术的革命性飞跃。多媒体计算机把文字、图像、音频、动画和视频等多种媒体集成于一体，并采用图形界面、窗口操作、触摸屏等技术，大大提高了人机交互的能力。

6.1.1　多媒体概述

所谓媒体就是信息表示、传输和存储的载体。例如，文本、声音、图像等都是媒体，它们会向人们传递各种信息。我们可以把直接作用于人的感官，让人产生感觉（视、听、嗅、味、触觉）的媒体称为感觉媒体。例如，语言、音乐、图形、动画、文字等都是感觉媒体。多媒体（Multimedia）是融合两种或两种以上感觉媒体的用于人机交互或信息传播的媒体，是多种媒体信息的综合。它可以包括各种信息元素，如文本、图形、图像、音频、视频、动画等。

多媒体的定义

6.1.2　多媒体技术概述

1. 多媒体技术的定义

多媒体技术是指能对多种载体上的信息和多种存储体上的信息进行处理的技术。也就是说它是一种把文字、图形、图像、视频、动画和声音等表现信息的媒体结合在一起，并通过计算机进行综合处理和控制，将多媒体的各个要素进行有机组合，完成一系列随机性交互式操作的技术。

2. 多媒体技术的特点

（1）多样性。多样性一方面指信息表现媒体类型的多样性，另一方面也指媒体输入、传播、再现和展示手段的多样性。

（2）集成性。多媒体技术将各类媒体的设备集成在一起，同时也将多媒体信息或表现形式及处理手段集成在同一个系统之中。

（3）交互性。交互性是指实现媒体信息的双向处理，即用户与计算机的多种媒体进行交互式操作，从而为用户提供更有效控制和使用信息的手段，同时也为应用开辟了更加广阔的领域。

（4）实时性。多媒体技术的实时性是指把计算机的交互性、通信系统的分布性和电视系统的真实性有机地结合在一起，在人感官系统允许的情况下进行多媒体实时交互，就好像面对面实时交流一样，图像和声音都是连续的。在多媒体系统中，像文本和图片一类的媒体是静态的，与时间无关；而声音及活动的视频图像则是实时的，多媒体技术提供了对这些对象的实时处理能力。

6.1.3　多媒体的相关技术

多媒体技术是多学科、多技术交叉的综合性技术，主要涉及多媒体数据压缩技术、多媒体信息存储技术、多媒体网络通信技术、多媒体计算机专用芯片技术、多媒体软件技术和虚拟现实技术等。

1. 多媒体数据压缩技术

多媒体数据压缩技术是多媒体技术中最关键的技术。数字化后的多媒体信息的数据量非常庞大，因此需要通过多媒体数据压缩技术来解决数据存储与信息传输的问题。

2. 多媒体信息存储技术

多媒体信息存储技术主要研究多媒体信息的逻辑组织，存储体的物理特性，逻辑组织到物理组织的映射关系，多媒体信息的存取访问方法、访问速度、存储可靠性等问题。

3. 多媒体网络通信技术

多媒体网络通信技术是指通过对多媒体信息特点和网络技术的研究，建立适合传输多媒体信息的信道、通信协议和交换方式等，解决多媒体信息传输中的实时与媒体同步等问题。

4. 多媒体计算机专用芯片技术

多媒体计算机专用芯片可归纳为两种类型：一种是固定功能的芯片，其主要用来提高图像数据的压缩率；另一种是可编程数字信号处理器芯片，主要用来提高图像数据的运算速度。

5. 多媒体软件技术

多媒体软件技术包括多媒体操作系统、多媒体数据库技术、多媒体信息处理与多媒体应用开发技术。

（1）多媒体操作系统是多媒体软件技术的核心，负责多媒体环境下多任务的调度，提供多媒体信息的各种基本操作和管理，保证音频、视频同步控制，以及信息处理的实时性，具备综合处理和使用各种媒体的能力，能灵活地调度多种媒体数据并能进行相应的传输和处理，改善工作环境并向用户提供友好的人机交互界面等。

（2）多媒体数据库技术要处理大量结构化和非结构化数据，主要解决数据建模、数据压缩与还原、多媒体数据库操作以及多媒体数据对象的表现等问题。

（3）多媒体信息处理技术是研究各种媒体信息（如文本、图形、图像、声音、视频等）的采集、编辑、处理、存储、播放等的技术。

（4）多媒体应用开发技术是在多媒体信息处理的基础上，研究和利用多媒体制作或编程工具，开发面向应用的多媒体系统，并通过光盘或网络发布。

6. 虚拟现实技术

虚拟现实（Virtual Reality，VR）技术是一种可以创建和体验虚拟世界的计算机系统，是一种模拟人在自然环境中视觉、听觉和运动等行为的高级人机交互（界面）技术。虚拟现实技术使用计算机硬件、软件及各种传感器构成了三维信息人工环境，即虚拟环境，它由可实现的和不可实现的物理上的、功能上的事物和环境构成。

虚拟现实技术融合了数字图像处理、计算机图形学、多媒体技术、传感器技术、人工智能等多个信息技术分支，其实质是提供了一种高级的人与计算机交互的接口，是多媒体技术发展的更高境界。

虚拟现实技术始于军事和航空、航天领域的需求，近年来已广泛应用于各个行业。例如，在科研开发上，虚拟现实技术可用来设计新材料，模拟各种成分改变材料性能的影响；在医疗上，可虚拟人体，使医生更容易了解人体的构造和功能，还可虚拟手术系统，用于指导手术的进行；在娱乐上，虚拟现实技术也有很好的应用前景，例如，人们穿上一种滑雪模拟器，只要在室内做出各种各样的滑雪动作，就可通过头盔显示器看到皑皑白雪的高山和峡谷等从身边掠过，其情景像在真的滑雪场一样。总而言之，虚拟现实技术的发展前景非常广阔。

6.1.4 多媒体技术的应用

1. 多媒体技术在教育培训系统中的应用

多媒体教学的模式可以使教学内容更充实、更形象、更有吸引力，提高学习者的学习兴趣和接受效率，尤其是目前教学常用的电子白板，多媒体课件可由教学者自行创建，同时也可上传至资源中心多人共享。对于远程教育来说，多媒体技术应用更加充分，传统面授教学逐渐被替代，多媒体计算机和互联网可以作为建构主义学习环境下的理想认知工具，有效地促进学习者的认知和发展。

2. 多媒体技术在通信工程中的应用

多媒体通信技术可以把计算机的交互性、通信的分布性和电视的真实性融为一体。它已经应用在可视电话、计算机支持的协同工作、视频会议、检索网络多媒体信息资源、多媒体邮件等多个方面。

3. 多媒体技术在影音娱乐中的应用

用户通过音乐设备数字接口（Musical Instrument Digital Interface，MIDI）可以将各种音乐设备与计算机连接起来，也可以自己编曲演奏、存储编辑等。多媒体技术与虚拟现实技术相结合，可以向人们提供三维立体化的双向影视服务，使人们足不出户即能"进入"世界著名的博物馆、美术馆和旅游景点，并能根据自己的意愿选择观赏的场景。

4. 多媒体技术在电子出版中的应用

电子出版物是指以数字代码方式将图、文、声、像等信息存储在磁、光、电介质上，通过计算机或类似设备阅读使用，并可复制发行的大众传播媒体，如E-zine（电子杂志）就是常规杂志的一种电子形式。

5. 多媒体技术在医疗诊断中的应用

医疗诊断中经常采用的实时动态视频扫描、声影处理等技术都是多媒体技术成功应用的例证，并且实现了影像存储管理。这些多媒体技术的应用必将改善人类的医疗条件，提高医疗水平。

6. 多媒体技术在工业及军事领域中的应用

多媒体技术对工业生产可进行实时监控，特别是在危险环境和恶劣环境中的作业，很多原来需要人工进行的活动都可以由多媒体监控设备取代。在军事领域，多媒体技术也起到了不可忽视的作用，主要表现在作战指挥与作战模拟、军事信息管理系统、军事教育及训练等方面。

6.2　多媒体计算机系统的组成

多媒体计算机系统是一个能处理多媒体信息的计算机系统。一个完整的多媒体计算机系统是由硬件和软件两部分组成的。硬件包括计算机主机及可以接收和播放多媒体信息的各种输入/输出设备；软件包括音频/视频处理核心程序、多媒体操作系统及各种多媒体工具软件和应用软件。

多媒体计算机系统

6.2.1　多媒体系统的硬件结构

多媒体系统的硬件即多媒体计算机，它应该是能够输入/输出并能综合处理文字、声音、图形、图像和动画等多种媒体信息的计算机。多媒体个人计算机（Multimedia Personal Computer，MPC）必须遵循 MPC 标准。MPC 标准的最低要求如表 6.1 所示。

表 6.1　MPC 标准的最低要求

技术项目	MPC 标准 1.0	MPC 标准 2.0	MPC 标准 3.0
处理器	16MHz，386SX	25MHz，486SZ	75MHz，Pentium
RAM	2MB	4MB	8MB
音频	8 位数字音频，8 个合成音（MIDI）	16 位数字音频，8 个合成音（MIDI）	16 位数字音频，波表合成音（MIDI）
视频	640 像素×480 像素，256 色	在 40%CPU 频带的情况下每秒传输 1.2MB 像素	在 40%CPU 频带的情况下每秒传输 2.4MB 像素
视频显示	640 像素×480 像素，256 色	640 像素×480 像素，16 位色	640 像素×480 像素，24 位色
硬盘存储	30MB	160MB	540MB
光驱	150KB/s 持续传送速率，平均最快查询时间为 1s	300KB/s 持续传送速率，平均最快查询时间为 400ms，CD-ROM XA 能进行多种对话	600KB/s 持续传输速率，平均最快查询时间为 200ms，CD-ROM XA 能进行多种对话
I/O 接口	MIDI 接口，摇杆接口，串行/并行接口	MIDI 接口，摇杆接口，串行/并行接口	MIDI 接口，摇杆接口，串行/并行接口

6.2.2　多媒体软件系统

按功能划分，多媒体计算机软件系统可分成 3 个层次，即多媒体核心软件、多媒体工具软件和多媒体应用软件。

1. 多媒体核心软件

多媒体核心软件不仅具有综合使用各种媒体，灵活调度多媒体数据进行媒体传输和处理的能力，而且要控制各种媒体硬件设备协调地工作。多媒体核心软件包括多媒体操作系统、音频/视频支持系统、音频/视频核心和媒体设备驱动程序等。对于 MPC 而言，多媒体操作系统、多媒体工作平台、媒体数据格式的驱动程序等构成了多媒体核心软件。

2. 多媒体工具软件

多媒体工具软件包括多媒体数据处理软件、多媒体软件工作平台、多媒体软件开发工具和多媒体数据库系统等。

3. 多媒体应用软件

多媒体应用软件是在多媒体创作平台上设计开发的面向应用领域的软件系统，通常由应用领域的专家和多媒体开发人员共同协作、配合完成，如多媒体模拟系统、多媒体导游系统等。

4. 多媒体制作常用软件举例

（1）文本输入与处理软件

实现文本素材的输入与处理的工具软件有很多，但目前流行的还是 Word 和 WPS，两者都能根据设计的需要制作出字形优美、任意字号的文本素材，生成的文件格式能被大部分多媒体软件支持。

（2）静态图素材采集与制作软件

静态图素材包括图形和图像两大类。多媒体制作中常用的图形处理软件主要有 AutoCAD 及 CorelDRAW 等；常用的图像采集和制作软件有 Photoshop、FireWorks 和 PhotoStudio 等。

（3）音频素材采集与制作软件

音频即声音，采集与制作声音文件可以在 Windows 系统的"录音机"中进行，也可以使用 Sound Forge、Creative WaveStudio、Sound System 及 GoldWave 等音频处理软件制作。

（4）视频素材采集与制作软件

视频是多媒体产品内容的真实场景再现，视频素材采集与制作的常用软件有 Premiere 和 Personal AVI Editor。

（5）动画素材采集与制作软件

动画素材可以从已有的素材库中获取，也可以利用动画制作软件制作。制作动画的常用软件有 Animator Studio、3ds Max、Cool 3D 等。

（6）多媒体编辑软件

多媒体编辑软件是将多媒体信息素材连接成完整的多媒体应用的软件，目前常用的有 Authorware、Action、PowerPoint、Dreamweaver、FrontPage、ToolBook 等。

6.3 多媒体信息在计算机中的表示与处理

多媒体包括声、文、图、形、数 5 类，其中"文"和"数"在第 1 章中已经介绍了它们在计算机中的表示和处理方法，本节将着重介绍声音媒体和视觉媒体在计算机中的表示和处理方法。

6.3.1 声音媒体的数字化

1. 音频技术常识

声波是指能引起听觉的由机械振动产生的压力波，振动越强，声音越大；振动频率越高，音调则越高。人耳能听到的声音频率为 20Hz～20kHz，而人能发出的声音频率为 300Hz～3kHz。

2. 数字音频技术基础

在计算机内，所有的信息均以数字（0 或 1）表示，用一组数字表示声音的信号，我们可称之为数字音频。数字音频与模拟音频的区别在于：模拟音频在时间上与幅度上是连续的，而数字音频是一个数据序列，在时间上与幅度上是离散的。若要用计算机对音频信息进行处理，就要将模拟信号（如语音、音乐等）转换成数字信号。这一转换过程称为模拟音频的数字化。模拟音频数字化的过程涉及音频的采样、量化和编码，具体过程如图 6.1 所示。

图 6.1 模拟音频的数字化过程

（1）采样。采样是每隔一定时间间隔就在模拟波形上取一个幅度值，把时间上的连续信号变成时间上的离散信号。该时间间隔为采样周期，其倒数为采样频率，如图 6.2 所示。

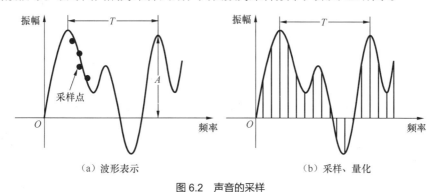

（a）波形表示 　　　　　　　　　（b）采样、量化

图 6.2 声音的采样

采样频率即每秒的采样次数。采样频率越高，数字化音频的质量就越高，但数据量也越大。

（2）量化。量化是将每个采样点得到的表示声音强弱的模拟电压的幅度值以数字存储。量化位数（即采样精度）表示存放采样点振幅值的二进制位数，它决定了模拟信号数字化以后的动态范围。量化位数越大，对音频信号的采样精度就越高，信息量也相应提高。在相同的采样频率下，量化位数越大，则采样精度越高，声音的质量也越好，信息的存储量也相应越大。

（3）编码。编码是将采样和量化后的数字数据以一定的格式记录下来。常用的编码方式是脉冲编码调制（Pulse Code Modulation，PCM），其优点是抗干扰能力强，失真小，传输特性稳定。

3. 声音合成技术

声音合成技术使用微处理器和数字信号处理器代替发声部件，模拟出声音波形数据，然后将这些数据通过数模转换器转换成音频信号并发送到放大器，合成出声音或音乐。乐器生产商利用声音合成技术可生产出各种各样的电子乐器。

4. 声音文件的格式

常见的声音文件格式有 WAV、MIDI、MP3、AU、AIFF 等。

6.3.2 视觉媒体的数字化

多媒体创作最常用的视觉元素分为静态图像和动态图像两大类。静态图像根据它们在计算机中生成的原理不同，又分为位图（光栅）图像和矢量图形。动态图像又分视频和动画。视频和动画之间的界限并不能完全确定，我们习惯上将通过摄像机拍摄得到的动态图像称为视频，而由计算机或用绘画的方法生成的动态图像称为动画。

1. 静态图像的数字化

（1）基本概念

在计算机中，图形（Graphics）与图像（Image）是一对既有联系又有区别的概念。图形一般是指通过绘图软件绘制的由直线、圆、圆弧、任意曲线等图元组成的画面，以矢量图形文件形式存储。图像是由扫描仪、数字照相机、摄像机等输入

静态图像的
定义

设备捕捉的真实场景画面产生的映像，数字化后以位图形式存储。矢量图形与位图图像可以转换，矢量图形转换成位图图像，在保存图形时将其保存格式设置为位图图像格式即可；但反之则较困难，要借助其他软件来实现。

（2）图像的数字化

图像的数字化是指将一幅真实的图像转变成计算机能够接受的数字形式的图像，这涉及对图像的采样、量化和编码等。

（3）图像的存储格式

计算机图像是以多种不同的格式存储在计算机中的，每种格式都有自己的用途和特点，了解了多种图像格式的特点后，在设计输出时用户就能根据自己的需要有针对性地选择输出格式。常见的图像存储格式有 BMP、JPEG、GIF、PNG、TIFF、PSD 等。

2. 动态图像的数字化

（1）基本概念

动态图像也称视频。视频是由一系列的静态图像按一定的顺序排列组成的，每一幅画面称为帧（Frame）。电影、电视通过快速播放每帧画面，再加上人眼视觉效应便产生了连续运动的效果。当帧速率达到 12 帧/秒以上时，可以产生连续的视频显示效果。

动态图像的
定义

（2）视频信息的数字化

视频数字化过程同音频相似，在一定的时间内以一定的速度对单帧视频信号进行采样、量化、编码等过程，实现模数转换、彩色空间变换和编码压缩等，可通过视频捕捉卡和相应的软件来实现。在数字化后，如果视频信号不加以压缩，数据量的大小是帧乘以每幅画面的数据量。

（3）常见视频文件的格式

常见视频文件的格式有 AVI、MPEG、MP4、MOV、ASF、WMV、RM、RMVB 等。

6.3.3 多媒体数据压缩技术

近年来随着计算机网络技术的广泛应用，人们对信息传输的要求日益提高，更促进了数据压缩相关技术和理论的研究与发展。本小节介绍数据压缩的基本概念、基本方法及数据压缩的标准。

数据压缩技术

1. 多媒体数据压缩的概念与方法

（1）数据为何能被压缩

首先，数据中间常存在一些重复部分，即冗余。如在一份计算机文件中，某些符号会重复出现。例如下面的字符串：

KKKKKKAAAAVVVVAAAAAA

这个字符串可以用更简洁的方式来编码，那就是通过替换每一个重复的字符串为单个的实例字符加上记录重复次数的数字来表示，上面的字符串可以被编码为下面的形式：

6K4A4V6A

在这里，6K 意味着 6 个字符 K，4A 意味着 4 个字符 A，依此类推。这种编码称为行程长度编码（Run-Length Encoding，RLE）。冗余压缩是一个可逆过程，叫作无失真压缩（无损压缩），或称保持型编码。

（2）无损压缩和有损压缩

数据压缩就是在无失真或允许一定失真的情况下，以尽可能少的数据表示信源所发出的信号。

通过对数据的压缩减少数据占用的存储空间，从而减少传输数据所需的时间，减少传输数据所需信道的带宽。数据压缩方法种类繁多，可以分为无损压缩和有损压缩两大类。

① 无损压缩方法利用数据的统计冗余进行压缩，可完全恢复原始数据而不引入任何失真，但压缩率受到数据统计冗余的理论限制，一般为 2:1～5:1。这类方法广泛应用于文本数据、程序和特殊应用场合的图像数据（如医学图像等）的压缩。常用的无损压缩方法有 Shannon-Fano 编码、Huffman 编码、行程长度编码、LZW（Lempel-Ziv-Welch）编码和算术编码等。

② 有损压缩方法利用了人类视觉对图像或声波中的某些频率成分不敏感的特性，允许压缩过程中损失一定的信息。有损压缩广泛应用于语音、图像和视频数据的压缩。

在多媒体应用中，常用的压缩方法有预测编码、变换编码、插值和外推法、统计编码、矢量量化、混合编码、分形压缩和小波变换方法等。衡量一个压缩编码方法优劣的重要指标是：压缩比要高，压缩与解压缩要快，算法要简单，硬件实现要容易，解压缩后的质量要好。

2．多媒体数据压缩标准

目前常见的数据压缩标准有：用于静止图像压缩的 JPEG 标准，用于视频和音频编码的 MPEG 系列标准，用于音频编码的 MP3 标准，用于视频和音频通信的 H.264、H.265 标准等。

（1）JPEG 标准。JPEG 以离散余弦变换（Discrete Cosine Transform，DCT）为核心算法，通过调整质量系数，控制图像的精度和大小。对于照片等连续变化的灰度或彩色图像，JPEG 在保证图像质量的前提下，一般可以将图像压缩到原大小的 1/20～1/10。若不考虑图像的质量，JPEG 甚至可以将图像压缩到"无限小"。

（2）MPEG 标准。MPEG 是一种在高压缩比的情况下，仍能保证高质量画面的压缩算法。它用于活动图像的编码，是一组视频、音频、数据的压缩标准。它提供的压缩比可以高达 200:1，同时图像和声音的质量也非常高。它采用的是一种减少图像冗余信息的压缩算法，通常有 MPEG-1、MPEG-2 和 MPEG-4 3 个版本，以适用于不同带宽和数字影像质量的要求。它的显著特点是：兼容性好、压缩比高（最高可达 200:1）、数据失真小。

（3）MP3 标准。MP3 可以将声音文件以 12:1 的压缩率压缩成更小的文档，同时还保持高品质的效果。例如一张 650MB 的 CD 可以录制超过 600min 的 MP3 音乐。由于 MP3 音乐具有文件容量较小且音质佳的优点，因而近年来在因特网上应用较广泛。

（4）H.264、H.265 标准。H.264 是关于视频和声音的双向传输标准。H.265 的编码算法对 H.264 的编码算法做了一些优化，以提高性能和纠错能力。H.265 标准在低码率下能够提供比 H.264 更好的图像效果。

6.4　图像处理软件 Photoshop

Adobe Photoshop 简称"PS"，是由 Adobe 公司开发和发行的图像处理软件。Photoshop 主要用于处理像素所构成的数字图像，其包含众多工具，可以有效地进行图片编辑工作。Photoshop 有很多功能，在图像、图形、文字、视频、出版等各方面都有涉及。2003 年，Adobe Photoshop 8 更名为 Adobe Photoshop CS。2013 年 7 月，Adobe 公司推出了新版本的 Photoshop CC，Photoshop CS6 作为 CS 系列的最后一个版本被新的 CC 系列取代。本书以 Adobe Photoshop CC 2019 为例进行讲解。

Photoshop 支持 Windows、Android 与 macOS 等操作系统。Linux 操作系统用户可以通过使用 Wine 来运行 Photoshop。

6.4.1　Adobe Photoshop CC 概述

打开 Adobe Photoshop CC 程序后，会显示图 6.3 所示的工作界面。

图 6.3　Adobe Photoshop CC 的工作界面

Adobe Photoshop CC 的工作界面设计得非常人性化，便于用户操作和理解，同时也易于被用户接受。其工作界面主要包括以下几个部分。

（1）属性栏（又称工具选项栏）：选中某个工具后，属性栏就会改变成相应工具的属性设置选项，可更改相应的选项。

（2）菜单栏：菜单栏为整个环境下所有窗口提供菜单控制，包括文件、编辑、图像、图层、文字、选择、滤镜、3D、视图、窗口和帮助。

Photoshop 中通过两种方式执行所有命令：菜单和快捷键。

（3）图像编辑窗口：中间窗口是图像编辑窗口，它是 Photoshop 的主要工作区，用于显示图像文件。图像窗口带有自己的标题栏，提供了打开文件的基本信息，如文件名、缩放比例、颜色模式等。如同时打开两幅图像，可通过单击图像窗口进行切换，也可使用<Ctrl>+<Tab>组合键进行切换。

（4）状态栏：主窗口底部是状态栏。

（5）工具箱：工具箱中的工具可用来选择、绘画、编辑及查看图像。拖动工具箱的标题栏，可移动工具箱。单击可选中工具，属性栏会显示该工具的属性。有些工具的右下角有一个小三角形符号，这表示在工具位置上存在一个工具组，其中包括若干个相关工具。单击左上角的双向箭头，可以将工具箱变为单条竖排，再次单击则会还原为两竖排。

（6）控制面板：共有 14 个面板，可通过"窗口"→"显示"来显示面板。按<Tab>键，将自动隐藏命令面板、属性栏和工具箱，再次按<Tab>键，将显示以上组件。按<Shift>+<Tab>组合键，可隐藏控制面板，保留工具箱。

1. 认识工具箱

默认情况下，工具箱将出现在屏幕左侧。用户可通过拖曳工具箱的标题栏来移动它，也可以通过选择"窗口"→"工具"命令，显示或隐藏工具箱。

通过工具箱中的工具，可以进行文字输入、选择对象、绘制图形、取样、编辑文本、移动对象、查看图像等操作，还可以更改前景色/背景色以及在不同的模式下工作。

工具箱如图 6.4 所示，每项工具（工具组）的功能简单介绍如下。

（1）移动/选择：配合其他工具使用，可以选择图层。

（2）选框工具（矩形选框工具、椭圆选框工具、单行选框工具、单列选框工具）：按住<Shift>键，可以得到一个正圆的选区；按住<Alt>键，可以从中心画出一个矩形选区。

（3）套索工具（套索工具、多边形套索工具、磁性套索工具）：主要用来选取选区，实现删除或复制部分图像，用鼠标来控制画出轮廓。

（4）魔棒工具（快速选择工具、魔棒工具）：通过魔棒工具可以快速地将图像抠出，快速选择工具的作用是可以任意选择想要的颜色，并自动获取附近区域相同的颜色，使它们处于选择状态。

（5）裁剪工具（裁剪工具、透视裁剪工具、切片工具、切片选择工具）：裁剪是移去部分图像以形成突出或加强构图效果的过程，可以使用裁剪工具来裁剪图像。切片工具用于对过长或者过宽的图片进行分割保存。

（6）画框工具：Photoshop CC 2019 的新增工具。用户创建一个画框，可以在里面做图而不必担心超出框外（类似剪切蒙版），随时可以更换背景图，只需拖曳即可。

（7）吸管工具（吸管工具、3D 材质吸管工具、颜色取样器工具、注释工具、计数工具、标尺工具）：吸管工具可以吸取图像某处的颜色，取样器工具可以多次吸取获得颜色的信息，3D 吸取就是用于 3D 图像，其余 3 个工具顾名思义，用来注释、计数、测量。

（8）污点修复画笔工具（污点修复画笔工具、修复画笔工具、修补工具、内容感知移动工具、红眼工具）：污点修复画笔工具主要用于图像有杂质时以周围颜色代替来实现修补，内容感知移动工具用来去除图像中多余的物体，红眼工具用于去除拍照时出现的红眼现象。

图 6.4　工具箱

（9）画笔工具（画笔工具、铅笔工具、颜色替换工具、混合画笔工具）：单击画笔工具，然后按住鼠标左键拖动即可绘制图像，铅笔工具就如真正的铅笔一样可以画得很细，颜色替换工具用于选中已有颜色后涂抹进行专一颜色替换，混合画笔工具用于前景色与背景色的颜色混合或者配合颜色取样器工具使用。

（10）仿制图章工具（仿制图章工具、图案图章工具）：仿制图章工具将定义点全部照搬，相当于吸取复制；图案图章工具可以像一个真的图章一样在打开的文件中盖章。

（11）历史记录画笔工具（历史记录画笔工具、历史记录艺术画笔工具）：历史记录画笔工具是 Photoshop 里的图像编辑恢复工具，可以将图像编辑中的某个状态还原出来。

（12）橡皮擦工具（橡皮擦工具、背景橡皮擦工具、魔术橡皮擦工具）：橡皮擦工具用来擦掉图像的一些内容，背景橡皮擦工具可以直接擦除背景，魔术橡皮擦工具类似魔棒工具，能直接擦除大片相似颜色的部分。

（13）渐变工具（渐变工具、油漆桶工具、3D 材质选择工具）：渐变工具能在图片上添加一些渐变色或者把背景变为渐变色增加美感，油漆桶工具是给图片大面积上颜色。

（14）模糊工具（模糊工具、锐化工具、涂抹工具）：模糊工具可将涂抹的区域变得模糊，锐化工具能使图像变得更加清晰突出，涂抹工具就好似抹东西一样把深的颜色涂开。

（15）减淡工具（减淡工具、加深工具、海绵工具）：减淡工具会降低颜色深度，加深工具与之相反，海绵工具会降低颜色饱和度。

（16）钢笔工具（钢笔工具、自由钢笔工具、弯度钢笔工具、添加锚点工具、删除锚点工具、转换点工具）：钢笔工具有两种模式，创建新的形状图层和创建新的工作路径。创建形状图层最后闭合钢笔路径会直接形成一个形状图；创建新的工作路径，最后闭合会成为一个路径，可以用来做选区或者做一些特殊的线。其他的子工具可用来辅助钢笔工具使用，通过快捷键可实现工具的切换。

（17）文字工具（横排/竖排文字工具、横排/竖排文字蒙版工具）：文字工具就是划一个区域用来添加字体；文字蒙版工具不会直接出现文字，而是出现文字形状的选区，可以用来填充更丰富的颜色。

（18）路径选择工具（路径选择工具、直接选择工具）：路径选择工具可以直接调出图层的路径，可以用来移动，或者配合直接选择工具来选中图层的某个路径锚点以改变其形状，用来实现文字的变形或图像的变形。

（19）矩形工具（矩形工具、圆角矩形工具、椭圆工具、直线工具、多变型工具、自定义形状）：用来创建一些矢量图形，除了软件自带的自定义形状，用户也可以导入或者自定义自己想要的形状。

（20）抓手工具（抓手工具、旋转识图工具）：抓手工具主要用来平移图像的位置。在处理图像的时候，通常需要放大后再去处理，那时图像只会显示一小部分，此时按住<Space>键，就会出现手形工具，可以移动图像，放开<Space>键即恢复为以前的工具。旋转识图工具会旋转画布来观察图像多角度的效果。

（21）缩放工具：缩放工具可将图像放大、缩小。

（22）设置前景色：两个颜色方块，前面的方块是前景色，默认情况下前景色是黑色，背景色是白色，双击打开颜色板，可以在颜色上单击，需要哪个色系就在哪个色系上单击。

2. Adobe Photoshop CC 常用功能介绍

从功能上看，Photoshop 涉及图像编辑、图像合成及特效制作等方面。

图像编辑是图像处理的基础，可以对图像做各种变换，如放大、缩小、旋转、倾斜、镜像、透视等，也可以复制、去除斑点、修补、修饰图像的残损等。这些功能在摄影、人像处理制作中有非常大的作用，可去除人像上不满意的部分，进行美化加工，得到让人非常满意的效果。

图像合成则是将几幅图像通过图层操作、工具应用合成完整的、传达明确意义的图像，这是美术设计的必经之路。Photoshop 提供的绘图工具可以让外来图像与创意很好地融合。

特效制作主要由滤镜、通道及工具综合应用完成。其包括图像的特效创意和特效字的制作，如油画、浮雕、石膏画、素描等常用的传统美术技巧都可由 Photoshop 的特效完成。而各种特效字的制作更是很多美术设计师热衷于 Photoshop 的原因。

6.4.2 Adobe Photoshop CC 示例

Photoshop 有广泛的应用领域，使用它可以完成平面设计、修复照片、广告摄影、影像创意、艺术文字、网页制作、建筑效果图后期修饰、绘制图形、绘制或处理三维贴图、艺术照片设计、图标制作、软件界面设计等工作。下面介绍一些 Photoshop CC 的简单应用示例。

1. 给图片换背景色

（1）首先打开 Photoshop 软件，选择"文件"→"打开"命令，在打开的对话框中选择想要改变背景色的图片，如图 6.5 所示。

（2）在"图层"面板中双击导入的背景图层，在弹出的图 6.6 所示的对话框中为图层命名，然后单击"确定"按钮。

给图片换背景色

（3）在工具箱里选择"魔棒工具"，如图 6.7 所示，然后单击图片背景，得到虚线框的选区图片，如图 6.8 所示。

图 6.5　打开文件

图 6.6　设置背景图层

图 6.7　选择"魔棒工具"

（4）在工具箱里单击"前景色"进入"拾色器"对话框，然后选择想要设置的背景色，如选择红色，如图 6.9 所示，最后单击"确定"按钮。

（5）按<Alt>+<Delete>组合键填充背景色，效果如图 6.10 所示，再按<Ctrl>+<D>组合键取消选区。

图 6.8　选区图片

图 6.9　"拾色器"对话框

图 6.10　填充背景色

（6）接下来选择"文件"→"存储为"命令保存图片，如图 6.11 所示。然后在弹出的对话框中选择保存图片的位置和图片类型，输入保存文件的名称后单击"保存"按钮。在弹出的图 6.12 所示的对话框中设置参数，然后单击"确定"按钮，就得到了更换背景色后的图片。

图 6.11　保存图片

图 6.12　"JPEG 选项"对话框

2.　制作草地文字

（1）打开 Photoshop 软件，选择"文件"→"打开"命令，打开文件夹选择图 6.13 所示的草地图片。

制作草地文字

图 6.13　打开草地图片

（2）在工具箱中选择"横排文字工具"，如图 6.14 所示，在画布中创建文字"美丽郑州"，并设置字体格式，如图 6.15 所示。

（3）设置"前景色"为草绿色（RGB：107，145，23），按<Alt>+<Delete>组合键为文字填充草绿色，设置后的效果如图 6.16 所示。

图 6.14　选择文字工具　　　图 6.15　设置字体格式　　　图 6.16　添加文字并设置颜色

（4）在"图层"面板中单击"文字"图层，然后单击"图层混合模式"下拉按钮，选择"正片叠底"选项，如图 6.17 所示。此时文字图层的效果如图 6.18 所示。

图 6.17　图层混合模式　　　　　　　图 6.18　文字图层效果

（5）选择"文字"图层，单击鼠标右键，在弹出的快捷菜单中选择"栅格化文字"选项。接着按<Ctrl>+<T>组合键调出定界框，单击鼠标右键，在弹出的快捷菜单中选择"透视"选项，调整文字效果如图 6.19 所示。

（6）双击"文字"图层，在弹出的"图层样式"对话框中选择"内阴影"选项，如图 6.20 所示。单击"确定"按钮，接着在"图层"面板中调整其"不透明度"为 70%，最后的效果如图 6.21 所示。

图 6.19 设置透视效果

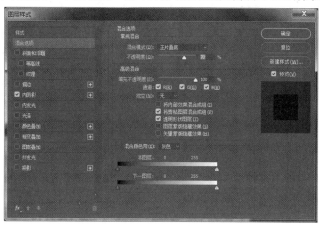

图 6.20 设置"内阴影"

图 6.21 草地文字最终效果

习题 6

一、选择题

1. 多媒体技术的主要特征是指（　　）。

A. 多样性、同步性、交互性、实时性

B. 集成性、同步性、交互性、实时性

C. 多样性、层次性、交互性、实时性

D. 多样性、集成性、交互性、实时性

2. 多媒体系统软件包括（　　）。

A. 多媒体操作系统、多媒体支持软件

B. 多媒体操作系统、多媒体编程语言

C. 多媒体支持软件、多媒体著作工具

习题参考答案

   D. 多媒体操作系统、多媒体驱动程序

3. 一般来说，要求声音的质量越高，则（　·　）。

   A. 量化级数越低和采样频率越低　　　　B. 量化级数越高和采样频率越高

   C. 量化级数越低和采样频率越高　　　　D. 量化级数越高和采样频率越低

4. 音频和视频信息在计算机内是以（　　　）表示的。

   A. 数字信息　　　　　　　　　　　　　B. 模拟信息

   C. 模拟信息或数字信息　　　　　　　　D. 某种转换公式

二、简答题

1. 什么是多媒体？什么是多媒体技术？

2. 多媒体系统包括哪些组成部分？

3. 模拟音频如何转换为数字音频？

4. 图形和图像有什么区别和联系？

07

第7章 数据库基础

本章首先对数据库系统进行整体概述，介绍数据库的基本概念、数据库的发展、数据模型的描述以及常见的数据库管理系统，然后详细介绍 Access 2016 的应用，包括数据库的创建，数据表的创建及应用，查询、窗体和报表的创建及应用等。

【知识要点】

- 数据库、数据库管理系统、数据库系统的概念。
- 数据模型。
- SQL 语句。
- 数据表、查询、窗体、报表等数据库对象的创建及应用。

章首导读

7.1 数据库系统概述

7.1.1 数据库的基本概念

要了解数据库技术，首先要理解信息、数据、数据库、数据库管理系统、数据库应用系统、数据库系统等基本概念。

1. 信息

信息（Information）指消息——通信系统传输和处理的对象，泛指人类社会传播的一切内容，是客观事物存在方式的反映和表述，它广泛存在于我们的周围。信息是社会机体进行活动的纽带，社会的各个组织通过信息网相互了解并协同工作，使整个社会协调发展。

2. 数据

数据（Data）是用来记录信息的可识别的符号，是信息的载体和具体表现形式。尽管信息有多种表现形式，它可以通过手势、眼神、声音或图形等方式表达，但数据是信息的最佳表现形式。数据的表现形式不仅包括数字和文字，还包括图形、图像、声音等。我们可用多种不同的数据形式表示同一信息，而信息不因数据形式的不同而改变。

3. 数据库

数据库（DataBase，DB）是存储在计算机内，有组织、可共享的数据集合，它将数据按一定的数据模型组织、描述和储存，具有较小的冗余、较高的数据独立性和易扩展性，可被多个不同的用户共享。形象地说，"数据库"就是为了实现一定的目的而按某种规则组织起来的"数据"的"集合"，在现实生活中这样的数据库随处可见。学校图书馆的所有藏书及借阅情况、公司的人事档案、企业的商务信息等都是"数据库"。

4. 数据库管理系统

数据库管理系统（DataBase Management System，DBMS）是专门用于管理数据库的计算机系统软件，用于建立、使用和维护数据库。数据库管理系统能够为数据库提供数据的定义、建立、维护、查询、统计等操作功能，并具有对数据的完整性、安全性进行控制的功能。

数据库管理系统具有以下 4 个方面的主要功能。

（1）数据定义功能。数据库管理系统能够提供数据定义语言（Data Definition Language，DDL），并提供相应的建库机制。用户利用 DDL 可以方便地建立数据库，当需要时，用户还可以将系统中的数据及结构情况用 DDL 描述。数据库管理系统能够根据 DDL 的描述执行建库操作。

（2）数据操纵功能。可以实现数据的插入、修改、删除、查询、统计等数据存取操作的功能称为数据操纵功能。数据操纵功能是数据库的基本操作功能，数据库管理系统通过数据操纵语言（Data Manipulation Language，DML）来实现其数据操纵功能。

（3）数据库的建立和维护功能。数据库的建立功能是指数据的载入、存储、重组功能及数据库的恢复功能。数据库的维护功能是指数据库结构的修改、变更及扩充功能。

（4）数据库的运行管理功能。数据库的运行管理功能是数据库管理系统的核心功能，具体包括并发控制、数据的存取控制、数据完整性条件的检查和执行、数据库内部的维护等。所有数据库的操作都要在这些控制程序的统一管理下进行，以保证计算机事务的正确运行，保证数据库的正确、有效。

5. 数据库应用系统

数据库应用系统（DataBase Application System，DBAS）是在数据库管理系统支持下建立的计算机应用系统。它是由数据库系统、应用程序系统等组成的，具体包括数据库、数据库管理系统、数据库管理员、硬件平台、软件平台、应用软件、应用界面。数据库应用系统的 7 个部分以一定的逻辑层次结构组成了一个有机的整体，最底层（离用户最远的）是硬件平台，最上层（离用户最近的）是应用软件和应用界面。

数据库应用系统的应用非常广泛，它可以用于事务管理、计算机辅助设计、计算机图形分析和处理、人工智能等系统中，即所有数据量大、数据成分复杂的地方都可以使用数据库技术进行数据管理工作。

6. 数据库系统

数据库系统是为适应数据处理的需要而发展起来的一种较为理想的数据处理系统，也是一个为实际可运行的存储、维护和应用系统提供数据的软件系统，是存储介质、处理对象和管理系统的集合体。

一个数据库系统由数据库、计算机硬件、软件（包括操作系统、数据库管理系统及应用程序）和人员（包括数据库设计人员、应用程序员、数据库管理员、最终用户）4 部分构成。

7.1.2 数据库的发展

计算机的数据管理随着计算机的硬件技术、软件技术以及计算机应用范围的发展而不断发展，数据管理技术经历了人工管理、文件系统管理和数据库技术管理 3 个发展阶段。

1. 人工管理阶段

20 世纪 50 年代以前，计算机主要用于数值计算。从当时的硬件看，外存只有纸带、卡片、磁带，没有直接存取的存储设备；从软件看（实际上，当时还未形成软件的整体概念），那时还没有操作系统，没有管理数据的软件；从数据看，数据量小、无结构、由用户直接管理，且数据间缺乏逻辑组织，数据依赖于特定的应用程序，缺乏独立性。数据处理是由程序员直接与物理的外部设备打交道，数据管理与外部设备高度相关，一旦物理存储发生变化，数据则不可恢复。人工管理阶段的特点如下。

（1）用户完全负责数据管理工作，如数据的组织、存储结构、存取方法、输入/输出等。

（2）数据完全面向特定的应用程序，每个用户都使用自己的数据，数据不保存，用完就撤走。

（3）数据与程序没有独立性，程序中存取数据的子程序随着存储结构的改变而改变。

2. 文件系统管理阶段

1951 年，出现了第一台商业数据处理电子计算机 UNIVAC（Universal Automatic Computer，通用自动计算机），标志着计算机开始应用于以加工数据为主的事务处理阶段。20 世纪 50 年代后期到 20 世纪 60 年代中期，出现了磁鼓、磁盘等直接存取数据的存储设备。这种基于计算机的数据处理系统也从此迅速发展起来。

这种数据处理系统是把计算机中的数据组织成相互独立的数据文件，系统可以按照文件的名称对其进行访问，对文件中的记录进行存取，并可以实现对文件的修改、插入和删除，这就是文件系统。文件系统实现了记录内的结构化，即给出了记录内各种数据间的关系，但是，文件从整体来看却是无结构的。其数据面向特定的应用程序，因此，数据的共享性、独立性差，且冗余大，管理和维护的代价也很大。文件系统阶段的特点如下。

（1）系统提供了一定的数据管理功能，即支持对文件的基本操作（如增添、删除、修改、查询等），用户不必考虑物理细节。

（2）数据的存取基本是以记录为单位的，数据仍是面向应用的，一个数据文件对应一个或多个用户程序。

（3）数据与程序有一定的独立性，文件的逻辑结构与存储结构由系统进行转换，数据在存储上的改变不一定反映在程序上。

这一阶段管理的优点是数据的逻辑结构与物理结构有了区别，文件组织呈现多样化；缺点是存在数据冗余性和数据不一致性，数据间的联系弱。

3. 数据库技术管理阶段

20 世纪 60 年代后期，计算机的性能得到了大幅提高，重要的是出现了大容量磁盘，存储容量大大增加且价格下降。在此基础上，计算机数据管理技术克服了文件系统管理数据的不足，而去满足和解决实际应用中多个用户、多个应用程序共享数据的要求，从而使数据能为尽可能多的应用程序服务，这就出现了数据库这样的数据管理技术。数据库的特点是数据不再只针对某一特定应用，而是面向全组织，具有整体的结构性，共享度高，冗余小，具有一定的程序与数据间的独立性，并且实现了对数据进行统一的控制。

数据库系统与文件系统相比具有以下特点。

（1）面向数据模型对象。数据库设计的基础是数据模型，在进行数据库设计时，要站在全局需要的角度组织数据，完整、准确地描述数据自身和数据之间联系的情况。数据库系统是以数据库为基础的，各种应用程序应建立在数据库之上。数据库系统的这种特点决定了它的设计方法，即系统设计时应先设计数据库，再设计功能程序，而不能像文件系统那样，先设计程序，再考虑程序需要的数据。

（2）数据冗余小。由于数据库系统是从整体的角度上看待和描述数据的，数据不再是面向某个应用，而是面向整个系统的，因此数据库中同样的数据不会多次重复出现。这就使得数据库中的数据冗余小，从而避免了由于数据冗余大带来的数据冲突问题，也避免了由此产生的数据维护麻烦和数据统计错误问题。

（3）数据共享度高。数据库系统通过数据模型和数据控制机制提高了数据的共享性。数据共享度高会提高数据的利用率，使数据更有价值，更容易、更方便被使用。

（4）数据和程序具有较高的独立性。由于数据库中的数据定义功能（即描述数据结构和存储方式的功能）和数据管理功能（即实现数据查询、统计和增删改的功能）是由 DBMS 提供的，因此数据对应用程序的依赖程度大大降低了，数据和程序之间具有较高的独立性。数据独立性高使得程序在设计时不需要有关数据结构和存储方式的描述，从而减轻了程序设计的负担。

（5）统一的数据库控制功能。数据库是系统中各用户的共享资源，数据库系统通过 DBMS 对数据进行安全性控制、完整性控制、并发控制和数据恢复等。

（6）数据的最小存取单位是数据项。在文件系统中，数据的最小存取单位是记录，这给使用和操作数据带来了许多不便。而数据库系统的最小数据存取单位是数据项，即使用时可以按数据项或数据项组进行存取数据，也可以按记录或记录组存取数据。系统在进行查询、统计、修改及数据再组合等操作时，能以数据项为单位进行条件表达和数据存取处理，给系统带来了高效性、灵活性和方便性。

7.1.3　数据模型

数据是描述事物的符号记录，数据只有通过加工才能成为有用的信息。模型（Model）是现实世界的抽象。数据模型（Data Model）是数据特征的抽象，它不是描述个别的数据，而是描述数据的共性。它一般包括两个方面：一是数据库的静态特性，包括数据的结构和限制；二是数据的动态特性，即在数据上定义的运算或操作。数据库是根据数据模型建立的，因而数据模型是数据库系统的基础。

1. 数据模型的内容

数据模型是一组严格定义的概念集合，这些概念精确地描述了系统的数据结构、数据操作和数据完整性约束条件。也就是说，数据模型所描述的内容包括 3 个部分：数据结构、数据操作、数据约束。

（1）数据结构。数据模型中的数据结构主要描述数据的类型、内容、性质以及数据间的联系等。数据结构是数据模型的基础，是所研究的对象类型的集合，它包括数据的内部组成和对外联系。

（2）数据操作。数据操作是指对数据库中各种数据对象允许执行的操作集合，数据模型中的数据操作主要描述在相应的数据结构上的操作类型和操作方式两部分内容。

（3）数据约束。数据约束条件是一组数据完整性规则的集合，它是数据模型中的数据及其联系所具有的制约和依存规则。数据模型中的数据约束主要描述数据结构内数据间的语法、词义联系，它们之间的制约和依存关系以及数据动态变化的规则，以保证数据的正确、有效和相容。数据操作和约束都建立在数据结构上，不同的数据结构具有不同的操作和约束。

2. 数据模型的类型

数据模型按不同的应用层次分为 3 种类型：概念数据模型、逻辑数据模型、物理数据模型。

（1）概念数据模型（Conceptual Data Model）。概念数据模型简称概念模型，是面向数据库用户的现实世界的模型，它使数据库的设计人员在设计的初始阶段，摆脱了计算机系统及 DBMS 的具体技术问题，集中精力分析数据以及数据之间的联系。概念数据模型必须换成逻辑数据模型，才能在 DBMS 中实现。

（2）逻辑数据模型（Logical Data Model）。逻辑数据模型简称数据模型，这是用户从数据库层面看到的模型，是具体的 DBMS 所支持的数据模型。此模型既要面向用户，又要面向系统，主要用于

DBMS 的实现。在逻辑数据类型中最常用的是层次模型、网状模型、关系模型。

（3）物理数据模型（Physical Data Model）。物理数据模型简称物理模型，是面向计算机物理表示的模型，它描述了数据在存储介质上的组织结构，它不但与具体的 DBMS 有关，而且与操作系统和硬件有关。每一种逻辑数据模型在实现时都有其对应的物理数据模型。DBMS 为了保证其独立性与可移植性，大部分物理数据模型的实现工作都由系统自动完成，而设计者只设计索引、聚集等特殊结构。

数据模型是数据库系统与用户的接口，是用户所能看到的数据形式。从这个意义上来说，人们希望数据模型能够尽可能自然地反映现实世界和接近人类对现实世界的观察与理解，也就是说数据模型要面向用户。但是数据模型同时又是数据库管理系统实现的基础，它对系统的性能影响颇大。从这个意义上来说，人们又希望数据模型能够接近在计算机中的物理表示，以期便于实现，减小开销，也就是说，数据模型还不得不在一定程度上面向计算机。

7.1.4　常见的数据库管理系统

目前，流行的数据库管理系统有许多种，大致可分为文件、小型桌面数据库、大型商业数据库及开源数据库等。文件多以文本字符型方式出现，常用来保存论文、公文、电子书等。小型桌面数据库主要是运行在 Windows 操作系统下的桌面数据库，如 Access、Visual FoxPro 等，适合于初学者学习和管理小规模的数据。以 Oracle 为代表的大型关系型数据库，更适合大型、集中式数据管理场合，这些数据库可存放大量的数据，并且支持多客户端访问。开源数据库即"开放源代码"的数据库，如 MySQL，它在 WWW 网站建设中应用较广。

云技术是把广域网或局域网内的硬件、软件、网络等资源统一起来，实现数据的计算、储存、处理和共享的一种托管技术。随着云技术的不断发展，相应地出现了云数据库。

1. Access

Access 是一个面向对象的、采用事件驱动的关系型数据库管理系统，是 Windows 环境下一个非常流行的小型桌面数据库管理系统。使用 Access 数据库无须编写任何代码，只需通过直观的可视化操作就可以完成大部分的数据库管理工作。

2. SQL Server

SQL Server 是大型的关系型数据库，适合中型企业使用，提供功能强大的客户机/服务器（Client/Server，C/S）平台。一般它可以将 Visual Basic、Visual C++等作为客户端开发工具，而将 SQL Server 作为存储数据的后台服务器软件，开发出高性能的 C/S 结构的数据库应用系统。

SQL（Structured Query Language）的含义是结构化查询语言，是一种介于关系代数与关系演算之间的语言，是一种通用的、功能极强的关系型数据库标准语言。SQL 在关系型数据库中的地位犹如英语在世界上的地位，用户利用它可以用几乎同样的语句在不同的数据库系统上执行同样的操作。

SQL 是与数据库管理系统进行通信的一种语言和工具，其功能包括查询、操纵、定义和控制 4 个方面。SQL 语言简单易学、风格统一，利用几个简单的英语单词的组合就可以完成所有的功能。下面简要介绍 SQL 的常用语句。

（1）创建基本表，即定义基本表的结构。创建基本表可用 CREATE 语句实现，其一般格式如下。

```
CREATE TABLE <表名>
            (<列名 1><数据类型 1>[列级完整性约束条件 1]
            [,<列名 2><数据类型 2>[列级完整性约束条件 2]]…
            [,<表级完整性约束条件>]）;
```

定义基本表结构，首先要指定表的名字，表名在一个数据库中是唯一的。表可以由一个或多个属性组成，属性的类型可以是基本类型，也可以是用户事先定义的域名。建表的同时可以指定与该表有关的完整性约束条件。

定义表的各个属性时需要指定其数据类型及长度。下面是 SQL 提供的一些主要的数据类型。

INTEGER：长整数(也可写成 INT)。

SMALLIN：短整数。

REAL：取决于机器精度的浮点数。

FLOAT(n)：浮点数，精度至少为 n 位数字。

NUMERIC(p,d)：点数，由 p 位数字(不包括符号、小数点)组成，小数点后面有 d 位数字，也可写成 DECIMAL(p,d)或 DEC(p,d)。

CHAR(n)：长度为 n 的定长字符串。

VARCHAR(n)：最大长度为 n 的变长字符串。

DATE：包含年、月、日，形式为 YYYY-MM-DD。

TIME：含一日的时、分、秒，形式为 HH:MM:SS。

（2）创建索引。索引是数据库中关系的一种顺序（升序或降序）的表示，利用索引可以提高数据库的查询速度。创建索引可使用 CREATE INDEX 语句，其一般格式如下。

```
CREATE [UNIQUE] [CLUSTER] INDEX <索引名> ON <表名>
        (<列名 1>[<次序 1>][,<列名 2>[<次序 2>]]…);
```

其中各部分含义如下。

① 索引名是给建立的索引指定的名字。因为在一个表上可以建立多个索引，所以要用索引名加以区分。

② 表名指定要创建索引的基本表的名字。

③ 索引可以创建在该表的一列或多列上，各列名之间用逗号隔开，还可以用次序指定该列在索引中的排列次序。次序的取值为 ASC（升序）和 DESC（降序），默认设置为 ASC。

④ UNIQUE 表示此索引的每一个索引只对应唯一的数据记录。

⑤ CLUSTER 表示索引是聚簇索引。其含义是：索引项的顺序与表中记录的物理顺序一致。

SELECT 语句

（3）创建查询。数据库查询是数据库中最常用的操作，也是核心操作。SQL 语言提供了 SELECT 语句用于数据库的查询，该语句具有灵活的使用方式和丰富的功能。其一般格式如下。

```
SELECT [ALL→DISTINCT] <目标列表达式 1>[,<目标列表达式 2>]…
        FROM <表名或视图名 1>[,<表名或视图名 2>]…
        [WHERE <条件表达式>]
        [GROUP BY <列名 3>[HAVING <组条件表达式>]]
        [ORDER BY <列名 4>[ASC→DESC],…];
```

整个 SELECT 语句的含义是，根据 WHERE 子句的条件表达式，从 FROM 子句指定的基本表或视图中找出满足条件的元组，再按 SELECT 子句中的目标列表达式，选出元组中的属性值。如果有 GROUP 子句，则将结果按<列名 3>的值进行分组，该属性列的值相等的元组为一个组。如果 GROUP 子句带有 HAVING 短语，则只有满足条件表达式的组才予以输出。如果有 ORDER 子句，则结果要按<列名 4>的值进行升序或降序排序。

（4）插入元组，基本格式如下。

```
INSERT INTO <表名>[(<属性列 1>[,<属性列 2>]…)]
        VALUES (<常量 1>[,<常量 2>]…);
```

上述语句的功能是将新元组插入指定表中。

（5）删除元组，基本格式如下。

```
DELETE FROM <表名> [WHERE <条件>];
```

上述语句的功能是从指定表中删除满足 WHERE 条件的所有元组。如果省略 WHERE 语句，则会删除表中全部元组。

（6）修改元组，基本格式如下。

```
UPDATE <表名>
      SET <列名>=<表达式>[,<列名>=<表达式>]…
      [WHERE <条件>];
```

上述语句的功能是修改指定表中满足 WHERE 子句条件的元组，用 SET 子句的表达的值替换相应属性列的值。如果 WHERE 子句省略，则会修改表中所有元组。

3. Oracle

Oracle 是一种对象关系型数据库管理系统。它是目前较为流行的 C/S 结构的数据库，是大型关系型数据库管理系统，具有移植性好、使用方便、性能强大等特点，适合于各类大型机、中型机、小型机、微型机和专用服务器环境。

4. IBM DB2

IBM DB2 是美国 IBM 公司开发的关系型数据库管理系统，它主要的运行环境为 UNIX（包括 IBM 的 AIX）、Linux、IBM i（旧称 OS/400）、z/OS，以及 Windows 服务器版本。DB2 主要应用于大型应用系统，具有较好的可伸缩性，可支持从大型机到单用户环境，可应用于所有常见的服务器操作系统平台。DB2 提供了高层次的数据利用性、完整性、安全性、可恢复性，以及小规模到大规模应用程序的执行能力，具有与平台无关的基本功能和 SQL 命令。

5. Sybase

Sybase 是美国 Sybase 公司开发的一种关系型数据库系统，是一种典型的 UNIX 或 Windows NT 平台上 C/S 环境下的大型数据库系统。

6. 云数据库

云数据库是指被优化或部署到一个虚拟计算环境中的数据库，它具有按需付费、按需扩展、高可用性及存储整合等优势。云数据库是专业、高性能、可靠的云数据库服务。云数据库不仅提供 Web 界面进行配置、操作数据库实例，还提供可靠的数据备份和恢复、完备的安全管理、完善的监控、轻松扩展等功能支持。相对于用户自建的数据库，云数据库具有更经济、更专业、更高效、更可靠、简单易用等特点，使用户能更专注于核心业务。

云数据库根据数据库类型一般分为关系型数据库和非关系型数据库。关系型云数据库有阿里云关系型数据库、亚马逊 Redshift 和亚马逊关系型数据库；非关系型云数据库有云数据库 MongoDB 版、亚马逊 DynamoDB。

阿里云关系型数据库（Relational Database Service，RDS）是一种稳定可靠、可弹性伸缩的在线数据库。基于阿里云分布式文件系统和 SSD 盘高性能存储，RDS 支持 MySQL、SQL Server、PostgreSQL、PPAS（Postgre Plus Advanced Server，Postgre Plus 高级服务器）和 MariaDB TX

引擎，并且提供了容灾、备份、恢复、监控、迁移等方面的全套解决方案，解决了用户关于数据库运维的烦恼。该系统具有存储高可靠（99.99999999%的数据可靠性）、服务高可用（单节点故障迅速转移，秒级恢复时间）、运维高便利、性能大幅提升（读写性能提升 30%以上）等特点。

7.2 Access 2016 入门与实例

Access 作为 Microsoft Office 办公软件的组件之一，是一个面向对象的、采用事件驱动的关系型数据库管理系统，通过 ODBC 可以与其他数据库相连，实现数据交换和数据共享，也可以与 Word、Excel 等办公软件进行数据交换和数据共享，还可以采用对象链接与嵌入（Object Linking and Embedding，OLE）技术在数据库中链接和嵌入音频、视频、图像等多媒体数据。它不但能用于存储和管理数据，还能用于编写数据库管理软件。用户可以通过 Access 提供的开发环境及工具方便地构建数据库应用程序。也就是说，Access 既是后台数据库，同时也是前台开发工具。作为前台开发工具，它还支持多种后台数据库，可以连接 Excel 文件、FoxPro、dBase、SQL Server 数据库，甚至还可以连接 MySQL、文本文件、XML、Oracle 等其他数据库。

7.2.1 Access 2016 的基本功能

Access 2016 的基本功能包括组织数据、创建查询、生成窗体、打印报表等。

1. 组织数据

组织数据是 Access 最主要的功能。一个数据库就是一个容器，Access 用它来容纳自己的数据并提供对对象的支持。

Access 中的表对象是用于组织数据的基本模块，用户可以将每一种类型的数据放在一个表中，可以定义各个表之间的关系，从而将各个表中相关的数据有机地联系在一起。

2. 创建查询

查询是关系型数据库中的一个重要概念，是用户操纵数据库的一种主要方法，也是建立数据库的目的之一。根据指定的条件对数据表或其他查询进行检索，筛选出符合条件的记录，构成一个新的数据集合，就是查询。通过查询，用户可以很方便地对数据库进行查看和分析。

3. 生成窗体

窗体是用户和数据库应用程序之间的主要接口，Access 2016 提供了丰富的控件，可用于设计丰富美观的用户操作界面。通过窗体可以直接查看、输入和更改表中的数据，而不必在数据表中进行直接操作，这极大地提高了数据操作的安全性。

4. 打印报表

报表是以特定的格式打印、显示数据的最有效方法。报表可以将数据库中的数据以特定的格式显示和打印出来，同时可以对有关数据实现汇总、求平均值等计算。

7.2.2 Access 2016 的操作界面

选择"开始"菜单中的"Access 2016"程序项，进入 Access 2016 的初始界面，如图 7.1 所示，界面左侧是近期使用过的数据库文件，右侧是数据库模板。若在打开 Access 2016 时出现提示"获取特色模板时遇到问题"，无法显示搜索的主题和模板，则需要安装 Windows 7 的补丁"Microsoft Easy Fix 51044"。

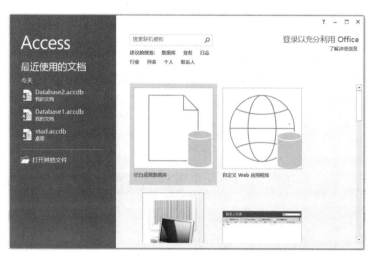

图 7.1　Access 2016 的初始界面

Access 2016 提供了功能强大的模板，用户可以使用系统已列出的数据库模板，也可以通过"搜索联机模板"下载最新的或修改后的模板。使用模板可以快速创建数据库，每个模板都是一个完整的跟踪应用程序，具有预定义的表、窗体、报表、查询、宏和关系，如果模板设计满足了用户需要，则用户可以直接开始工作了；用户也可以使用模板来创建符合个人特定需要的数据库。

选择一个模板或选择"空白数据库"并输入文件名（默认的扩展名是.accdb，存储位置是用户文件夹下的 Documents 文件夹），可进入 Access 2016 的主窗口界面，如图 7.2 所示，整个主界面由快速访问工具栏、命令选项卡、功能区、导航窗格、工作区、状态栏等几部分组成。

图 7.2　Access 2016 的主窗口界面

7.2.3 创建数据库

创建数据库是 Access 中最基本、最普遍的操作，本节首先介绍使用模板和向导创建数据库的方法，然后介绍数据库对象的各种必要操作。

1. 使用模板创建数据库

启动 Access 2016，在图 7.1 所示的窗口中，选择本地列出的模板或从网上搜索到的模板来建立数据库，在此选择本地列出的"学生"模板，打开图 7.3 所示的对话框，确定文件名和位置后，单击"创建"按钮，打开图 7.4 所示的学生数据库界面，在左侧的"学生导航"窗格中可以看到已创建好了一些对象，如学生列表、学生详细信息、学生电话列表、监护人子窗体等。用户可以根据自己的需要进行修改和设计。

图 7.3 使用"模板"创建数据库

图 7.4 学生数据库界面

2. 创建空白数据库

启动 Access 2016，在图 7.1 所示的窗口中选择"空白桌面数据库"项，然后设置要创建数据库的文件名和路径，单击"创建"按钮即可创建一个空白数据库，如图 7.2 所示，用户可根据自己的需要任意添加和设置数据库对象。

3. 创建数据库对象

前面介绍了数据库有表、查询、窗体、报表等对象，可以通过"创建"选项卡来实现，如图 7.5 所示，然后选"表格""查询""窗体""报表""宏与代码"等创建相应的数据库对象。

在数据库打开后，其包含的对象会列在导航窗格中，选择某一对象后双击鼠标即可将之打开，也可以在某一对象上单击鼠标右键，在快捷菜单中选择"打开"命令。

另外一种创建数据库对象的方式是导入外部数据。单击"外部数据"选项卡，在"导入并链接"功能区中选择要导入对象的类型，如图 7.6 所示，可以是 Access 文件、Excel 文件、文本文件或 XML 文件等。这里选择 Access 文件，打开图 7.7 所示的"获取外部数据-Access 数据库"对话框，在"文件名"文本框中输入要导入的文件路径，或通过右边的"浏览"按钮获取路径，然后单击"确定"按钮，即可打开"导入对象"对话框，如图 7.8 所示。

选择要导入的表、报表、查询、窗体等对象后，所选的数据库对象就被添加到了当前数据库中。从中可以看出，"导入"的功能就是把另一个数据库中的对象复制到当前数据库。图 7.9 所示的是从其他数据库（职工数据库.accdb）导入了"职工信息表"表、"男职工信息-查询"查询和"职工-窗体"窗体后的当前数据库。

| 图 7.5　创建数据库对象 | 图 7.6　通过"外部数据"导入数据库对象 |

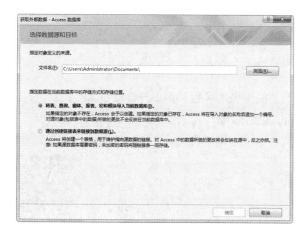

图 7.7　"获取外部数据"对话框

图 7.8　"导入对象"对话框

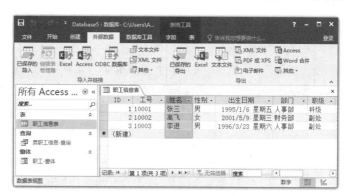

图 7.9　导入数据库对象

数据库中的对象类似 Windows 系统中的文件，我们可对它进行复制、移动、删除、重命名等操作。其具体的操作方法也与文件操作类似，首先要选中对象，然后通过菜单选项、工具栏或快捷菜单进行操作。

7.2.4　创建数据表

表是 Access 中管理数据的基本对象，是数据库中所有数据的载体，一个数据库通常包含若干个数据表对象。本节将先介绍几种创建表的方法，再逐步深入介绍表及其之间相互关系的操作。

1. 创建数据表的方法

前面已经介绍了 3 种创建数据表的方法：一是在使用模板创建数据库时，系统会根据数据库模板创建出相关的数据表；二是创建空白数据库时，因为表是数据库的基本对象，系统会默认提示创建"表1"；三是在使用"外部数据"选项卡导入数据库对象时，可通过导入其他数据库的数据表、Excel 电子表格、SharePoint 列表数据、文本文件、XML 文件或其他格式的数据文件的方式创建数据表。

除此之外，用户还可以在一个打开的数据库中通过"创建"选项卡"表格"功能区中的选项创建数据表，如图 7.10 所示。从图中可以看出，有 3 种创建数据表的方法：一是选择"表"选项，用这种方法可直接打开数据表，即通过直接输入内容的方式创建数据表；二是选择"表设计"选项，即通过设计视图创建数据表；三是选择"SharePoint 列表"选项，在SharePoint 网站上创建一个列表，然后在当前数据库创建一个数据表，并将其链接到新建的数据表。

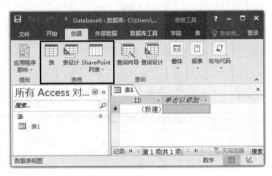

图 7.10　创建数据表

以上几种创建数据表的方法各具特点，用户可根据具体情况选用。如果所设计的数据表近似于系统提供的模板，例如符合联系人或资产的相关结构属性，则选用模板创建较为简便；如果是现有的数据源，则可选用导入外部数据或创建"SharePoint列表"的方法；如果表结构需要进行个性化定义，则可选用"表设计"视图自己创建，或先创建数据表，再修改数据表的结构。

2. 设计数据表

设计数据表首先要注意信息的正确性和完整性，在正确的前提下尽可能包含完整的信息。其次特别要注意减少数据冗余，数据冗余即重复信息，重复信息会浪费空间，并且会增加出错和数据不一致性的风险（表结构设计的相关要求可参考数据库范式的知识）。设计数据表时应将信息基于主题来划分，不同的主题设计不同的数据表来存储数据，需要时通过关系创建数据表之间的联系。

字段设计

数据表中，每一列叫作一个"字段"，即关系模型中的属性。每个字段包含某一专题的信息，例如，在一个"学生信息"数据表中，"学号""姓名"这些都是表中所有行数据共有的属性，所以把这些列称为"学号"字段和"姓名"字段。表中每一行叫作一个"记录"，即关系模型中的元组，如在"学生信息"数据表中，某个学生的全部信息叫作一个记录。

Access 2016 中的字段类型共有 12 种，分别介绍如下。

（1）短文本。短文本指文本或文本和数字的组合，以及不需要计算的数字（如电话号码），最多为 255 个字符或长度小于"字段大小"属性的设置值。

（2）长文本。长文本与早期的"备注"类型相同。长文本或具有 RTF 格式的文本可以存储的文本多达千兆字节，不过窗体和报表上的控件只能显示前 64 000 个字符。例如，注释、较长的说明和包含粗体或斜体等格式的段落就经常使用"长文本"字段。

（3）数字。数字指用于数学计算的数值数据，大小为 1Byte、2Byte、4Byte 或 8Byte（如果将"字段大小"属性设置为"同步复制 ID"，则为 16Byte）。

（4）日期/时间。日期/时间指从 100 年到 9999 年的日期与时间值，可参与计算，存储空间为 8Byte。

（5）货币。货币值是用于数学计算的数值数据，精确到小数点左边 15 位和小数点右边 4 位，存储空间为 8 Byte。

（6）自动编号。自动编号指每当向表中添加一条新记录时，由 Access 指定一个唯一的顺序号（每次递增 1）或随机数。自动编号字段不能更新，存储空间为 4Byte（如果将"字段大小"属性设置为"同步复制 ID"，则大小为 16Byte）。

（7）是/否。"是"和"否"的值也叫布尔值，用于包含两个可能的值（如 Yes/No、True/False 或 On/Off），存储空间为 1 Byte。

（8）OLE 对象。OLE 对象指 Access 表中链接或嵌入的对象，如 Excel 电子表格、Word 文档、图形、声音或其他二进制数据。

（9）超链接。数据库中可以存储文本或文本和文本型数字的组合用作超链接地址。超链接地址指向诸如对象、文档或网页等目标的路径。

（10）附件。附件可以是任何支持的文件类型，可以将图像、电子表格文件、文档、图表和其他类型的 Access 支持的文件附加到数据库的记录，这与将文件附加到电子邮件非常类似。

（11）查阅向导。查阅向导指创建一个字段，通过该字段可以使用列表框或组合框从另一个表或值列表中选择值。

（12）计算。计算字段是指显示涉及其他字段的计算结果的虚拟字段。其实它并不是一种新的数据类型，只是用"计算"这个名字来表示此字段的值是通过本表的其他字段计算得出来的。

设置完字段的数据类型后，接着来设置字段的属性。字段的属性包括字段的大小、字段格式、字段编辑规则、主键等。其主要在设计视图中各字段类型下部的"常规"选项卡中设置，图 7.11 所示的是设计"学生信息表"的表结构及相关属性。

图 7.11 设计"学生信息表"的表结构及相关属性

字段属性中的"验证规则"用于设置限制该字段输入值的表达式，"验证文本"用于设置在输入"验证规则"所不允许的值时弹出的出错提示信息，如对字段"性别"的设置。

每个表都应有一个主键，主键即关系模型中的"码"或"关键字"，可以唯一标识一条记录。主键可以是表中的一个字段或字段集，设置主键有助于快速查找和排序记录，主键可以将多个表中的数据快速关联起来。

一个好的主键应具有如下几个特征：首先，它唯一标识每一行；其次，它从不为空或为 Null，即它始终包含一个值；再次，它几乎不改变（理想情况下永不改变）。在进行表设计时，如果想不到一个可能成为优秀主键的字段或字段集，则考虑使用系统自动为用户创建的主键，系统为它指定字段名"ID"，类型为"自动编号"。

设置主键的方法很简单：打开数据表，选中要设置主键的字段，单击鼠标右键，在弹出的快捷菜单中选择"主键"命令，即设置完成。

关系的创建

3. 创建关系

Access 是关系型数据库，数据表之间的联系可通过关系建立。表关系也是查询、窗体、报表等其他数据库对象使用的基础，一般情况下，应该在创建数据表后、创建其他数据库对象之前创建关系。

打开数据库，选择"数据库工具"选项卡→"关系"选项组→"关系"命令，将弹出"显示表"对话框，如图 7.12 所示。本例有 3 个表，分别是"成绩表""课程信息表"和"学生信息表"，"成绩表"中的"学号""课程号"分别来自"学生信息表"中的"学号"和"课程信息表"中的"课程号"。

选择要建立关系的表，然后单击"添加"按钮。例如，选择"学生信息表"，然后单击"添加"按钮，再选择"成绩表"，再单击"添加"按钮，或者双击某个表，如"课程信息表"。添加完需要建立关系的数据表后，单击"关闭"按钮，则打开了关系视图，如图 7.13 所示。

图 7.12 "显示表"对话框

图 7.13 关系视图

在这里，要创建"学生信息表"中"学号"字段和"成绩表"中"学号"字段的关系。选定"学生信息表"中"学号"字段，按住鼠标左键，将其拖曳到"成绩表"中的"学号"字段上，将弹出"编辑关系"对话框，如图 7.14 所示。

系统已按照所选字段的属性自动设置了关系类型，因为"学生信息表"中的"学号"字段是主键，"成绩表"中的"学号"字段不是主键，所以创建的关系类型为"一对多"。如果需要设置多字段关系，只需在选择字段时，按住<Ctrl>键的同时选择多个字段拖曳即可。此时单击"创建"按钮，关系即创建完毕，如图 7.15 所示。

图 7.14 "编辑关系"对话框

图 7.15 关系创建完成

此时，两个表之间多了一条由两个字段连接起来的关系线。关系建立后，如需更改，可用鼠标右键单击关系线，在弹出的快捷菜单中选择"编辑关系"命令，回到"编辑关系"对话框，对关系类型、实施参照完整性等属性进行重新设置。

如不再需要设置好的关系，可用鼠标右键单击关系线，在弹出的快捷菜单中单击"删除"命令，然后在弹出的对话框中再次确认，即可删除该关系。

7.2.5 使用数据表

本节将介绍数据表的基本应用，即数据的录入、查看、替换、修改、排序、筛选等操作。

数据表的操作

1. 表数据的录入

在录入表的数据时，有两种情况需要加以区分：一种是表之间没有建立关系的；另一种是表之间建立关系的。

（1）表之间没有建立关系时的数据录入

在没有建立关系时，表之间没有联系，每个表都是独立的，此时，可分别给每个表录入数据。方法是：双击左侧的某个表名，在右侧的窗口中会打开以行、列格式显示表数据的表格，在此表格中对应录入相应的数据即可，如图 7.16 所示。但要注意的是：在录入数据时，要注意每个字段的限制，如出生日期的年、月、日值的限制，性别的限制（这个限制可在设计表时，通过"格式""验证规划""默认值""验证文本"等进行设置）。

图 7.16 没有建立关系的表数据的录入

没有建立关系的表在录入数据时容易产生问题。例如，在"成绩表"中录入学生学号时输入"2019090909"，系统不提示出错，但很明显这个数据是不对的，因为在"学生信息表中"根本不存在这个学生。

（2）表之间有建立关系时的数据录入

在图7.15所示的关系中，把在图7.14中所示的"实施参照完整性"复选框选中，在给"学生信息表"录入数据时，在每一行的行首会有一个加号，单击加号会出现图7.17所示的录入子窗口，表示录入当前这个学号为"2019010101"的学生的成绩，此时，只需录入"成绩表"中其余两个字段的值。

图7.17　建立关系的表数据的录入

在录入"课程号"时，该"课程号"在"课程信息表"中必须存在，否则不能保存。同样，在通过"课程信息表"录入成绩数据时，录入的"学号"在"学生信息表"中也必须存在，这个限制就是实施参照完整性的体现。若没有选中"实施参照完整性"复选框，则没有这个限制。

2. 查看和替换数据表数据

打开数据表后，数据表视图下方的记录编号框可以帮助我们快速定位查看记录，如图7.18所示。

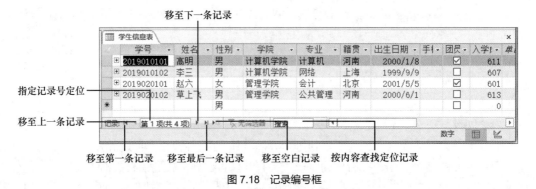

图7.18　记录编号框

可以通过记录编号框中的按钮进行记录移动，也可以在中间的数字输入框中输入要定位的记录数，例如，输入"4"，即可定位到第4条记录。另外，也可以在搜索框中输入记录内容，则当前记录会直接定位到与所设定的内容相匹配的记录。

通过"开始"选项卡的"查找"功能区可以查找和有选择地替换数据，操作方法同Word。

3. 修改记录

在数据表视图中，可以在所需修改处直接修改记录内容，所做改动将直接保存。单击数据表最后一行，即可直接添加记录。

要删除记录时，可在要删除的记录左侧单击鼠标，选中该条记录，然后单击鼠标右键，在弹出的快捷菜单中选择"删除记录"选项即可；也可以使用<Shift>键配合选中相邻的多条记录一次性删除。

4. 修改格式

在数据表视图中，可以像在Excel中一样直接拖曳行、列分界线以改变行高和列宽；也可以选中该行或该列后单击鼠标右键，通过弹出的快捷菜单，对行、列的一些属性进行设置。在 Access 中，所有行的行高都是一样的，也就是说，改变了某一行的行高，所有的行高都会随之改变。

数据表的列顺序默认是按照字段设计顺序排列的，使用时也可以根据需要用拖曳操作调整列顺序。

其他格式设置可通过"开始"选项卡的"文本格式"功能区进行字体、字号、网格线、对齐方式及背景色的设置，也可通过单击"文本格式"功能区右下角的"设置数据表格式"按钮进行综合设置。

5. 数据排序和筛选

当用户打开一个数据表时，Access 显示的记录数据是按照用户定义的主键进行排序的，对于未定义主键的表，则按照输入顺序排序。而用户根据需要，经常会使用排序功能进行其他方式的排序。

要进行数据排序，可先选中要排序的列，然后使用"开始"选项卡的"排序和筛选"组按钮来完成；也可以用鼠标右键单击该列，在弹出的快捷菜单中选择"升序"或"降序"选项来完成。

数据筛选，就是按照选定内容筛选一些数据，使它们保留在数据表中并被显示出来。在图 7.19 所示的"成绩表"中，若要筛选出"课程号"为"1001"的成绩，可在"课程号"列某一内容为"1001"的字段上单击鼠标右键，在弹出的快捷菜单中选择"等于'1001'"选项；或者选中"课程号"列，然后单击"开始"选项卡→"排序和筛选"组→"筛选器"按钮，均可筛选出"课程号"为"1001"的成绩。

此外，还可以使用"文本筛选器"对文字中包含的信息进行筛选。例如，图 7.19 中，在快捷菜单中选择"文本筛选器"→"开头是"选项，将弹出"自定义筛选"对话框，在对话框的编辑栏中输入自定义的筛选条件，如输入"2"，然后单击"确定"按钮，则可以筛选出以"2"开头的"课程号"的课程成绩。

图 7.19　数据筛选

对于复杂条件的筛选，还可使用"排序和筛选"组的"高级" 完成。

筛选只是有选择性地显示记录，并不是真正清除那些不符合筛选条件的记录，因此，在筛选完毕后，往往还要取消筛选，还原显示所有记录。取消筛选可通过"排序和筛选"组的"取消筛选"按钮 完成，或在进行筛选的字段名上单击字段名右端的"筛选"按钮 ，然后从弹出的下拉列表中选择"从×××清除筛选器"命令即可。

7.2.6　创建查询

在数据库中，很大一部分工作是对数据进行统计、计算和检索。虽然筛选、排序、浏览等操作可以帮助用户完成这些工作，但是数据表在执行数据计算和检索多个表时，就显得无能为力了。此时，通过查询就可以轻而易举地完成以上操作。查询可以回答简单问题、执行计算、合并不同表中的数据，甚至可以添加、更改或删除表数据。

1. 利用"查询向导"建立查询

查询向导可创建 4 类查询：简单查询、交叉表查询、查找重复项查询和查找不匹配项查询。

以"交叉表查询向导"为例，首先选择指定哪个表或查询中含有交叉表查询所需的字段，这里选择前面例子中的"学生信息表"，下一步需要指定用哪些字段的

利用"查询向导"建立查询

值作为行标题，如图 7.20 所示。

假定此查询的功能是计算不同籍贯的学生在每个学院的入学成绩的平均值，则行标题可指定为"籍贯"，下一步用同样的方法指定用哪些字段的值作为列标题，假设指定"学院"作为交叉查询的列标题。接下来弹出的对话框要求确定每个列和行的交叉点计算出什么数字，如图 7.21 所示，这里选择"入学成绩"字段，计算函数为"平均"，然后单击"下一步"按钮。

接下来指定创建查询的名称为"籍贯-入学成绩平均值"，即完成了查询创建，查询结果如图 7.22 所示，其中的第 2 列"总计 入学成绩"是各行小计，即对某个籍贯的所有学院的学生的入学成绩进行求平均值运算。

利用"查询设计"建立查询

2. 利用"查询设计"建立查询

首先打开图 7.12 所示的"显示表"对话框，让用户选择表，假定选择"学生信息表"，会打开查询设计窗口，如图 7.23 所示，窗口的上半部分显示的是表及其字段，下半部分显示的是查询的设计条件。

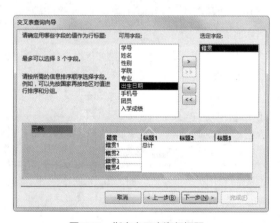

图 7.20　指定交叉查询行标题

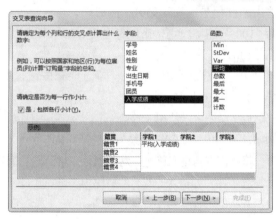

图 7.21　指定交叉点计算值

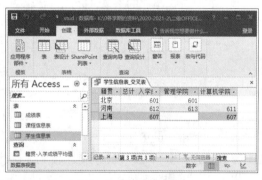

图 7.22　交叉查询结果

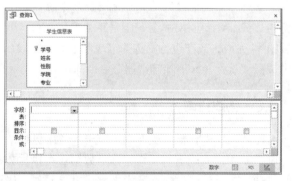

图 7.23　查询设计窗口

用户通过窗口下半部分的"字段"行选择相应的字段，"表"行表示选择某一个表（进行多表查询时会有多个表供用户选择，单表查询时就一个表），"排序"表示根据某个字段进行排序，"显示"复选框表示此字段是否显示，"条件"表示查询的条件，若有多个条件时，写在同一行上就是"与"的关系，写在不同行上就是"或"的关系。图 7.24 所示为查询"性别"为"男"且"入学成绩"高于"610"分的学生信息（显示的字段包括姓名、性别、学院、入学成绩），查询结果可通过单击"设计"选项卡→"结果"组→"运行"按钮进行查看，也可通过切换"开始"

选项卡→"视图"组→"数据表视图""SQL 视图""设计视图"来查看某个视图，图 7.24 对应的"数据表视图"如图 7.25 所示，即查询的结果数据。

图 7.24　查询条件的设置　　　　　　　　　　图 7.25　查询结果

当把视图切换为"SQL 视图"时，可以看到图 7.24 查询对应的 SQL 语句是：

SELECT 学生信息表.学号,学生信息表.姓名,学生信息表.性别,学生信息表.学院,学生信息表.入学成绩
FROM 学生信息表
WHERE (((学生信息表.性别)="男") AND ((学生信息表.入学成绩)>610));

以上讲解了单表查询，在实际应用中还会用到在多表之间建立查询，以及更复杂的查询条件设置，如创建 SQL 查询等高级操作。

7.2.7　创建窗体

窗体为数据的输入、修改和查看提供了一种灵活简便的方式，我们可以使用窗体来控制对数据的访问，如显示哪些字段或数据行。Access 窗体不使用任何代码就可以绑定到数据，而且该数据可以来自表、查询或 SQL 语句。在一个数据库系统开发完成以后，对数据库的所有操作都是在窗体这个界面中完成的，它是用户和 Access 应用程序之间的主要接口。

窗体作为 Access 数据库的重要组成部分，起着联系数据库与用户的桥梁作用。以窗体作为输入界面时，它可以接受用户的输入，判定其有效性、合理性，并具有一定的响应消息执行的功能。以窗体作为输出界面时，它可以输出一些记录集中的文字、图形图像，还可以播放声音、视频动画，实现数据库中的多媒体数据处理。

要新建窗体可通过"创建"选项卡的"窗体"组来完成，如图 7.26 所示。

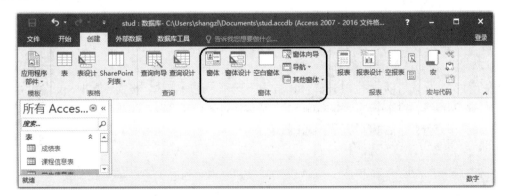

图 7.26　创建窗体

Access 的窗体有 3 种视图：设计视图、窗体视图、布局视图。设计视图是用来创建和修改设计对象（窗体）的窗口；窗体视图是能够同时输入、修改和查看完整数据的窗口，可显示图片、命令按钮、OLE 对象等；布局视图主要用于对窗体中的控件进行预览和布局操作（显示时与窗体视图类

似，但不能进行数据的输入和修改操作）。

7.2.8 创建报表

报表是以打印的格式显示用户数据的一种有效方式。设计报表时，应先考虑数据的来源，然后再考虑数据在页面上的显示格式。

要创建报表可使用"创建"选项卡中的"报表"组来完成，如图 7.27 所示。

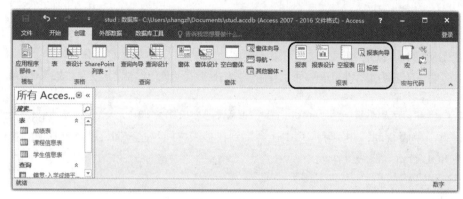

图 7.27 创建报表

"报表"组中有 5 个功能按钮：报表、报表设计、空报表、报表向导、标签。

（1）单击"报表"按钮，系统会以当前选定的数据（表、查询、窗体均可）为基础，立即生成报表而不向用户提示任何信息。报表将显示基础表或查询中的所有字段，用户可以迅速查看基础数据，可以保存报表，也可以直接打印报表。如果系统所创建的报表不是用户最终需要的完美报表，用户可以通过布局视图或设计视图进行修改。

（2）单击"报表设计"按钮可先设计报表布局和格式，再引入数据源。在对版面设计有较高要求时使用这一方式。

（3）单击"空报表"按钮可以从头生成报表，这是计划只在报表上放置很少几个字段时使用的一种快捷的报表生成方式。

（4）单击"报表向导"按钮可以先选择在报表上显示哪些字段，还可以指定数据的分组和排序方式，如果用户事先指定了表与查询之间的关系，则可以使用来自多个表中的字段。

（5）"标签"按钮适用于创建页面尺寸较小、只需容纳所需标签的报表。

报表创建完成后，可以使用"格式"和"排列"选项卡进行字体、格式、数据分类和汇总、网格线、控件布局等的详细设计，最终通过"页面设置"选项卡进行页面布局和打印设置，之后就可以打印输出报表了。

了解 MySQL

习题 7

一、选择题

1. 在数据库管理技术发展的 3 个阶段中，没有专门的软件对数据进行管理的是（　　）。

　　A. 人工管理阶段　　　　　　　　B. 文件系统阶段

习题参考答案

C．文件系统阶段和数据库阶段　　　　D．人工管理阶段和文件系统阶段

2．数据库管理系统是（　　）。

    A．操作系统的一部分　　　　　　　B．在操作系统支持下的系统软件

    C．一种编译系统　　　　　　　　　D．一种操作系统

3．数据库应用系统中的核心问题是（　　）。

    A．数据库设计　　　　　　　　　　B．数据库系统设计

    C．数据库维护　　　　　　　　　　D．数据库管理员培训

4．在数据管理技术发展的 3 个阶段中，数据共享最好的是（　　）。

    A．人工管理阶段　　　　　　　　　B．文件系统阶段

    C．数据库系统阶段　　　　　　　　D．3 个阶段相同

5．在数据库设计中，将 E-R 图转换成关系数据模型的过程属于（　　）。

    A．需求分析阶段　　　　　　　　　B．概念设计阶段

    C．逻辑设计阶段　　　　　　　　　D．物理设计阶段

6．将 E-R 图转换为关系模式时，实体和联系都可以表示为（　　）。

    A．属性　　　　　　B．键　　　　　C．关系　　　　　D．域

7．一间宿舍可住多个学生，则实体宿舍和学生之间的联系是（　　）。

    A．一对一　　　　　B．一对多　　　C．多对一　　　　D．多对多

8．有 3 个关系 R、S 和 T，如下所示。

R	
A	B
m	1
n	2

S	
B	C
1	3
3	5

T		
A	B	C
m	1	3

    由关系 R 和 S 通过运算得到关系 T，则所使用的运算为（　　）。

    A．笛卡儿积　　　　B．交　　　　　C．并　　　　　　D．自然连接

9．建立表示学生选修课程活动的实体联系模型，其中的两个实体分别是（　　）。

    A．课程和课程号　　　　　　　　　B．学生和课程

    C．学生和学号　　　　　　　　　　D．课程和成绩

10．设有表示学生选课的 3 张表，学生 S（学号，姓名，性别，年龄，身份证号），课程 C（课号，课名），选课 SC（学号，课号，成绩），则表 SC 的关键字（键或码）为（　　）。

    A．课号，成绩　　　　　　　　　　B．学号，成绩

    C．学号，课号　　　　　　　　　　D．学号，姓名，成绩

11．在 E-R 图中，用来表示实体联系的图形是（　　）。

    A．椭圆形　　　　　　　　　　　　B．矩形

    C．菱形　　　　　　　　　　　　　D．三角形

二、简答题

1．简述数据库、数据库管理系统、数据库系统的概念。

2．简述选择关系模型中关系、元组、属性、码的概念。

3．常见的数据库管理系统有哪些？

三、操作题

创建表 7.1 所示结构的数据表，其中"学号"是主键，并创建查询，显示所有出生日期大于"2000-1-1"且入学成绩在 600 分以上的学生信息。对该查询设计报表，并进行打印输出。

表 7.1　"学生信息"表字段属性

字段名称	学号	姓名	班级	出生日期	入学成绩	籍贯	照片
类型	短文本	短文本	短文本	日期/时间	数字	短文本	OLE 对象
大小	9	10			整型	50	
格式				短日期	常规数字		
验证规则	>"201501000"				>=520		
验证文本	"必须是 15 级新生"				"成绩不过线"		
必填字段	是	是	否	否	否	否	否
允许空串	否	否	是			是	
索引	有（无重复）	有（有重复）	有（有重复）	无	无	无	无

08 第8章 计算机网络与Internet 应用

本章首先介绍计算机网络的定义及其发展；然后对网络的组成、分类、网络协议和体系结构进行较详细的阐述；接着对网络的硬件组成、常见的网络设备和局域网技术进行介绍；最后介绍 Internet 的基础知识以及 WWW 服务、文件传输、搜索引擎等应用。

【知识要点】

- 计算机网络的基本概念。
- 计算机网络的组成。
- 计算机网络的分类。
- 网络协议和体系结构。
- 计算机网络的硬件组成。
- Internet 的基础知识。
- Internet 的应用。

章首导读

8.1 计算机网络概述

8.1.1 计算机网络的定义

计算机网络是指将地理位置不同的具有独立功能的多台计算机及其外部设备，通过通信线路连接起来，在网络操作系统、网络管理软件及网络通信协议的管理和协调下，实现资源共享和信息传递的计算机系统。

在理解计算机网络定义的时候，要掌握以下 3 个特征。

（1）自主。计算机之间没有主从关系，所有计算机都是平等独立的。

（2）互连。计算机之间由通信信道相连，并且相互之间能够交换信息。

（3）集合。网络是计算机的群体。

计算机网络是计算机技术和通信技术紧密融合的产物，它涉及通信与计算机两个领域。它的诞生不仅使计算机体系结构发生了巨大变化，而且改变了人们的生活和工作习惯，在当今社会经济中起着非常重要的作用。它对人类社会的进步做出了巨大贡献。

8.1.2 计算机网络的发展

计算机网络经历了一个从简单到复杂、从单机到多机、从地区到全球的发展过程。其发展过程大致可概括为 4 个阶段：具有通信功能的单机系统阶段；具有通信功能的多机系统阶段；以共享资源为主的计算机互连通信阶段；以局域网及其互连为主要支撑环境的分布式计算阶段。

计算机网络
发展史

1. 具有通信功能的单机系统

该系统又称终端-计算机网络，是早期计算机网络的主要形式，即由一台中央主计算机连接大量的地理位置上分散的终端。20 世纪 60 年代中期，典型应用是由一台计算机和美国 2 000 多个终端组成的飞机订票系统，它首次实现了计算机技术与通信技术的结合。

2. 具有通信功能的多机系统

在单机通信系统中，中央计算机负担较重，既要进行数据处理，又要承担通信控制，实际工作效率下降；而且主机与每一台远程终端都用一条专用通信线路连接，线路的利用率较低。由此出现了数据处理和数据通信的分工，即在主机前增设一个前端处理机负责通信工作，并在终端比较集中的地区设置集中器。这种具有通信功能的多机系统，构成了计算机网络的雏形。20 世纪 60 年代至70 年代，此网络在军事、银行、铁路、民航、教育等部门都有应用。

3. 计算机互连通信

20 世纪 70 年代末至 90 年代，出现了由若干个计算机互连的系统，开创了"计算机-计算机"通信的时代，并呈现出多处理中心的特点，即利用通信线路将多台计算机连接起来，实现了计算机之间的通信。

目前，计算机网络的发展正处于第 4 阶段。这一阶段计算机网络发展的特点是综合、高效、智能与更为广泛的应用。

4. 局域网的兴起和分布式计算的发展

自 20 世纪 90 年代末至今，随着大规模集成电路技术和计算机技术的飞速发展，局域网技术得到迅速发展。早期的计算机网络是以主计算机为中心的，计算机网络控制和管理功能都是集中式的，但随着个人计算机（PC）功能的增强，PC 方式呈现出的计算能力已逐步发展成为独立的平台，这就导致了一种新的计算结构——分布式计算模式的诞生。

8.1.3　计算机网络的组成

计算机网络由 3 部分组成：网络硬件、传输介质（通信线路）和网络软件，其组成结构如图 8.1 所示。

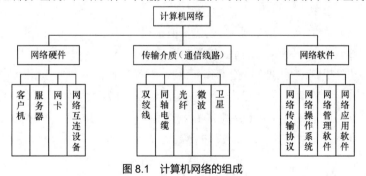

图 8.1　计算机网络的组成

1. 网络硬件

网络硬件包括客户机、服务器、网卡和网络互连设备。

（1）客户机指用户上网使用的计算机，也可理解为网络工作站、节点机、主机。

（2）服务器是提供某种网络服务的计算机，由运算功能强大的计算机担任。

（3）网卡即网络适配器，是计算机与传输介质相连接的接口设备。

（4）网络互连设备包括集线器、中继器、网桥、交换机、路由器、网关等，其详细说明会在后续内容中介绍。

2. 传输介质

物理传输介质是计算机网络最基本的组成部分，任何信息的传输都离不开它。传输介质分为有线介质和无线介质两种。

有线介质包括双绞线、同轴电缆、光纤等；无线介质是在自由空间传输的电磁波，根据频谱可将其分为无线电波、红外线、可见光等。

3. 网络软件

网络软件是在计算机网络环境中，用于支持数据通信和各种网络活动的软件。网络软件由网络传输协议、网络操作系统、网络管理软件和网络应用软件 4 部分组成。

（1）网络传输协议。网络传输协议是指连入网络的计算机必须遵守的一组规则和约定，以保证数据传送与资源共享能顺利完成。

（2）网络操作系统。网络操作系统可控制、管理、协调网络上的计算机，使之能方便有效地共享网络上的硬件、软件资源，为网络用户提供所需的各种服务的软件和有关规程的集合。网络操作系统除具有一般操作系统的功能外，还具有网络通信能力和多种网络服务功能。目前，常用的网络操作系统有 Windows、UNIX、Linux 等。

（3）网络管理软件。网络管理软件的功能是对网络中大多数参数进行测量与控制，以保证用户安全、可靠、正常地得到网络服务，使网络性能得到优化。

（4）网络应用软件。网络应用软件就是能够使用户在网络中完成相应功能的一些工具软件。例如，能够实现网上漫游的 Microsoft Edge 或 Google Chrome 浏览器，能够收发电子邮件的 Outlook Express 等。随着网络应用的普及，网络应用软件将会越来越多，为用户带来极大的方便。

8.1.4　计算机网络的分类

计算机网络的种类繁多，性能各不相同，根据不同的分类原则，可以得到各种不同类型的计算机网络。

1. 按照网络的地理范围分类

计算机网络按照其覆盖的地理范围进行分类，可以很好地反映不同类型网络的技术特征。按地理分布范围来分类，计算机网络可以分为局域网、城域网和广域网 3 种。

（1）局域网。局域网（Local Area Network，LAN）是最常见、应用最广的一种网络。所谓局域网，就是在一个局部的地理范围内（如学校、工厂和机关内），一般是方圆几千米以内，将各种计算机、外部设备和数据库等互相连接起来组成的计算机通信网，用于连接个人计算机、工作站和各类外围设备以实现资源共享和信息交换。它的特点是分布距离近、传输速率高、连接费用低、数据传输可靠、误码率低等。

（2）城域网。城域网（Metropolitan Area Network，MAN）的分布范围介于局域网和广域网之间，这种网络的连接距离为 10km～100km。MAN 与 LAN 相比，扩展的距离更长，连接的计算机数量更多，在地理范围上它可以说是 LAN 的延伸。在一个大型城市或大都市，一个 MAN 通常连接着多个 LAN。

（3）广域网。广域网（Wide Area Network，WAN）也称远程网，它的连网设备分布范围广，一般从几千米到几千千米。广域网是通过一组复杂的分组交换设备和通信线路将各主机与通信子网连接起来的，因此，网络涉及的范围可以是市、地区、省、国家，乃至世界范围。由于它的这一特点，单独建造一个广域网是极其不现实的，所以人们才会时常借用传统的公共传输（电报、电话）网来实现。此外，由于其传输距离远，又依靠传统的公共传输网，所以错误率较高。

2. 按照网络的拓扑结构分类

抛开网络中的具体设备，把网络中的计算机等设备抽象为点，把网络中的通信介质抽象为线，这样从拓扑学的角度去看计算机网络，就形成了由点和线组成的几何图形，从而抽象出网络系统的具体结构。这种采用拓扑学方法描述的各个节点机之间的连接方式称为网络的拓扑结构。计算机网络常常采用的基本拓扑结构有总线型结构、环形结构、星形结构。具体介绍见 8.3 节。

8.1.5 计算机网络体系结构和 TCP/IP

OSI 与 TCP/IP 体系结构的比较

1. 计算机网络体系结构

1974 年，IBM 公司公布了世界上第一个计算机网络体系结构（System Network Architecture，SNA），凡是遵循 SNA 的网络设备都可以很方便地进行互连。1977 年 3 月，国际标准化组织（ISO）的技术委员会 TC97 成立了一个新的技术分委会 SC16，专门研究"开放系统互连"，并于 1983 年提出了开放系统互连参考模型，即著名的 ISO 7498 国际标准（我国相应的国家标准是 GB 9387），记为 OSI/RM。OSI 中采用了三级抽象：参考模型（即体系结构）、服务定义和协议规范（即协议规格说明），自上而下逐步求精。OSI/RM 并不是一般的工业标准，而是一个制定标准用的概念性框架。

经过各国专家的反复研究，OSI/RM 中采用了表 8.1 所示的 7 个层次的体系结构。

表 8.1　OSI/RM 七层协议模型

层号	名称	主要功能
7	应用层	作为与用户应用进程的接口，负责用户信息的语义表示，并在两个通信者之间进行语义匹配，它不仅要提供应用进程所需要的信息交换和远程操作，而且要作为互相作用的应用进程的用户代理，来完成一些为进行语义上有意义的信息交换所必需的功能
6	表示层	对源站点内部的数据结构进行编码，形成适合于传输的比特流，到了目的站再进行解码，转换成用户所要求的格式并保持数据的意义不变。该层主要用于数据格式转换
5	会话层	提供一个面向用户的连接服务，它给会话用户之间的对话和活动提供组织和同步所必需的手段，以便对数据的传送提供控制和管理。该层主要用于会话的管理和数据传输的同步
4	传输层	从端到端网络透明地传送报文，完成端到端通信链路的建立、维护和管理
3	网络层	分组传送、路由选择和流量控制，主要用于实现端到端通信系统中中间节点的路由选择
2	数据链路层	通过一些数据链路层协议和链路控制规程，在不太可靠的物理链路上实现可靠的数据传输
1	物理层	实现相邻计算机节点之间比特数据流的透明传送，尽可能屏蔽掉具体的传输介质和物理设备的差异

它们由低到高分别是物理层、数据链路层、网络层、传输层、会话层、表示层、应用层。每层完成一定的功能，每层都直接为其上层提供服务，并且所有层次都互相支持。第 4 层到第 7 层主要负责互操作性，而第 1 层到第 3 层则用于创建两个网络设备间的物理连接。

OSI/RM 参考模型对各个层次的划分遵循下列原则。

（1）网络中各节点都有相同的层次，相同的层次具有同样的功能。

（2）同一节点内相邻层之间通过接口进行通信。

（3）每一层都会使用下层提供的服务，并向其上层提供服务。

（4）不同节点的同等层按照协议实现同等层之间的通信。

2．TCP/IP

OSI/RM 是理想的概念性框架，在实际网络中并没有完全采用。目前最常用的是 TCP/IP，它是目前异种网络通信使用的唯一协议体系，其使用范围极广，既可用于局域网，又可用于广域网，许多厂商的计算机操作系统和网络操作系统产品都采用或含有 TCP/IP。TCP/IP 已成为目前事实上的国际标准和工业标准。TCP/IP 也是一个分层的网络协议，它简化了 OSI 的七层模型，没有表示层和会话层，并且把数据链路层和物理层合并为网络接口层。TCP/IP 从下而上分为网络接口层、网际层、传输层、应用层 4 个层次，各层的功能介绍如下。

（1）网络接口层。这是 TCP/IP 的最低一层，其中具有多种逻辑链路控制和媒体访问协议。网络接口层的功能是接收 IP 数据报并通过特定的网络进行传输，或从网络上接收物理帧，抽取出 IP 数据报并转交给网际层。

（2）网际层（IP 层）。该层包括以下协议：网际协议（Internet Protocol，IP）、因特网控制报文协议（Internet Control Message Protocol，ICMP）、地址解析协议（Address Resolution Protocol，ARP）、反向地址解析协议（Reverse Address Resolution Protocol，RARP）。该层负责相同或不同网络中计算机之间的通信，主要处理数据报和路由。在网际层中，ARP 用于将 IP 地址转换成物理地址，RARP 用于将物理地址转换成 IP 地址，ICMP 用于报告差错和传送控制信息。该层在 TCP/IP 中处于核心地位。

（3）传输层。该层提供传输控制协议（Transport Control Protocol，TCP）和用户数据协议（User Datagram Protocol，UDP）两个协议。它们都建立在 IP 的基础上，其中，TCP 提供可靠的面向连接的服务，UDP 提供简单的无连接服务。传输层提供端到端（即应用程序之间）的通信，其主要功能包括数据格式化、数据确认和丢失重传等。

（4）应用层。TCP/IP 的应用层相当于 OSI 模型的会话层、表示层和应用层，它向用户提供一组常用的应用层协议，其中包括 Telnet、SMTP、DNS 等。此外，应用层中还包含了用户应用程序，它们均是建立在 TCP/IP 之上的专用程序。

8.2　计算机网络硬件

8.2.1　网络传输介质

传输介质是网络设备连接的中间介质，也是信号传输的媒体。常用的传输介质有双绞线、同轴电缆、光纤（见图 8.2）以及无线电波等。

计算机网络传输介质和交换设备

1．双绞线

双绞线（Twisted-Pair）是一种常见的传输介质，它由两条相互绝缘并扭绞在一起的铜线组成，两根线绞在一起是为了防止其电磁感应在邻近线对中产生干扰信号。现行双绞线电缆中一般包含 4 对双绞线对，如图 8.3 所示，具体为橙白 1/橙 2、蓝 4/蓝白 5、绿 6/绿白 3、棕白 3/棕 7。计算机网络使用 1-2、3-6 两组对来发送和接收数据。双绞线接头为具有国际标准的 RJ-45 插头（见图 8.4）和插座。双绞线分为屏蔽（Shielded）双绞线 STP 和非屏蔽（Unshielded）双绞线 UTP。非屏蔽双绞线利用线缆外皮作为屏蔽层，适用于网络流量不大的场合；屏蔽式双绞线有一个金属甲套（Sheath），对电磁干扰（Electromagnetic Interference，EMI）具有较强的抵抗能力，适用于网络流量较大的高速网络协议应用。

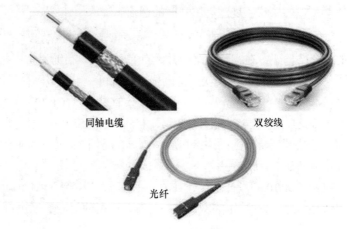

同轴电缆　　　　　　　　双绞线

光纤

图 8.2　几种传输介质的外观

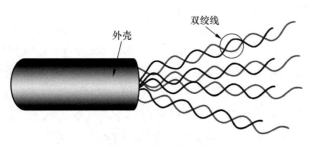

图 8.3　双绞线电缆的内部结构

图 8.4　RJ-45 插头

双绞线多应用于基于载波侦听多路访问/冲突检测（Carrier Sense Multiple Access/Collision Detection，CSMA/CD）技术［即 10 Base-T（10Mbit/s）和 100 Base-T（100Mbit/s）］的以太网（Ethernet）中，具体要求如下。

（1）一段双绞线的最大长度为 100m，只能连接一台计算机。

（2）双绞线的每端都需要一个 RJ-45 插件（头或座）。

（3）各段双绞线通过集线器（Hub 的 10Base-T 重发器）互连，利用双绞线最多可以连接 64 个站点到重发器（Repeater）。

（4）10Base-T 重发器可以利用收发器电缆连到以太网同轴电缆上。

2. 同轴电缆

同轴电缆以单根铜导线为内芯，外裹一层绝缘材料，外覆密集网状导体，最外面是一层保护性塑料。根据直径的不同，同轴电缆分为粗缆和细缆，如图 8.5 所示。同轴电缆比双绞线具有更高的带宽和更好的噪声抑制特性。广泛使用的同轴电缆有两种：一种为 50Ω（指沿电缆导体各点的电磁电压对电流之比）同轴电缆，用于数字信号的传输，即基带同轴电缆；另一种为 75Ω 同轴电缆，用于宽带模拟信号的传输，即宽带同轴电缆。

现行以太网同轴电缆的接法有两种：直径为 0.4cm 的 RG-11 粗缆采用凿孔接头接法；直径为 0.2cm 的 RG-58 细缆采用 T 形头接法。粗缆要符合 10Base5 介质标准，使用时需要一个外接收发器和收发器电缆，单根最大标准长度为 500m，可靠性强，最多可接 100 台计算机，两台计算机的最小间距为 2.5m。细缆按 10Base2 介质标准直接连到网卡的 T 形头连接器（即 BNC 连接器）上，单段最大长度为 185m，最多可接 30 台计算机，最小间距为 0.5m，室内的支线一般采用细缆。

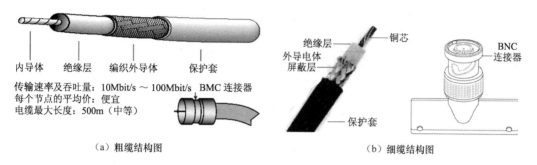

传输速率及吞吐量：10Mbit/s ～ 100Mbit/s
每个节点的平均价：便宜
电缆最大长度：500m（中等）

（a）粗缆结构图　　　　　　　　　　　（b）细缆结构图

图 8.5　同轴电缆结构图

3. 光纤

光纤（Fiber Optic）是利用内部全反射原理来传导光束的传输介质，有单模和多模之分。单模光纤多用于通信业，多模光纤多用于网络布线系统。

实用的光纤是比人的头发丝稍粗的玻璃丝，通信用光纤的外径一般为 125μm～140μm。我们一般所说的光纤是由纤芯和包层组成的，纤芯完成信号的传输，包层与纤芯的折射率不同，它将光信号封闭在纤芯中传输。工程中一般将多条光纤固定在一起构成光缆，如图 8.6 所示。与同轴电缆比较，光纤可提供极宽的频带且功率损耗小、传输距离长（2km 以上）、传输速率高（可达数千 Mbit/s）、抗干扰性强（不会受到电子监听），是构建安全性网络的理想选择。

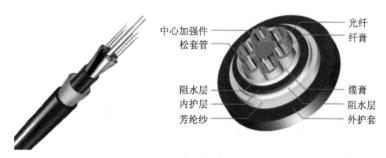

图 8.6　光纤的结构图

4. 无线通信与信道

无线通信（Wireless Communication）是利用电磁波信号可以在自由空间中传播的特性进行信息传输的一种通信方式。无线信道是对无线通信中发送端和接收端之间通路的一种形象比喻，对无线电波而言，它从发送端传送到接收端，其间并没有一个有形的连接，它的传播路径也有可能不只一条，为了形象地描述发送端与接收端之间的工作，可以想象两者之间有一条看不见的道路衔接，我们通常把这条衔接道路称为信道。目前流行的无线通信技术有蓝牙、ZigBee、UWB、Infrared（IR）、RFID、UMTS/3GPPw/HSDPA、WiMAX、Wi-Fi 等。现在使用较多的移动通信技术有 GSM、ISM、3G、4G 和 5G 等。

5. 微波传输和卫星传输

微波传输和卫星传输都属于无线通信方式。其传输方式均以空气为传输介质，以电磁波为传输载体，连网方式较为灵活，适合应用在不易布线、覆盖面积大的地方。通过一些硬件的支持，微波通信和卫星通信可实现点对点或点对多点的数据通信和语音通信。具体的通信方式如图8.7和图8.8所示。

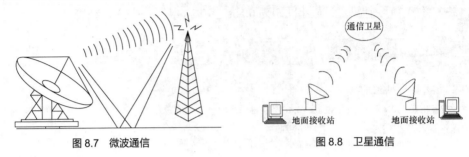

图8.7　微波通信　　　　　　　　　　图8.8　卫星通信

8.2.2　网卡

网卡（Network Interface Card，NIC）也称网络适配器或网络接口卡，在局域网中用于将用户计算机与网络相连，大多数局域网采用以太（Ethernet）网卡，如ISA网卡、PCI网卡、PCMCIA卡（常用于笔记本电脑）、USB网卡等，如图8.9所示。

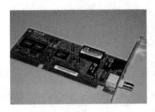

图8.9　各种网卡的外观图

网卡是一块插入微机I/O槽中，发出和接收不同的信息帧、计算帧检验序列、执行编码译码转换等以实现微机通信的集成电路卡。网卡主要完成以下功能。

（1）读入由其他网络设备（如路由器、交换机、集线器或其他网卡）传送来的数据包（一般是帧的形式），经过拆包，将其变成客户机或服务器可以识别的数据，通过主板上的总线将数据传输到所需PC设备中（如CPU、内存或硬盘）。

（2）将PC设备发送的数据打包后输送至其他网络设备中。

按总线类型，网卡可分为ISA网卡、PCI网卡、USB网卡等。其中，ISA网卡的数据传送以16位进行；PCI网卡的数据传送为32位，速度较快；USB网卡的传输速率远远大于传统的并行接口和串行接口，而且其安装简单，即插即用，越来越受厂商和用户的欢迎。

网卡的接口大小不一，其旁边还有红、绿两个小灯。网卡的接口有3种规格：粗同轴电缆接口（AUI接口）、细同轴电缆接口（BNC接口）、无屏蔽双绞线接口（RJ-45接口）。一般的网卡仅有一种接口，但也有两种甚至3种接口的，称为二合一或三合一卡。红、绿小灯是网卡的工作指示灯，红灯亮时表示正在发送或接收数据，绿灯亮时表示网络连接正常，否则就不正常。值得说明的是，倘若连接两台计算机线路的长度大于规定长度（双绞线为100m，细电缆是185m），即使连接正常，绿灯也不会亮。

8.2.3　交换机

交换机是一种用于转发电（光）信号的网络设备。它可以为接入交换机的任意两个网络节点提供独享的电信号通路。最常见的交换机是以太网交换机。其他常见的交换机还有电话语音交换机、光纤交换机等。

1. 3 种方式的数据交换

（1）直通（Cut Through）式：直通式指封装数据包进入交换引擎后，在规定时间内丢到背板总线上，再送到目的端口。这种交换方式交换速度快，但容易出现丢包现象。

（2）存储转发（Store ＆ Forward）式：存储转发式指封装数据包进入交换引擎后被存在一个缓冲区，由交换引擎转发到背板总线上。这种交换方式克服了丢包现象，但降低了交换速度。

（3）碎片隔离（Fragment Free）式：碎片隔离式是介于前两者之间的一种解决方案。它需要检查数据包的长度是否够 64 字节，如果小于 64 字节，说明是假包，则丢弃该包；如果大于 64 字节，则发送该包。这种方式也不提供数据校验。它的数据处理速度比存储转发方式快，但比直通式慢。

2. 背板带宽与端口速率

交换机将每一个端口都挂在一条背板总线（Core Bus）上，背板总线的带宽即背板带宽，端口速率即端口每秒吞吐多少数据包。

3. 模块化与固定配置

从设计理念上讲，交换机只有两种：一种是机箱式交换机（也称作模块化交换机）；另一种是独立式固定配置交换机。

（1）机箱式交换机：机箱式交换机最大的优点就是具有很强的可扩展性，它能提供一系列扩展模块，如吉比特以太网模块、光纤分布式数据接口（Fiber Distributed Data Interface，FDDI）模块、异步传输模式（Asynchronous Transfer Mode，ATM）模块、快速以太网模块、令牌环模块等，所以能够将具有不同协议、不同拓扑结构的网络连接起来。它最大的缺点是价格昂贵。机箱式交换机一般是作为骨干交换机来使用的。

（2）独立式固定配置交换机：独立式固定配置交换机一般具有固定端口的配置，如图 8.10 所示。固定配置交换机的可扩充性不如机箱式交换机，但成本低得多。

图 8.10　固定配置交换机

8.2.4　路由器

路由器（Router）是工作在 OSI 第 3 层（网络层）上、具有连接不同类型网络的能力并能够选择数据传送路径的网络设备，如图 8.11 所示。路由器有 3 个特征：工作在网络层上；能够连接不同类型的网络；具有路径选择能力。

1. 路由器工作在网络层上

路由器是工作在第 3 层的网络设备，这样说有些难以理解。为此先来介绍一下集线器和交换机。集线器工作在第 1 层（即物理层），它没有智能处理能力，对它来说，数据只是电流而已。当一个端口的电流传到集线器中时，它只是简单地将电流传送到其他端口，至于其他端口连接的计算机接收不接收这些数据，它就不管了。交换机工作在第 2 层（即数据链路层），它要比集线器智能一些，对

图 8.11　路由器

它来说，网络上的数据就是媒体存取控制（Media Access Control，MAC）地址的集合，它能分辨出帧中的源 MAC 地址和目的 MAC 地址，因此可以在任意两个端口间建立联系。但是交换机并不懂得 IP 地址，它只知道 MAC 地址。路由器工作在第 3 层（即网络层），它比交换机还要"聪明"一些，

它能理解数据中的 IP 地址。如果它接收到一个数据包，就会检查其中的 IP 地址，如果目标地址是本地网络的就不理会；如果是其他网络的，就将数据包转发出本地网络。

2. 路由器能连接不同类型的网络

常见的集线器和交换机都是用于连接以太网的，但是如果将两种类型的网络连接起来，如以太网与 ATM 网，集线器和交换机就派不上用场了。路由器能够连接不同类型的局域网和广域网，如以太网、ATM 网、FDDI 网、令牌环网等。不同类型的网络，其传送的数据单元——帧（Frame）的格式和大小是不同的，就像公路运输是以汽车为单位装载货物，而铁路运输是以车皮为单位装载货物一样，从汽车运输改为铁路运输，必须把货物从汽车移到火车车皮上，网络中的数据也是如此，数据从一种类型的网络传输至另一种类型的网络，必须进行帧格式转换。路由器就有这种能力，而交换机和集线器没有这种能力。实际上，我们所说的"互联网"，就是由各种路由器连接起来的，因为互联网上存在各种不同类型的网络，集线器和交换机根本不能胜任这个任务，所以必须由路由器来担当这个角色。

3. 路由器具有路径选择能力

在互联网中，从一个节点到另一个节点，可能有许多路径，路由器选择通畅快捷的近路，会大大提高其通信速度，减轻网络系统通信负荷，节约网络系统资源，这是集线器和交换机所不具备的性能。

8.3 计算机局域网

8.3.1 局域网概述

自 20 世纪 70 年代末以来，微机由于价格不断下降而获得了日益广泛的应用，这就促使计算机局域网技术得到了飞速发展，并在计算机网络中占据非常重要的地位。

1. 局域网的特点

局域网最主要的特点是，网络为一个单位所拥有，且地理范围和站点数目均有限。在局域网刚刚出现时，局域网比广域网具有更高的传输速率、较低的时延和较小的误码率。但随着光纤技术在广域网中的普遍使用，现在的广域网也具有很高的传输速率和很低的误码率。

一个工作在多用户系统下的小型计算机，也基本上可以完成局域网所能做的工作，二者相比，局域网具有以下一些优点。

（1）能方便地共享昂贵的外部设备、主机、软件及数据，从一个站点可访问全网。

（2）便于系统的扩展和逐渐演变，各设备的位置可灵活调整和改变。

（3）提高了系统的可靠性、可用性和残存性。

2. 局域网拓扑结构

局域网的拓扑结构通常是指局域网的通信链路和工作节点在物理上连接在一起的布线结构。局域网的网络拓扑结构常见的有 3 种：总线型拓扑结构、星形拓扑结构和环形拓扑结构。

计算机网络的
拓扑结构

（1）总线型拓扑结构

所有节点都通过相应硬件接口连接到一条无源公共总线上，任何一个节点发出的信息都可沿着总线传输，并被总线上其他任何一个节点接收。它的传输方向是从发送点向两端扩散传送，是一种广播式结构。总线结构的优点是安装简单，易于扩充，可靠性高，一个节点损坏不会影响整个网络工作；缺点是一次只能让一个端用户发送数据，其他端用户必须等到获得发送权才能发送数据，介质访问获取机制较复杂。总线型拓扑结构如图 8.12 所示。

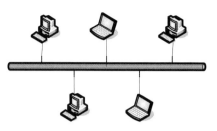

图 8.12 总线型拓扑结构示意图

（2）星形拓扑结构

星形拓扑结构也称为辐射网，它将一个点作为中心节点，该点与其他节点均有线路连接。具有 N 个节点的星形网至少需要 $N-1$ 条传输链路。星形网的中心节点就是转接交换中心，其余 $N-1$ 个节点间的相互通信都要经过中心节点来转接。中心节点可以是主机或集线器，其交换能力和可靠性会影响网内所有用户。星形拓扑结构的优点：利用中心节点可方便地提供服务和重新配置网络；单个连接点的故障只影响一个设备，不会影响全网，容易检测和隔离故障，便于维护；任何一个连接只涉及中心节点和一个站点，因此介质访问控制的方法很简单，访问协议也十分简单。星形拓扑结构的缺点：每个站点都直接与中心节点相连，需要大量电缆，因此费用较高；如果中心节点产生故障，则全网不能工作，所以对中心节点的可靠性和冗余度要求很高，中心节点通常采用双机热备份来提高系统的可靠性。星形拓扑结构如图 8.13 所示。

（3）环形拓扑结构

环形结构中的各节点通过有源接口连接在一条闭合的环形通信线路中，是点对点结构。环形网中每个节点发送的数据流按环路设计的流向流动。为了提高可靠性，可采用双环或多环等冗余措施来解决。目前的环形结构中，采用了一种多路访问部件 MAU，当某个节点发生故障时，可以自动隔离故障点，这也使可靠性得到了提高。环形结构的优点是实时性好，信息吞吐量大，网的周长可达 200km，节点可达几百个。但因环路是封闭的，所以扩充不便。IBM 公司于 1985 年率先推出了令牌环网，目前的 FDDI 网就使用了这种结构。环形拓扑结构如图 8.14 所示。

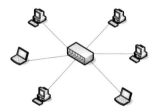

图 8.13 星形拓扑结构示意图

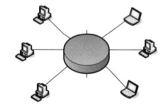

图 8.14 环形拓扑结构示意图

8.3.2 载波侦听多路访问/冲突检测协议

在总线型和环形拓扑中，网络上的设备必须共享传输线路，为解决同一时间几个设备同时争用传输介质的问题，需要有某种访问控制方式，以便协调各设备访问介质的顺序。载波侦听多路访问/冲突检测协议（Carrier Sense Multiple Access with Collision Detection，CSMA/CD）是一种介质访问控制技术，也就是计算机访问网络的控制方式。

局域网的介质访问控制包括两个方面的内容：一是要确定网络中的每个节点都能将信息发送到介质上去的特定时刻；二是如何对公用传输介质进行访问，并加以利用和控制。常用的局域网介质访问控制方法主要有以下 3 种：CSMA/CD、令牌环（Token Ring）和令牌总线（Token Bus）。后两种现在已经逐渐退出历史舞台。

CSMA/CD 是一种争用型的介质访问控制协议，同时也是一种分布式介质访问控制协议。网内的所有节点都相互独立地发送和接收数据帧。在每个节点发送数据帧前，先要对网络进行载波侦听，如果网络上有其他节点正在进行数据传输，则该节点会推迟发送数据，继续进行载波侦听，直到发现介质空闲，才允许发送数据。如果两个或者两个以上节点同时检测到介质空闲并发送数据，则会发生冲突。在 CSMA/CD 中，可采取边发送边侦听的方法对数据进行冲突检测。如果发现有冲突，则会立即停止发送数据，并向介质上发出一串阻塞脉冲信号来加强冲突，以便让其他节点都知道已经发生了冲突。冲突发生后，要发送信号的节点将随机延时一段时间，再重新争用介质，直到发送成功。图 8.15 所示为 CSMA/CD 发送数据帧的工作原理。

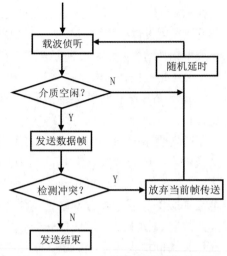

图 8.15　CSMA/CD 发送数据帧的工作原理

8.3.3　以太网

以太网（Ethernet）是最早出现的局域网，最初由美国施乐（Xerox）公司研制，当时其传输速率只有 2.94Mbit/s。1981 年，施乐公司与数字设备（DEC）公司及英特尔（Intel）公司合作，联合提出了 Ethernet 的规约，即 DIX 1.0 规范。后来以太网的标准由 IEEE 来制定，DIX Ethernet 就成了 IEEE 802.3 协议标准的基础。IEEE 802.3 标准是 IEEE 802 系列中的一个标准，由于它是从 DIX Ethernet 标准演变而来的，所以又被叫作以太网标准。

早期的以太网采用同轴电缆作为传输介质，传输速率为 10Mbit/s。使用粗同轴电缆的以太网标准被称为 10Base-5 标准以太网。Base 指传输信号是基带信号，它采用 0.5in（1in=2.54cm）直径的 50 Ω同轴电缆作为传输介质，最远传输距离为 500m，最多可连接 100 台计算机。使用细同轴电缆的以太网称为 10Base-2 标准以太网，它采用 0.2in 直径的 50Ω同轴电缆作为传输介质，最远传输距离为 200m，最多可连接 30 台计算机。

双绞线以太网 10Base-T，采用双绞线作为传输介质。10Base-T 网络中引入集线器（Hub），网络采用树形拓扑或总线型和星形混合拓扑。10Base-T 网络的结构具有良好的故障隔离功能，当网络任一线路或某工作站点出现故障时，均不影响网络其他站点，这使得网络更加易于维护。

随着数据业务的增加，10Mbit/s 网络已经不能满足业务需求。1993 年诞生了快速以太网 100Base-T，在 IEEE 标准里为 IEEE 802.3u。快速以太网的出现大大提升了网络速度，再加上快速以太网价格低廉，快速以太网很快成为局域网的主流。快速以太网从传统以太网上发展起来，保持了相同的数据格式，也保留了 CSMA/CD 介质访问控制方式。目前，正式的 100Base-T 标准定义了 3 种物理规范以支持不同介质：100Base-T 支持两对线的双绞线电缆，100Base-T4 支持四对线的双绞线电缆，100Base-FX 支持光纤。

吉比特以太网是 IEEE 802.3 标准的扩展，在保持与以太网和快速以太网设备兼容的同时，提供 1 000Mbit/s 的数据带宽。IEEE 802.3 工作组成立了 IEEE 802.3z 以太网小组来建立吉比特以太网标准。吉比特以太网继续沿袭了以太网和快速以太网的主要技术，并在线路工作方式上进行了改进，提供了全新的全双工工作方式。吉比特以太网可支持双绞线电缆、多模光纤、单模光纤等介质。目前吉比特以太网设备已经普及，主要被用在网络的骨干部分。

10 吉比特以太网技术的研究开始于 1999 年年底，2002 年 6 月，IEEE 802.3ae 标准正式发布，它支持 9μm 单模、50μm 多模和 62.5μm 多模 3 种光纤。物理层主要分为两种类型：一种为可与传统以太网实现连接速率为 10Gbit/s 的 "LAN PHY"；另一种为可连接 SDH/SONET、速率为 9.584 64Gbit/s 的 "WAN PHY"。两种物理层连接设备都可使用 10GBase-S（850nm 短波）、10GBase-L（1 310nm 长波）、10GBase-E（1 550nm 长波）3 种规格，最大传输距离分别为 300m、10km、40km。另外，LAN PHY 还包括一种可以使用波分复用技术的 "10Gase-LX4" 规格。WAN PHY 与 SONET OC-192 帧结构融合，可与 OC-192 电路、SONET/SDH 设备一起运行，可保护传统基础投资，使运营商能够在不同地区通过城域网提供端到端以太网。

8.4　Internet 及其应用

因特网技术与应用

8.4.1　Internet 概述

1. 什么是 Internet

Internet（因特网）并非一个具有独立形态的网络，而是将分布在世界各地的、类型各异的、规模大小不一的、数量众多的计算机网络互连在一起而形成的网络集合体，是当今最大的和最流行的国际性网络。Internet 采用 TCP/IP 作为共同的通信协议，它将世界范围内许许多多的计算机网络连接在一起。用户只要与 Internet 相连，就能主动地利用这些网络资源，还能以各种方式和其他 Internet 用户交流信息。但 Internet 又远远超出一个提供丰富信息服务机构的范畴。它更像一个面对公众的自由松散的社会团体，一方面有许多人通过 Internet 进行信息交流和资源共享，另一方面又有许多人和机构将时间及精力投入 Internet 中进行开发、运用和服务。Internet 正逐步深入社会生活的各个角落，成为人们生活中不可缺少的部分。网民对 Internet 的正面作用评价很高，认为 Internet 对人们的工作、学习有很大帮助的网民占 93.1%，尤其是娱乐方面，认为 Internet 丰富了网民的娱乐生活的比例高达 94.2%。前 7 类网络应用的使用率按高低排序依次是网络音乐、即时通信、网络影视、网络新闻、搜索引擎、网络游戏、电子邮件。Internet 除了上述用途，还常用于电子政务、网络购物、网上支付、网上银行、网上求职、在线教育等。

2. Internet 的起源和发展

Internet 是由美国国防部高级研究计划署于 1969 年 12 月建立的实验性网络 ARPANet 发展演化而来的。ARPANet 是全世界第一个分组交换网，是一个实验性的计算机网，用于军事目的。其设计要求是支持军事活动，特别是研究如何建立网络才能经受如核战争那样的破坏或其他灾害性破坏，当网络的一部分（某些主机或部分通信线路）受损时，整个网络仍然能够正常工作。与此不同的是，Internet 以民用为目的，最初它主要面向科学与教育界的用户，后来才转到其他领域，为一般用户服务，成为开放性的网络。ARPANet 模型为网络设计提供了一种思想：网络的组成成分可能是不可靠的，当从源计算机向目标计算机发送信息时，应该对承担通信任务的计算机而不是对网络本身赋予一种责任——保证把信息完整无误地送达目的地，这种思想始终体现在以后计算机网络通信协议的设计以及 Internet 的发展过程中。

Internet 的真正发展是从 NSFNet 的建立开始的。最初，美国国家自然科学基金会（National Science Foundation，NSF）曾试图用 ARPANet 作为 NSFNet 的通信干线，但这个决策没有取得成功。20 世纪 80 年代是网络技术取得巨大进展的一个时期，那段时期不仅大量涌现出诸如以太网电缆和工作站组成的局域网，而且奠定了建立大规模广域网的技术基础。1988 年，NSF 把在全国建立的 5 大超级计算机中心用通信干线连接起来，组成全国科学技术网 NSFNet，并以此作为 Internet 的基础，实现同其他网络的连接。NSFNet 连接了全美上百万台计算机，拥有几百万用户，是 Internet 主要的成员网。采用 Internet 的名称是在 MILNet（由 ARPANet 分离出来）实现和 NSFnet 的连接后开始的。此后，其他联邦部门的计算机网相继并入 Internet，如能源科学网、航天技术网、商业网等。之后，NSF 超级计算机中心一直肩负着扩展 Internet 的使命。

3. Internet 在我国的发展

我国是第 71 个以国家级网的形式加入 Internet 的国家。

Internet 在我国的发展历程可以大致分为 3 个阶段。

（1）第一阶段为 1986—1993 年，研究试验阶段。在此期间，我国一些科研部门和高等院校开始研究 Internet 连网技术，并开展了科研课题和科技合作工作。这个阶段的网络应用仅限于小范围内的电子邮件服务，而且仅为少数高等院校、研究机构提供电子邮件服务。

（2）第二阶段为 1994—1996 年，起步阶段。1994 年 5 月，中国国家计算机网络设施（The National Computing and Network Facility of China，NCFC，也称中关村地区科研网）与 Internet 相连。用户通过中国公用互连网络（ChinaNet）或中国教育科研计算机网（CERNet）都可与 Internet 相连。当时，只要有一台计算机、一部调制解调器和一部国内直拨电话就能与 Internet 相连。之后，ChinaNet、CERNet、CSTNet、ChinaGBNet 等多个 Internet 项目在全国范围相继启动，Internet 开始进入公众生活，并在我国得到了迅速发展。

（3）第三阶段从 1997 年至今，快速增长阶段。国内 Internet 用户自 1997 年以后基本保持每半年翻一番的增长速度。中国互联网络协会发布的《中国互联网发展报告（2019）》显示：截至 2018 年 12 月底，我国网民规模达 8.29 亿，其中手机网民规模达到了 8.19 亿；互联网普及率达到 59.6 %；网站数量达到 523 万个，CN 域名注册量达到 2 124.3 万个。

8.4.2 Internet 的接入

Internet 是"网络的网络"，它允许用户随意访问任何连入其中的计算机，但如果要访问其他计算机，首先要把计算机系统连接到 Internet 上。接入 Internet 的方式可以分为有线接入和无线接入两种，简单介绍如下。

1. 有线接入

有线接入主要分为电话交换网接入、有线电视网接入、光纤接入、局域网接入、电力线接入。

（1）电话交换网接入

综合业务数字网（Integrated Service Digital Network，ISDN）能在一根普通电话线上提供语音、数据、图像等综合业务，俗称"一线通"。就像普通拨号上网要使用 Modem 一样，用户使用 ISDN 也需要专用的终端设备，主要由网络终端 NT1 和 ISDN 适配器组成。

非对称数字用户环路（Asymmetrical Digital Subscriber Line，ADSL）是一种能够通过普通电话线提供宽带数据业务的技术。ADSL 方案的最大特点是不需要改造信号传输线路，完全可以利用普通铜质电话线作为传输介质，配上专用的 Modem 即可实现数据高速传输。ADSL 支持上行速率 640kbit/s～1Mbit/s，下行速率 1～8Mbit/s，其有效的传输距离为 3km～5km。

（2）有线电视网接入

有线电视在我国的普及率非常高，通过在骨干网中采用 ATM 结合混合光纤同轴电缆（HFC）宽带接入技术（Cable Modem），对有线电视网络原有的单向播出形式进行有线电视双向化改造，实现广播电视网和因特网的融合。用户可以采用有线电视网进行接入，实现双向数据业务。

（3）光纤接入

光纤入户（Fiber To The Home，FTTH）表示接入线路是光纤而不是普通网线。这种技术速度快，稳定性高，还能支持更高的带宽，如 100Mbit/s 等。FTTH 是指将光网络单元（Optical Network Unit，ONU）安装在家庭用户或企业用户处，是光接入系列中除 FTTD（Fiber To The Desktop，光纤到桌面）外最靠近用户的光接入网应用类型。FTTH 的显著技术特点是不但提供更大的带宽，而且增强了网络对数据格式、速率、波长和协议的透明性，放宽了对环境条件和供电的要求，简化了维护和安装。随着 Internet 的爆炸式发展，在 Internet 上的商业应用和多媒体等服务也得以迅猛推广，宽带网络一直被认为是构成信息社会最基本的基础设施。要享受 Internet 上的各种服务，用户必须接入高速的网络。为了实现用户接入 Internet 的数字化、宽带化，提高用户上网速度，光纤接入也是现在主流的接入方式。

（4）局域网接入

局域网接入一般先将几台至几百台计算机用网线连接到交换机上（组成一个局域网），然后把局域网通过路由器连接到更大的网络上。

（5）电力线接入

利用低压配电线路传输可实现电力线通信（Power Line Communication，PLC），进而用于高速数据、语音、图像等多媒体业务信号通信。这种接入方式主要应用于家庭 Internet 宽带接入和家电智能化连网控制。在电力线上，传输高速数据信号一般采用两种方案：电力线数字扩频技术和正交频分多路复用技术。

2. 无线接入

无线接入主要分为无线局域网接入、无线自组织网接入、移动通信网接入等，简单介绍如下。

（1）无线局域网接入

无线局域网（Wireless Local Area Network，WLAN）是利用无线通信技术在局部范围内建立的网络，它以无线多址信道作为传输媒介，提供传统有线局域网 LAN 的功能，能够使用户随时、随地接入 Internet。通常 WLAN 指的就是符合 802.11 系列协议的无线局域网。

（2）无线自组织网接入

无线自组织网络（Wireless Ad Hoc Network）是一种无中心、多跳、分布式部署的无线网络，具有可快速独立组网的特点。无线自组织网络的通信节点之间独立平等，无须固定设备支持，因此抗毁能力较强，可适应多种情况下的需求，具有广阔的应用前景。用户可通过无线自组织网络的信道接入 Internet。

（3）移动通信网接入

移动通信（Mobile Communication）网络是一个广域的通信网络，是指通信双方或至少有一方处于运动中进行信息传输和交换的通信网络。无线通信技术通常每十年更新一代，移动通信已经历 1G、2G、3G、4G、5G 几代的发展，正在向 6G 演进，通信速度越来越快、性能越来越好。

8.4.3　IP 地址与 MAC 地址

1. 网络 IP 地址

由于网际互连技术是将不同物理网络的技术统一起来的高层软件技术，因此

IP 和 IP
地址

在统一的过程中，我们首先要解决的就是地址的统一问题。

TCP/IP 对物理地址的统一是通过上层软件完成的，确切地说，是在网际层中完成的。IP 提供一种在 Internet 中通用的地址格式，并在统一管理下进行地址分配，保证一个地址对应网络中的一台主机，这样物理地址的差异被网际层所屏蔽。网际层所用到的地址就是人们通常所说的 IP 地址。

IP 地址是一种层次型地址，携带关于对象位置的信息。它所要处理的对象比广域网要庞杂得多，无结构的地址是不能担此重任的。Internet 在概念上分为 3 个层次，如图 8.16 所示。IP 地址正是对上述结构的反映，Internet 是由许多网络组成的，每个网络中都有许多主机，因此，人们必须分别为网络主机加上标识，以示区别。这种地址模式明显携带了位置信息，给出一个主机的 IP 地址，人们就可以知道它位于哪个网络。

图 8.16　Internet 在概念上的 3 个层次

IP 地址是一个 32 位的二进制数，是将计算机连接到 Internet 的网际协议地址，它是 Internet 主机的一种数字型标识，一般用小数点隔开的十进制数表示，如 168.160.66.119，而实际上并非如此。IP 地址由网络标识（Netid）和主机标识（Hostid）两部分组成，网络标识用来区分 Internet 上互连的各个网络，主机标识用来区分同一网络上的不同计算机（即主机）。

IP 地址由 4 部分数字组成，每部分都不大于 255，各部分之间用小数点隔开。例如，某 IP 地址用二进制数表示为 11001010 11000100 00000100 01101010，用十进制表示为 202.196.4.106。

IP 地址分为 A、B、C、D、E 5 类，常用的主要是以下三大类。

（1）A 类。IP 地址的前 8 位为网络号，其中第 1 位为 "0"，后 24 位为主机号，其有效范围为 1.0.0.1～126.255.255.254。此 A 类地址的网络在全世界仅有 126 个，为最高级别的 IP 地址，每个网络可接入的主机为 $2^8 \times 2^8 \times (2^8-2) = 16\ 777\ 214$ 台，所以 A 类地址通常供大型网络使用。

（2）B 类。IP 地址的前 16 位为网络号，其中第 1 位为 "1"，第 2 位为 "0"，后 16 位为主机号，其有效范围为 128.0.0.1～191.255.255.254。该类地址全球共有 $2^6 \times 2^8 = 16\ 384$ 个。每个网络可连接的主机为 $2^8 \times (2^8-2) = 65\ 024$ 台，所以 B 类地址通常供中型网络使用。

（3）C 类。IP 地址的前 24 位为网络号，其中第 1 位为 "1"，第 2 位为 "1"，第 3 位为 "0"，后 8 位为主机号，其有效范围为 192.0.0.1～223.255.255.254。该类地址全球共有 $2^5 \times 2^8 \times 2^8 = 2\ 097\ 152$ 个。每个网络可连接的主机为 254 台，所以 C 类地址通常供小型网络使用。

2. 子网掩码

从 IP 地址的结构可知，IP 地址由网络地址和主机地址两部分组成。这样 IP 地址中具有相同网络地址的主机应该位于同一网络内，同一网络内的所有主机的 IP 地址中网络地址部分应该相同。不论是在 A、B 或 C 类网络中，具有相同网络地址的所有主机构成了一个网络。

通常一个网络本身并不只是一个大的局域网，它可能是由许多小的局域网组成的。因此，为了维持原有局域网的划分便于网络的管理，允许将 A、B 或 C 类网络进一步划分成若干个相对独立的子网。A、B 或 C 类网络可通过 IP 地址中的网络地址部分来区分。在划分子网时，将网络地址部分进行扩展，占用主机地址的部分数据位。在子网中，为识别其网络地址与主机地址，引入新的概念：子网掩码（Subnet Mask）及网络屏蔽字（Netmask）。

子网掩码的长度也是 32 位，其表示方法与 IP 地址的表示方法一致。其特点是，它的 32 位二进制可以分为两部分，第一部分全部为 "1"，第二部分则全部为 "0"。子网掩码的作用在于，利用它可以区分 IP 地址中的网络地址与主机地址。其操作过程为，将 32 位的 IP 地址与子网掩码进行二进制的逻辑与操作，得到的便是网络地址。例如，IP 地址为 166.111.80.16，子网掩码为 255.255.128.0，则该 IP 地址所属的网络地址为 166.111.0.0，而 166.111.129.32 子网掩码为 255.255.128.0，则该 IP 地址所属的网络地址为 166.111.128.0，原本为一个 B 类网络的两种主机被划分为两个子网。由 A、B、C 类网络的定义可知，它们具有默认的子网掩码。A 类地址的子网掩码为 255.0.0.0，B 类地址的子网掩码为 255.255.0.0，而 C 类地址的子网掩码为 255.255.255.0。

这样，便可以利用子网掩码来进行子网的划分。例如，某单位拥有一个 B 类网络地址 166.111.0.0，其默认的子网掩码为 255.255.0.0。如果需要将其划分成为 256 个子网，则应该将子网掩码设置为 255.255.255.0。于是，就产生了从 166.111.0.0 到 166.111.255.0，总共 256 个子网地址，而每个子网最多只能包含 254 台主机。此时，便可以为每个部门分配一个子网地址。

子网掩码通常用来进行子网的划分，它还有另外一个用途，即进行网络的合并，这一点对于新申请 IP 地址的单位很有用处。由于 IP 地址资源的匮乏，如今 A、B 类地址已分配完，即使具有较大的网络规模，所能申请到的也只是若干个 C 类地址（通常会是连续的）。当用户需要将这几个连续的 C 类地址合并为一个网络时，就需要用到子网掩码了。例如，某单位申请到连续 4 个 C 类网络合并成为一个网络，可以将子网掩码设置为 255.255.252.0。

3. IP 地址的申请组织及获取方法

IP 地址必须由国际组织统一分配。

（1）分配最高级 IP 地址的国际组织——国际网络信息中心（Network Information Center，NIC）负责分配 A 类 IP 地址，有权重新刷新 IP 地址。

（2）分配 B 类 IP 地址的国际组织——ENIC、InterNIC 和 APNIC。目前全世界有 3 个自治区系统组织：ENIC 负责欧洲地区的分配工作，InterNIC 负责北美地区，APNIC 负责亚太地区（设在日本东京大学）。我国被分配了 B 类地址。

（3）分配 C 类地址。由各国或地区的网管中心负责分配。

4. MAC 地址

在局域网中，硬件地址又称为物理地址或 MAC 地址（因为这种地址用在 MAC 帧中）。

在所有计算机系统的设计中，标识系统（Identification System）是一个核心问题。在标识系统中，地址就是识别某个系统的一个非常重要的标识符。

严格地讲，名字应当与系统的所在地无关。这就像每个人的名字一样，不随所处的地点而改变。但是 802 标准为局域网规定了一种 48bit 的全球地址（一般简称为"地址"），即局域网上的每一台计算机所插入的网卡上固化在 ROM 中的地址。

（1）假定连接在局域网上的一台计算机的网卡坏了而更换了一个新的网卡，那么这台计算机的局域网的"地址"也就改变了，虽然这台计算机的地理位置一点也没变化，所接入的局域网也没有任何改变。

（2）假定将位于南京的某局域网上的一台笔记本电脑转移到北京，并连接在北京的某局域网。虽然这台笔记本电脑的地理位置改变了，但只要笔记本电脑中的网卡不变，那么该笔记本电脑在北京的局域网中的"地址"仍然和它在南京的局域网中的"地址"一样。

现在 IEEE 的注册管理委员会（Registration Authority Committee，RAC）是局域网全球地址的法定管理机构，它负责分配地址字段的 6 字节中的前 3 个字节（即高位 24bit）。世界上凡要生产局域网网卡的厂商都必须向 IEEE 购买由这 3 字节构成的一个号（即地址块），这个号的正式名称是机构唯一标识符（Organizationally Unique Identifier，OUI），通常也叫作公司标识符（Company_ID）。例如，3Com 公司生产的网卡的 MAC 地址的前 6 字节是 02-60-8C；地址字段中的后 3 个字节（即低位 24bit）则是由厂商自行指派的，称为扩展标识符（Extended Identifier），只要保证生产出的网卡没有重复地址即可。可见用一个地址块可以生成 2^{24} 个不同的地址。用这种方式得到的 48bit 地址称为 MAC-48，它的通用名称是 EUL-48。这里 EUI 表示扩展的唯一标识符（Extended Unique Identifier）。EUI-48 的使用范围更广，且不限于硬件地址，如它可用于软件接口。但应注意，24bit 的 OUI 不能单独用来标识一个公司，因为一个公司可能有几个 OUI，也可能有几个小公司合起来购买一个 OUI。在生产网卡时这种 6 字节的 MAC 地址已被固化在网卡的只读存储器中。因此，MAC 地址也常常叫作硬件地址（Hardware Address）或物理地址。可见"MAC 地址"实际上就是网卡地址或网卡标识符 EUI-48。当这个网卡插入某台计算机后，网卡上的标识符 EUI-48 就成为这台计算机的 MAC 地址了。

5. IPv6

IP 是 Internet 的核心协议。现在使用的 IP（即 IPv4）是在 20 世纪 70 年代末期设计的。无论从计算机本身的发展还是从 Internet 的规模和网络传输速率来看，现在 IPv4 已不适用了，最主要的问题就是 32bit 的 IP 地址不够用。

要解决 IP 地址耗尽的问题，可以采用以下 3 个措施。

（1）采用无分类编址 CIDR，使 IP 地址的分配更加合理。

（2）采用网络地址转换 NAT 方法，可节省许多全球 IP 地址。

（3）采用具有更大地址空间的新版本的 IP，即 IPv6。

尽管上述前两项措施的采用使得 IP 地址耗尽的日期推后了一些时日，但不能从根本上解决 IP 地址即将耗尽的问题。因此，治本的方法应当是上述的第 3 种方法。

及早开始过渡到 IPv6 的好处：有更多的时间来规划平滑过渡；有更多的时间培养 IPv6 的专门人才；及早提供 IPv6 服务比较便宜。

IETF 早在 1992 年 6 月就提出要制定下一代的 IP，即 IPng（IP Next Generation），IPng 现在正式名称为 IPv6。1998 年 12 月发表的"RFC 2460-2463"已成为 Internet 草案标准协议。应当注意的是，换一个新版的 IP 并非易事。世界上许多团体都从 Internet 的发展中看到了机遇，因此，他们在新标准的制定过程中出于自身的经济利益而产生了激烈的争论。

IPv6 仍支持无连接的传送，但将协议数据单元 PDU 称为"分组"，而不是 IPv4 的"数据报"。为方便起见，本书仍采用"数据报"这一名词。

IPv6 所引进的主要变化如下。

（1）更大的地址空间。IPv6 将地址从 IPv4 的 32bit 增大到 128bit，使地址空间增大了 2^{96} 倍。这样大的地址空间在可预见的将来是不会用完的。

（2）扩展的地址层次结构。IPv6 由于地址空间很大，因此可以划分为更多的层次。

（3）灵活的首部格式。IPv6 数据报的首部和 IPv4 的并不兼容。IPv6 定义了许多可选的扩展首部，不仅可提供比 IPv4 更多的功能，而且可提高路由器的处理效率，这是因为路由器对扩展首部不进行处理。

（4）改进的选项。IPv6 允许数据报包含有选项的控制信息，因而可以包含一些新的选项，IPv4 所规定的选项是固定不变的。

（5）允许协议继续扩充。这一点很重要，因为技术总在不断发展（如网络硬件的更新），而新的应用也还会出现，但 IPv4 的功能是固定不变的。

（6）支持即插即用（即自动配置）。

（7）支持资源的预分配。IPv6 支持实时视频等要求保证一定带宽和时延的应用。

IPv6 将首部长度变为固定的 40bit，称为基本首部（Base Header）。它将不必要的功能取消了，首部的字段数减少到 8 个（虽然首部长度增大一倍）。此外，IPv6 还取消了首部的检验和字段（考虑到数据链路层和运输层都有差错检验功能）。这样就加快了路由器处理数据报的速度。

IPv6 数据报在基本首部的后面允许有 0 个或多个扩展首部（Extension Header），再后面就是数据。注意，所有的扩展首部都不属于数据报的首部。所有的扩展首部和数据合起来叫作数据报的有效载荷（Payload）或净负荷。

6. IPv4 向 IPv6 的过渡

由于现在整个因特网上使用老版本 IPv4 的路由器的数量太多，因此，"规定一个日期，从这一天起所有的路由器一律都改用 IPv6"显然是不可行的。这样，向 IPv6 过渡只能采用逐步演进的办法，同时，还必须使新安装的 IPv6 系统能够向下兼容，这就是说，IPv6 系统必须能够接收和转发 IPv4 分组，并且能够为 IPv4 分组选择路由。

下面介绍两种向 IPv6 过渡的策略，即双协议栈和隧道技术。

（1）双协议栈（Dual Stack）是指在完全过渡到 IPv6 之前，使一部分主机（或路由器）装有两个协议栈，一个 IPv4 和一个 IPv6。因此，双协议栈主机（或路由器）既能够和 IPv6 的系统通信，又能够和 IPv4 的系统通信。双协议栈的主机（或路由器）记为 IPv6/IPv4，表明它具有两种 IP 地址：一个 IPv6 地址和一个 IPv4 地址。

双协议栈主机在和 IPv6 主机通信时采用 IPv6 地址，而和 IPv4 主机通信时就采用 IPv4 地址。但双协议栈主机怎样知道目的主机采用哪一种地址呢？它是使用域名系统 DNS 来查询的。若 DNS 返回的是 IPv4 地址，双协议栈的源主机就使用 IPv4 地址。当 DNS 返回的是 IPv6 地址时，源主机就使用 IPv6 地址。

（2）向 IPv6 过渡的另一种方法是隧道技术（Tunnelling）。这种方法的要点是在 IPv6 数据报要进入 IPv4 网络时，将 IPv6 数据报封装成 IPv4 数据报（整个 IPv6 数据报变成了 IPv4 数据报的数据部分），然后 IPv6 数据报就在 IPv4 网络的隧道中传输，当 IPv4 数据报离开 IPv4 网络中的隧道时再将其数据部分（即原来的 IPv6 数据报）交给主机的 IPv6 协议栈。要使双协议栈的主机知道 IPv4 数据报里面封装的数据是一个 IPv6 数据报，就必须将 IPv4 首部的协议字段的值设置为 41（41 表示数据报的数据部分是 IPv6 数据报）。

8.4.4　WWW 服务

1. WWW 服务概述

万维网（World Wide Web，WWW）也称为"环球网""环球信息网"。WWW 是一个基于超文本（Hypertext）方式的信息浏览服务，它为用户提供了一个可以轻松驾驭的图形化用户界面，以查阅 Internet 上的文档。这些文档与它们之间的链接一起构成了一个庞大的信息网，称为 WWW。

现在 WWW 服务是 Internet 上最主要的应用，人们通常所说的上网、看网站一般指的就是 WWW 服务。WWW 技术最早是在 1992 年由欧洲粒子物理实验室研制的，它可以通过超链接将位于全世界 Internet 上不同地点的数据信息有机地结合在一起。对用户来说，WWW 带来的是世界范围的超级文本服务，这种服务是非常易于使用的。用户只要操纵计算机的鼠标进行简单的操作，就可以通过

Internet 查询到希望得到的文本、图像、影像和声音等信息。

Web 允许用户通过跳转或"超链接"从某一页跳到其他页。我们可以把 Web 看作一个巨大的图书馆，Web 节点就像一本本书，而 Web 页好比书中特定的页。页可以包含新闻、图像、动画、声音、3D 动画及其他任何信息，而且能存放在全球任何地方的计算机上。由于它良好的易用性和通用性，使得非专业的用户也能非常熟练地使用它。另外，它制定了一套标准的、易被人们掌握的超文本标记语言（HyperText Markup Language，HTML）、信息资源的统一定位格式（Uniform Resource Locator，URL）和超文本传送通信协议（HyperText Transfer Protocol，HTTP）。

随着技术的发展，传统的 Internet 服务如 Telnet、FTP、Gopher 和 Usenet News（Internet 的电子公告板服务）也可以通过 WWW 的形式访问了。通过使用 WWW，一个不熟悉网络的人也可以很快成为 Internet 的行家，自由地使用 Internet 的资源。

2. WWW 的工作原理

WWW 中的信息资源主要由一篇篇的 Web 文档（或称 Web 页）为基本元素构成。这些 Web 页采用超文本的格式，即可以含有指向其他 Web 页或自身内部特定位置的超链接（简称链接）。我们可以将链接理解为指向其他 Web 页的"指针"，链接使得 Web 页交织为网状。这样，如果 Internet 上的 Web 页和链接非常多的话，就构成了一个巨大的信息网。

当用户从 WWW 服务器获取一个文件后，用户需要在自己的屏幕上将它正确无误地显示出来。由于将文件放入 WWW 服务器的人并不知道将来阅读这个文件的人到底会使用哪种类型的计算机或终端，为了保证每个人在屏幕上都能读到正确显示的文件，就必须以一种各类型的计算机或终端都能"看懂"的方式来描述文件，于是就产生了 HTML。

HTML 的正式名称是超文本标记语言。HTML 对 Web 页的内容、格式及 Web 页中的超链接进行描述，而 Web 浏览器的作用就在于读取 Web 网点上的 HTML 文档，再根据此类文档中的描述组织并显示相应的 Web 页面。

HTML 文档是文本格式的，使用任何一种文本编辑器都可以对它进行编辑。HTML 有一套相当复杂的语法，专门提供给专业人员用以创建 Web 文档，一般用户并不需要掌握它。在 UNIX 系统中，HTML 文档的扩展名为".html"，而在 DOS/Windows 系统中则为".htm"。

3. WWW 服务器

WWW 服务器是指任何运行 Web 服务器软件、提供 WWW 服务的计算机。从理论上来说，这台计算机应该有非常快的处理器、巨大的硬盘和大容量的内存，但是，所有这些技术需要的基础就是它能够运行 Web 服务器软件。

下面介绍服务器软件的特点。

（1）支持 WWW 的协议 HTTP（基本特性）。

（2）支持 FTP、Usenet、Gopher 和其他的 Internet 协议（辅助特性）。

（3）允许同时建立大量的链接（辅助特性）。

（4）允许设置访问权限和其他安全措施（辅助特性）。

（5）提供健全的例行维护和文件备份（辅助特性）。

（6）允许在数据处理中使用定制的字体（辅助特性）。

（7）允许获取复杂的错误和记录情况（辅助特性）。

对用户来说，有不同品牌的 Web 服务器软件可供选择，除了 FrontPage 中包括的 Personal Web Server，微软还提供了另外一种 Web 服务器，名为 Internet Information Server（互联网信息服务，IIS）。

4．WWW 的应用领域

WWW 是 Internet 上发展最快、最吸引人的一项服务，它的主要功能是提供信息查询，不仅图文并茂，而且范围广、速度快，所以 WWW 可以应用于人类生活、工作的各种领域。最突出的有如下几个方面。

（1）交流科研进展情况，这是最早的应用。

（2）宣传单位。企业、学校、科研院所、商店、政府部门都通过主页介绍自己。许多人也拥有自己的主页，向全世界介绍自己。

（3）介绍产品与技术。通过主页介绍本单位开发的新产品、新技术，并提供售后服务。

（4）远程教学。Internet 流行之前的远程教学方式主要是广播、电视。有了 Internet，在一间教室安装摄像机，全世界都可以听到该教师的讲课。另外，学生和教师可以不同时连网，学生仍可以通过 Internet 获取自己感兴趣的内容。

（5）新闻发布。各大报纸、杂志，包括体育、科技等领域，都通过 WWW 发布最新消息。例如，彗星与木星碰撞的照片，就由世界各地的天文观测中心及时通过 WWW 发布了出去。世界杯足球赛、奥运会等体育赛事，都会通过 WWW 发布相关的图文动态信息。

（6）世界各大博物馆、艺术馆、美术馆、动物园、自然保护区和旅游景点会在 WWW 上介绍自己的珍品。

（7）在网上休闲、娱乐、交朋友、下棋、打牌、看电影……人们的业余生活更加多姿多彩。

5．WWW 浏览器

在 Internet 上发展最快、使用最多、应用最广泛的是 WWW 浏览服务，在众多的浏览器软件中，常见的有微软公司的浏览器和由谷歌公司开发的 Google Chrome 浏览器。

（1）微软公司的浏览器

微软公司为了争夺和占领浏览器市场，投入大量人力、财力研制用于 Internet 的 WWW 浏览器 IE（Internet Explorer），一举从网景公司手中夺得大片浏览器市场。曾广泛流行的 IE 版本有 7.0、8.0、9.0、10.0、11.0 等。2015 年，微软公司确认放弃 IE。在 Windows 10 中，Microsoft Edge 已取代了 Internet Explorer。

（2）Google Chrome 浏览器

谷歌公司开发的 Google Chrome 浏览器又称为 Google 浏览器。

Chrome 的"无痕浏览"（Incognito）模式（与 Safari 的"私密浏览"类似）可以"让你在完全隐密的情况下浏览网页，因为你的任何活动都不会被记录下来"，所以也不会储存 Cookies。当在窗口中启用这个功能时，"任何发生在这个窗口中的事情都不会进入你的计算机"。

Chrome 的标志性功能之一就是把搜索引擎 Omnibox 融入其中。用户可以在 Omnibox 中输入网站地址或搜索关键字，或者同时输入这两者，Chrome 会自动执行用户希望的操作。Omnibox 能够了解用户的偏好，如果用户喜欢使用 PCWorld 网站的搜索功能，一旦用户访问该站点，Chrome 会记得 PCWorld 网站有自己的搜索框，并让用户选择是否使用该站点的搜索功能。如果用户选择使用 PCWorld 网站的搜索功能，系统将自动执行搜索操作。

8.4.5　域名系统

1．什么是域名

前面讲到的 IP 地址，是 Internet 上互连的若干主机进行内部通信时，区分和识别不同主机的数字型标识，这种数字型标识对上网的广大用户而言是有很大的缺陷的，它既无简明的含义，又不容易被用户很快记住。因此，为解决这个问题，人们又规定了一种字符型标识，我们称之为域名（Domain Name）。如同每个人的姓名和每个单位的名称一样，域名是 Internet 上互连的若干主机（或称网站）的名称。广大网络用户能够很方便地用域名访问 Internet 上自己感兴趣的网站。

从技术上讲，域名只是一个 Internet 中用于解决地址对应问题的一种方法，可以说只是一个技术名词。但是，由于 Internet 已经成为全世界的 Internet，域名也自然地成为一个社会科学名词。

从社会科学的角度看，域名已经成为 Internet 文化的组成部分。

从商界看，域名已被誉为"企业的网上商标"。没有哪一家企业不重视自己产品的商标，而域名的重要性及其价值已经被全世界的企业广泛认识。

2. 为什么要注册域名

Internet 已经为越来越多的人所认识，电子商务、网上销售、网络广告已成为大家关注的热点。但是，要想在网上建立服务器发布信息，就必须首先注册自己的域名，只有有了自己的域名才能让别人访问到自己。所以，域名注册是在 Internet 上建立任何服务的基础。同时，由于域名的唯一性，尽早注册是十分必要的。

域名一般是由一串用点分隔的字符串组成的，组成域名的各个不同部分常称为子域名（Sub-Domain），它表明了不同的组织级别，从左往右可不断增加，类似通信地址一样从广泛的区域到具体的区域。理解域名的方法是从右向左来看各个子域名，最右边的子域名称为顶级域名，它是对计算机或主机最一般的描述。越往左看，子域名越具有特定的含义。域名的结构是分层结构，从右到左的各子域名分别说明不同国家或地区的名称、组织类型、组织名称、分组织名称和计算机名。

顶级域名可以分成两大类：一类是组织性顶级域名；另一类是地理性顶级域名。

组织性顶级域名是为了说明拥有并对 Internet 主机负责的组织类型。组织性顶级域名是在国际性 Internet 产生之前的地址划分，主要在美国国内使用，随着 Internet 扩展到世界各地，新的地理性顶级域名便产生了，它仅用两个字母的缩写形式来表示某个国家或地区。表 8.2 所示为组织性顶级域名和地理性顶级域名的例子。如果一个 Internet 地址的顶级域名不是地理性域名，那么该地址一定是美国国内的 Internet 地址，换句话讲，Internet 地址的地理性顶级域名的默认值是美国，即表中"us"顶级域名通常没有必要使用。

表 8.2　组织性顶级域名和地理性顶级域名

组织性顶级域名		地理性顶级域名			
域名	含义	域名	含义	域名	含义
com	商业组织	au	澳大利亚	it	意大利
edu	教育机构	ca	加拿大	jp	日本
gov	政府机构	cn	中国	sg	新加坡
int	国际性组织	de	德国	uk	英国
mil	军队	fr	法国	us	美国
net	网络技术组织	in	印度	br	巴西
org	非营利性组织	kr	韩国	ru	俄罗斯

为保证 Internet 上的 IP 地址或域名地址的唯一性，避免导致网络地址的混乱，用户需要使用 IP 地址或域名地址时，必须通过电子邮件向网络信息中心提出申请。

我国网络的顶级域名为 cn，二级域名分为类别域名和行政区域名。我国由中国教育和科研计算机网（CERNet）网络中心受理二级域名 edu 下的三级域名注册申请，中国互联网络信息中心（China Internet Network Information Center，CNNIC）网络中心受理其余二级域名下的三级域名注册申请。

我国常见的二级类别域名如表 8.3 所示。我国二级行政区域名共 34 个，如表 8.4 所示。

表 8.3　二级类别域名

域名	含义
ac	科研机构
com	工、商、金融等企业
edu	教育机构
gov	政府部门
net	因特网络，接入网络的信息中心和运行中心
org	非营利性组织

表 8.4　二级行政区域名

域名	含义	域名	含义	域名	含义	域名	含义	域名	含义
bj	北京	jl	吉林	sd	山东	sc	四川	nx	宁夏
sh	上海	hl	黑龙江	ha	河南	gz	贵州	xj	新疆
tj	天津	js	江苏	hb	湖北	yn	云南	nm	内蒙古
cq	重庆	zj	浙江	hn	湖南	xz	西藏	tw	中国台湾
he	河北	ah	安徽	gd	广东	sn	陕西	hk	中国香港
sx	山西	fj	福建	gx	广西	gs	甘肃	mo	中国澳门
ln	辽宁	jx	江西	hi	海南	qh	青海		

3. 网络域名注册

在我国申请注册三级域名的用户首先必须遵守国家对 Internet 的各种规定和法律法规，还必须拥有独立法人资格。在申请域名时，各单位的三级域名原则上采用其单位的中文拼音或英文缩写，com 域下每个公司只能登记一个域名，用户申请的三级域名，域名中字符的组合规则如下。

（1）在域名中，不区分英文字母的大小写。

（2）对于一个域名的长度是有一定限制的，域名命名的规则如下。

① 遵照域名命名的全部共同规则。

② 只能注册三级域名，三级域名由字母（A～Z，a～z，大小写等价）、数字（0～9）和连接符（-）组成，各级域名之间用实点（.）连接，三级域名长度不得超过 20 个字符。

③ 不得使用或限制使用以下名称。

● 注册域名中含有 "CHINA" "CHINESE" "CN" "NATIONAL" 等，必须经国家有关部门（指部级以上单位）正式批准。

● 公众知晓的其他国家或者地区名称、外国地名、国际组织名称不得使用。

● 县级以上（含县级）行政区划名称的全称或者缩写，需要相关县级以上（含县级）人民政府正式批准。

● 行业名称或者商品的通用名称不得使用。

● 他人已在中国注册过的企业名称或者商标名称不得使用。

● 对国家、社会或者公共利益有损害的名称不得使用。

经国家有关部门（指部级以上单位）正式批准和相关县级以上（含县级）人民政府正式批准是指，相关机构要出具书面文件表示同意某单位注册某域名。

国内用户申请注册域名，应向中国互联网络信息中心提出，该中心是由国家主管部门批准的提供因特网域名注册的唯一合法机构。

8.4.6 电子邮件

电子邮件（E-mail）是 Internet 上应用较为广泛的一项服务，通过网络的电子邮件系统，用户可以用非常低廉的价格（不管发送到哪里，都只需负担网费即可）、非常快速的方式（几秒之内可以发送到世界上用户指定的任何目的地），与世界上任何一个角落的网络用户进行联系。这些电子邮件可以是文字、图像、声音等各种文件。正是由于电子邮件使用简易、投递迅速、收费低廉、易于保存、全球畅通无阻，所以电子邮件得到了广泛的应用，它使人们的交流方式得到了极大的改变。

近年来，随着 Internet 的普及和发展，万维网上出现了很多基于 Web 页面的免费电子邮件服务，用户可以使用 Web 浏览器访问和注册自己的用户名与口令，一般可以获得存储容量达数 GB 的电子邮箱，并可以以注册的用户名登录、收发电子邮件。如果经常需要收发一些大的附件，网易邮箱、腾讯邮箱等都能很好地满足用户的要求。

用户使用 Web 电子邮件服务时无须设置任何参数，可直接通过浏览器收发电子邮件，阅读与管理服务器上个人电子邮箱中的电子邮件（一般不在用户计算机上保存电子邮件），大部分电子邮件服务器还提供了自动回复功能。电子邮件具有使用简单方便、安全可靠、便于维护等优点，缺点是用户在编写、收发、管理电子邮件的全过程都需要联网。由于现在电子邮件服务被广泛应用，大多数用户都会使用，所以具体操作过程不再赘述。

8.4.7 文件传输

文件传输是指把文件通过网络从一个计算机系统复制到另一个计算机系统的过程。在 Internet 中，实现这一功能的是 FTP。像大多数的 Internet 服务一样，FTP 也采用客户机/服务器模式，当用户使用一个名叫 FTP 的客户程序时，就和远程主机上的服务程序相连了。若用户输入一个命令，要求服务器传送一个指定的文件，服务器就会响应该命令，并传送这个文件。用户的客户程序接收了这个文件，并把它存入用户指定的目录中。从远程计算机上复制文件到自己的计算机上，可称为"下载"（Download）文件；从自己的计算机上复制文件到远程计算机上，可称为"上传"（Upload）文件。使用 FTP 程序时，用户应输入 FTP 命令和想要连接的远程主机的地址。一旦程序开始运行并出现提示符"ftp"后，就可以输入命令了，如可以查询远程计算机上的文档，也可以变换目录等。远程登录是由本地计算机通过网络，连接到远端的另一台计算机上作为这台远程主机的终端，本地计算机可以使用远程计算机上对外开放的全部资源，也可以查询数据库、检索资料或利用远程计算机完成大量的计算工作。

在实现文件传输时，需要使用 FTP 程序。常用的浏览器一般带有 FTP 程序模块。用户可在浏览器窗口的地址栏中输入远程主机的 IP 地址或域名，浏览器将自动调用 FTP 程序。例如，要访问主机为 172.20.33.25 的服务器，在地址栏输入 ftp://172.20.33.25。若连接成功，输入用户名和密码后，浏览器窗口就会显示出该服务器上的文件夹和文件名列表，如图 8.17 所示。

如果想从站点下载文件，可先找到需要的文件，用鼠标右键单击所需下载文件的文件名，在弹出的快捷菜单中选择"目标地点另存为"命令，设置路径后，下载就开始了。

文件上传对服务器而言是"写入"，这就涉及使用权限的问题了。上传的文件需要传送到 FTP 服务器上指定的文件夹，这时可用鼠标右键单击文件夹名，在弹出的快捷菜单中选择"属性"命令，打开"FTP 属性"对话框，从中可以查看该文件是否具有"写入"权限。

若用户没有账号，就不能正式使用 FTP，但可以匿名使用 FTP。匿名 FTP 允许没有账号

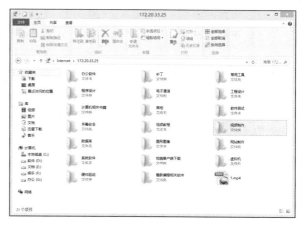

图 8.17　访问 FTP 站点

和口令的用户以 anonymous 或 FTP 特殊名来访问远程计算机，当然，这样会有很大的限制。匿名用户一般只能获取文件，不能在远程计算机上建立文件或修改已存在的文件，对可以复制的文件也有严格的限制。当用户以 anonymous 或 FTP 特殊名登录后，FTP 可接受任何字符串作为口令，但一般要求用电子邮件的地址作为口令，这样服务器的管理员能知道谁在使用，当需要时就可及时联系了。

8.5　搜索引擎

随着网络的普及，Internet 日益成为信息共享的平台。各种各样的信息充斥整个网络，既有很多有用信息，也有很多垃圾信息。如何快速准确地在网上找到真正需要的信息已变得越来越重要。搜索引擎（Search Engine）是一种网上信息检索工具，在浩瀚的网络资源中，它能帮助用户迅速而全面地找到所需要的信息。

8.5.1　搜索引擎的概念和功能

搜索引擎是在 Internet 上对信息资源进行组织的一种主要方式。从广义上讲，搜索引擎是用于对网络信息资源管理和检索的一系列软件，是在 Internet 上查找信息的工具或系统。

搜索引擎的主要功能包括以下几方面。

（1）信息搜集。各个搜索引擎都拥有蜘蛛（Spider）或机器人（Robots）这样的"网页搜索软件"，在各网页中"爬行"，访问网络中公开区域的每一个站点，并记录其网址，将它们带回到搜索引擎，从而创建出一个详尽的网络目录。由于网络文档的不断变化，"网页搜索软件"也不断把以前已经分类组织的目录进行更新。

（2）信息处理。将"网页搜索软件"带回的信息进行分类整理，建立搜索引擎数据库，并定时更新数据库中的内容。在进行信息分类整理阶段，不同的搜索引擎会在搜索结果的数量和质量上产生明显的差异。有的搜索引擎把"网页搜索软件"发往每一个站点，记录下每一页的所有文本内容，并收入数据库中，从而形成全文搜索引擎；而另一些搜索引擎只记录网页的地址、篇名、特别的段落和重要的词。因此，有的搜索引擎数据库很大，而有的则较小。当然，最重要的是数据库的内容必须经常更新、重建，以保持与信息世界的同步发展。

（3）信息查询。每个搜索引擎都必须向用户提供一个良好的信息查询界面，一般包括分类目录及关键词两种信息查询途径。分类目录查询以资源结构为线索，将网上的信息资源按内容进行层次分类，使用户能逐层逐类地检索信息。关键词查询利用建立的网络资源索引数据库向网上用户提供查询"引擎"。用户只要把想要查找的关键词或短语输入查询框中，并单击"搜索"按钮，搜索引擎就会根据输入的提问，在索引数据库中查找相应的词语，并进行必要的逻辑运算，最后给出查询的结果（均为超文本链接形式）。用户只要单击搜索引擎提供的链接，就可以立刻访问到相关信息。

8.5.2 搜索引擎的类型

搜索引擎可以根据不同的方式分为多种类型。

1. 根据组织信息的方式分类

（1）目录式分类搜索引擎。目录式分类搜索引擎将信息系统加以归类，利用传统的信息分类方式来组织信息，用户按类查找信息。由于网络目录中的网页是人工精选而来的，故有较高的查准率，但查全率低，搜索范围较窄，适合那些希望了解某一方面信息但又没有明确目的的用户。

（2）全文搜索引擎。全文搜索引擎能够对网站的每个网页中的每个单字进行搜索。最典型的全文搜索引擎是 Altavista、Google 和百度。全文搜索引擎的特点是查全率高，搜索范围广，提供的信息多而全，但缺乏清晰的层次结构，查询结果中重复链接较多。

（3）分类全文搜索引擎。分类全文搜索引擎是综合全文搜索引擎和目录式分类搜索引擎的特点而设计的，通常是在分类的基础上，再进一步进行全文检索。现在大多数的搜索引擎都属于分类全文搜索引擎。

（4）智能搜索引擎。这种搜索引擎具备符合用户实际需要的知识库。搜索时，引擎根据知识库来理解检索词的意义，并以此产生联想，从而找出相关的网站或网页。同时，智能搜索引擎还具有一定的推理能力，它能根据知识库的知识，运用人工智能方法进行推理，这样就大大提高了查全率和查准率。

2. 根据搜索范围分类

（1）独立搜索引擎。独立搜索引擎建有自己的数据库，搜索时检索自己的数据库，并根据数据库的内容反馈出相应的查询信息或链接站点。

（2）元搜索引擎。元搜索引擎是一种调用其他独立搜索引擎的引擎。搜索时，它使用用户的查询词同时查询若干其他搜索引擎，做出相关度排序后，将查询结果显示给用户。它的注意力集中在改善用户界面，以及用不同的方法过滤从其他搜索引擎接收到的相关文档，包括消除重复信息等。典型的元搜索引擎有 Metasearch、Metacrawler、Digisearch 等。用户利用这种引擎能够获得更多、更全面的网址。

8.5.3 常用搜索引擎

1. 百度

百度是国内较大的商业化全文搜索引擎，它已占据国内 80%的市场份额。百度的搜索页面如图 8.18 所示。百度功能完备，搜索精度高，除数据库的规模及部分特殊搜索功能外，其他方面可与当前搜索引擎业界的领军人物 Google 相媲美，在中文搜索支持方面百度甚至超过了 Google。百度是目前国内技术水平较高的搜索引擎。

百度目前主要提供中文（简体/繁体）网页搜索服务。如无限定，它会默认以关键词精确匹配方式进行搜索，而且它还支持"-"". ""→""link:"《》"等特殊搜索命令。在搜索结果页面，百度还设置了关联搜索功能，方便访问者查询与输入关键词有关的其他方面的信息。此外，百度还具有其他的搜索功能，如新闻搜索、MP3 搜索、图片搜索、Flash 搜索等。

2. 搜狗

搜狗搜索是搜狐公司于 2004 年推出的互动式中文搜索引擎，是大型分类查询搜索引擎，也是全球首个百亿规模的中文搜索引擎，用户可直接通过网页搜索而非新闻搜索获得最新的新闻信息。

搜狗搜索嵌在搜狐的首页中，其搜索页面如图 8.19 所示。搜狐的搜索引擎可以查找新闻、网页、微信、知乎、图片、视频、英文、问问、学术等类型的信息。搜狐的网站搜索以网站作为收录对象，具体的方法是将每个网站首页的 URL 提供给搜索用户，并且将网站的题名和整个网站的内容简单描述一下，但是并不显示网站中每个网页的信息。

图 8.18　百度的搜索页面

图 8.19　搜狗的搜索页面

文献检索

FTP 工具软件
使用

习题 8

1. 名词解释：（1）TCP/IP；（2）IP 地址；（3）URL；（4）域名；（5）网关。
2. 简述 Internet 的发展史。Internet 提供哪些服务？接入 Internet 有哪几种方式？
3. 什么是 WWW？什么是 FTP？
4. IP 地址和域名的作用是什么？
5. Web 服务器使用什么协议？简述 Web 服务程序和 Web 浏览器的基本作用。
6. 什么是计算机网络？它主要涉及哪几方面的技术？其主要功能是什么？
7. 从网络的地理范围来看，计算机网络该如何分类？
8. 常用的 Internet 连接方式是什么？
9. 什么是网络的拓扑结构？常用的网络拓扑结构有哪几种？
10. 简述网络适配器的功能、作用及组成。
11. 搜索信息时，如何选择搜索引擎？

习题参考答案

09

第9章 信息安全与职业道德

本章主要阐述信息安全的概念，介绍几种常用的信息安全技术，如密码技术、认证技术、访问控制技术、防火墙技术和云安全技术；介绍计算机病毒和黑客的概念、特点、危害及防范方法；最后还介绍知识产权的概念及特点、著作权人享有的权利、信息安全道德观及相关法律法规。

【知识要点】
- 信息安全。
- 计算机病毒与黑客的防范。
- 软件知识产权。
- 信息安全道德观及相关法律法规。

章首导读

9.1 信息安全概述及技术

计算机信息系统是指由计算机及其相关的配套设备（含网络）构成的，并按照一定的应用目标和规则对信息进行处理的人机系统。信息已成为社会发展的重要战略资源、决策资源；信息化水平已成为衡量一个国家现代化程度和综合国力的重要标志。信息技术正以前所未有的速度发展，给人们的生活和工作带来极大的便利，但在人们享受网络信息所带来的高效率的同时，也面临着严重的信息安全威胁。信息安全已成为世界性的现实问题，信息安全与国家安全、民族兴衰息息相关。

9.1.1 信息安全

信息安全是指保护信息和信息系统不被未经授权访问、使用、泄露、中断、修改和破坏，为信息和信息系统提供保密性、完整性、可用性、可控性和不可否认性，保证一个国家的社会信息化状态和信息技术体系不受外部的威胁与侵害。

9.1.2 OSI 信息安全体系结构

ISO 7498 标准是目前国际上普遍遵循的计算机信息系统互连标准。1989 年，ISO 颁布了该标准的第二部分，即 ISO 7498-2 标准，并首次确定了开放系统互连参考模型（OSI）的信息安全体系结构。我国将其作为 GB/T 9387.2—1995 标准。它包括了 5 大类安全服务以及提供这些服务所需要的 8 大类安全机制。ISO 7498-2 确定的 5 大类安全服务分别是鉴别、访问控制、数据保密性、数据完整性和不可否认性。ISO 7498-2 确定的 8 大类安全机制分别是加密、数据签名机制、访问控制机制、数据完整性机制、鉴别交换机制、业务填充机制、路由控制机制和公证机制。

9.1.3　信息安全技术

计算机网络具有连接形式多样性、终端分布不均匀性和网络的开放性、互连性等特征，这致使网络易受黑客、恶意软件和其他不轨行为的攻击，如何通过技术手段来保障网络信息的安全是一个非常重要的问题。下面介绍几种常用的信息安全技术：密码技术、认证技术、访问控制技术、防火墙技术和云安全技术。

加密技术

1. 密码技术

密码技术是实现信息安全的重要手段，它包含加密和解密两方面：加密就是利用密码技术对信息进行加密，实现信息隐蔽，从而起到保护信息安全的作用；解密就是恢复数据和信息本来面目的过程。加密和解密过程共同组成了加密系统，其核心是加解密算法和密钥。密钥是一个用于密码算法的秘密参数，通常只有通信者拥有。根据加密和解密过程是否使用相同的密钥，加密算法可以分为对称密钥加密算法和非对称密钥加密算法两种。一个密码系统采用的基本工作方式称为密码体制。密码体制从原理上分为两大类：对称密钥密码体制和非对称密钥密码体制。

（1）对称密钥密码体制又称为常规密钥密码体制。其保密强度高，加密速度快，但开放性差。它要求发送者和接收者在安全通信之前，商定一个密钥，需要有可靠的密钥传递信道，而双方用户通信所用的密钥也必须妥善保管。

（2）非对称密钥密码体制又称为公开密钥密码体制。1976 年，人们提出了一种密钥交换协议，允许在不安全的媒体上通过通信双方交换信息，安全地传送密钥。在此基础上，出现了公开密钥密码体制，公开密钥密码体制是现代密码学最重要的发明和进展。

2. 认证技术

认证就是对于证据的辨认、核实、鉴别，以建立某种信任关系。在通信中，它涉及两个方面：一方面提供证据或标识，另一方面对这些证据或标识的有效性加以辨认、核实、鉴别。

（1）数字签名。数字签名是数字世界中的一种信息认证技术，是公开密钥加密技术的一种应用，是根据某种协议来产生一个反映被签署文件的特征和签署人特征，以保证文件的真实性和有效性的数字技术，同时也可用来核实接收者是否有伪造、篡改行为。

（2）身份验证。身份识别或身份标识是指用户向系统提供的身份证据。身份认证是系统核实用户提供的身份标识是否有效的过程。在信息系统中，身份认证实际上是决定用户对请求的资源是否获得存储权和使用权的过程。身份识别和身份认证统称为身份验证。

3. 访问控制技术

访问控制是对信息系统资源的访问范围及方式进行限制的策略。它是建立在身份认证之上的操作权限控制。身份认证解决了访问者是否合法，但并非身份合法就什么都可以做，还要根据不同的访问者，规定他们分别可以访问哪些资源，以及对这些可以访问的资源用什么方式（读、写、执行、删除等）访问。

4. 防火墙技术

防火墙是指设置在可信任的内部网和不可信任的公众访问网之间的一道屏障，使一个网络不受另一个网络的攻击，实质上是一种隔离技术。防火墙系统的主要用途就是控制对受保护网络（即网点）的往返访问。防火墙是网络通信时的一种限制，允许同意的"人"和"数据"访问，同时把不同意的"拒之门外"，这样能最大限度地防止黑客的访问，阻止他们对网络进行非法的操作。

防火墙技术

5. 云安全技术

云计算服务是互联网技术的又一次重大突破。紧随云计算、云存储之后，云安全（Cloud Security）应运而生了。云安全技术是指云服务提供商为用户提供的更加专业和完善的访问控制、防范攻击、数据备份和安全审计等安全功能，并通过统一的安全保障措施和策略对云端 IT 系统进行安全升级和加固，从而提高用户系统和数据的安全水平的技术。针对互联网的主要威胁正在由计算机病毒转向恶意程序及木马的情况，采用云安全技术，通过网状的大量客户端对网络中软件行为进行异常监测，获取互联网中木马、恶意程序的最新信息，并传送到服务器端进行自动分析和处理，再把病毒和木马的解决方案分发到每一个客户端识别和查杀病毒，使整个互联网变成一个巨大的"杀毒软件"，参与者越多，每个参与者就越安全，整个互联网就会更安全。

9.2 计算机病毒与黑客的防范

9.2.1 计算机病毒及其防范

1. 计算机病毒的概念

计算机病毒是指具有自我复制能力的计算机程序，它能影响计算机软件、硬件的正常运行，破坏数据的正确与完整。《中华人民共和国计算机信息系统安全保护条例》对计算机病毒的定义是："计算机病毒，是指编制或者在计算机程序中插入的破坏计算机功能或者毁坏数据，影响计算机使用，并能自我复制的一组计算机指令或者程序代码。"

病毒及其防范

2. 计算机病毒的传播途径

传染性是计算机病毒最基本的特性。计算机病毒主要是通过文件的复制、文件的传送等方式传播的，文件的复制与文件的传送需要传播媒介，计算机病毒的主要传播媒介是 U 盘、光盘和网络。

U 盘作为常用的交换媒介，在计算机病毒的传播中起到了很大的作用。人们使用带有计算机病毒的 U 盘在计算机之间进行文件交换的时候，计算机病毒就已经悄悄地传播开来了。

光盘的存储容量比较大，其中可以用来存放很多可执行的文件，这也就成了计算机病毒的藏身之地。对只读光盘来说，由于不能对它进行写操作，光盘上的病毒就不能被删除。

现代通信技术使数据、文件、电子邮件等可以通过网络在各个计算机间高速传输。当然这也为计算机病毒的传播提供了"高速公路"，现在网络已经成为计算机病毒的主要传播途径。

随着 Internet 的不断发展，计算机病毒也出现了一种新的趋势。不法分子通过个人网页，不仅直接提供下载大批计算机病毒活样本的便利途径，而且将制作计算机病毒的工具、向导、程序等内容写在自己的网页中，使没有编程基础和经验的人制造新病毒成为可能。

3. 计算机病毒的特点

根据对计算机病毒的产生、传染和破坏行为的分析，计算机病毒具有以下几个主要特点。

（1）破坏性。任何病毒只要侵入系统，都会对系统及应用程序产生不同程度的影响。轻者会降低计算机工作效率，占用系统资源；重者会对数据造成不可挽回的破坏，甚至导致系统崩溃。

（2）传染性。病毒通过各种渠道从已被感染的计算机扩散到未被感染的计算机。只要一台计算机染毒，若不及时处理，病毒就会在这台计算机上迅速扩散。当这台计算机与其他计算机进行数据交换或通过网络接触时，病毒将会继续传染。

（3）潜伏性。某些病毒可长期隐藏在系统中，只有在满足特定条件时才启动其破坏模块，这样它才能广泛传播。例如，"黑色星期五"病毒会在每逢 13 日的星期五发作。

（4）隐蔽性。病毒一般是具有很高编程技巧、短小精悍的程序，通常附在正常程序中或磁盘较隐蔽的地方，也有个别的以隐含文件形式出现，目的是不让用户发现它的存在。

（5）不可预见性。从对病毒的检测方面来看，病毒还具有不可预见性。而病毒的制作技术也在不断提高，病毒相较于反病毒软件总是超前的。

4. 杀毒软件

杀毒软件具有在线监控功能，它会在操作系统启动之后自动运行，时刻监控系统的运行。病毒同杀毒软件的关系就像矛和盾，永远进行着较量。

9.2.2 网络黑客及其防范

1. 网络黑客的概念

20 世纪 60 年代至 70 年代，"黑客"（Hacker）一词极富褒义，主要是指那些独立思考、奉公守法的计算机迷。从事黑客活动意味着对计算机的最大潜力进行智力上的自由探索。现在黑客使用的侵入计算机系统的基本技巧，如"破解口令""走后门"及安放"特洛伊木马"等，都是在这一时期发明的。现在的"黑客"是指从事恶意破解商业软件、恶意入侵他人计算机、恶意入侵网站的人，又称为"骇客"，本质上指的是非法闯入别人计算机系统/软件的人。

黑客介绍

2. 网络黑客的防范

（1）屏蔽可疑 IP 地址。这种方式见效最快，一旦网络管理员发现了可疑的 IP 地址申请，可以通过防火墙屏蔽相对应的 IP 地址，这样黑客就无法再连接到服务器上了。但这种方法也有某些缺点，如很多黑客都使用动态 IP 地址，一个 IP 地址被屏蔽，只要更换其他 IP 地址，就可以继续进攻服务器，而且高级黑客有可能会伪造 IP 地址，屏蔽的也许是正常用户的地址。

（2）过滤信息包。通过编写防火墙规则，可以让系统知道什么样的信息包可以进入，什么样的应该放弃。当黑客发送的攻击性信息包经过防火墙时，就会被丢弃掉，从而防止了黑客的进攻。

（3）修改系统协议。对于漏洞扫描，系统管理员可以修改服务器的相关协议。如漏洞扫描根据文件申请的返回值判断文件是否存在，这个数值如果是 200，表示文件在服务器上；如果是 404，表示服务器上没有相应的文件。如果管理员修改返回数值或屏蔽 404，则漏洞扫描器就毫无用处。

（4）经常升级系统版本。任何一个版本的系统发布之后，一旦其中的问题暴露出来，黑客就会蜂拥而至。管理员在维护系统时，可经常浏览安全站点，找到系统的新版本或者补丁程序进行安装，以保证系统中的漏洞在没有被黑客发现之前，已经被修补上，从而保证服务器的安全。

（5）安装必要的安全软件。用户还应在计算机中安装并使用必要的杀毒软件和防火墙。在上网时打开它们，这样即便有黑客进攻，用户的安全也是有一定保障的。

（6）不要回陌生人的邮件。有些黑客会冒充某些正规网站的名义，发电子邮件给用户，要求输入上网的用户名称与密码等个人信息，如果按邮件的提示操作，用户的个人信息就进入了黑客的邮箱。所以，用户不要随便回陌生人的邮件，即使他说得再动听、再诱人也不要上当。

（7）做好浏览器的安全设置。ActiveX 控件和 Applets 有较强的功能，但也存在被人利用的隐患。网页中的恶意代码往往会利用这些控件编写的小程序，用户只要打开网页，网页中的恶意代码就会运行。所以，用户要避免恶意网页的攻击就要禁止这些恶意代码的运行。

9.3 标准化与知识产权

9.3.1 标准化

1. 标准、标准化的概念

标准是对重复性事务和概念所做的统一规定。标准以科学、技术和实践经验的综合成果为基础，以获得最佳秩序和促进最佳效益为目的，经有关方面协商一致，由主管和公认机构批准，并以规则、指南等的文件形式发布，作为共同遵守的准则和依据。

2. 信息技术的标准化

信息技术的标准化是围绕信息技术开发、信息产品的研制及信息系统的建设、运行与管理而开展的一系列标准化工作。其中主要包括信息技术术语、信息表示、汉字信息处理技术、媒体、软件工程、数据库、网络通信、电子数据交换、电子卡、管理信息系统、计算机辅助技术等方面。

（1）信息编码标准化

编码是一种信息交换的技术手段。对信息进行编码实际上就是对文字、音频、图形、图像等信息进行处理，使之量化，从而便于利用各种通信设备进行信息传递和利用计算机进行信息处理。

信息编码作为一种信息交换的技术手段，必须保证信息交换的一致性。计算机所定义的输入/输出的符号集和每个符号的代码，便是计算机的编码系统。只有具有相同编码系统的计算机，才可以接受不同用户编写的同一符号的程序。为了统一编码系统，人们借助标准化制定了各种标准代码。

（2）汉字编码标准化

汉字编码是指对每一个汉字按一定的规律用若干个字母、数字、符号等表示出来。汉字编码的方法很多，主要有数字编码、拼音编码、字型编码等。对每一种汉字编码，计算机内部都有一种相应的二进制内部码，不同的汉字编码，在使用上不能替换。我国在汉字编码标准化方面取得的突出成就是《信息交换用汉字编码字符集国家标准》的制定。除汉字编码标准化外，汉字信息标准化的内容还包括汉字键盘输入的标准化、汉字文字识别和语音识别的标准化、汉字输出字体和质量的标准化、汉字属性和汉语词语的标准化等。

（3）软件工程标准化

软件工程的目的是改善软件开发的组织，降低开发成本，缩短开发时间，提升工作效率，提高软件质量。它在内容上包括软件开发的概念形成、需求分析、计划组织、系统分析和设计、结构程序设计、软件调试、软件测试和验收、安装和检验、软件运行和维护，以及软件运行的终止。同时还有许多技术管理工作，如过程管理、产品管理、资源管理，以及确认与验证工作等。软件工程最显著的特点就是把个别的、自发的、分散的、手工的软件开发变成一种社会化的软件生产方式。软件生产的社会化必然要求软件工程实行标准化。

9.3.2　知识产权

计算机软件是人类知识、智慧和创造性劳动的结晶，它指的是计算机程序及其有关文档。计算机程序是指为了得到某种结果而可以由计算机等具有信息处理能力的装置执行的代码化指令序列，或者可以被自动转换成代码化指令序列的符号化指令序列或符号化语句序列。同一计算机程序的源程序和目标程序可视为同一作品。

软件产业是知识和资金密集型的新兴产业。软件开发具有开发工作量大、周期长，而生产（复制）容易、费用低等特点，因此，长期以来，软件的知识产权得不到尊重，软件的真正价值得不到承认，靠非法窃取他人软件而牟取商业利益成了信息产业中投机者的一条捷径。软件知识产权保护已成为亟待解决的一个社会问题，是软件产业健康发展的重要保障。

1. 知识产权的概念

知识产权又称为智力成果产权和智慧财产权，是指对智力活动创造的精神财富所享有的权利。知识产权不同于动产和不动产等有形物，它是生产力发展到一定阶段后，才在法律中作为一种财产权利出现的。知识产权是经济和科技发展到一定阶段后出现的一种新型财产权。计算机软件是人类知识、经验、智慧和创造性劳动的结晶，是一种典型的由人的智力创造性劳动产生的"知识产品"，一般软件的知识产权指的是计算机软件的版权。

知识产权概念

2. 知识产权组织及法律

1967 年，世界知识产权组织在瑞典斯德哥尔摩成立。1980 年我国正式加入了该组织。

1990 年 9 月，我国颁布了《中华人民共和国著作权法》，确定了计算机软件为保护的对象。1991 年 6 月，我国颁布了《计算机软件保护条例》。这个条例是我国第一部有关计算机软件保护的法律法规，它标志着我国计算机软件的保护已走上法制化的轨道。

3. 知识产权的特点

知识产权的主要特点包括：无形性，即被保护对象是无形的；专有性，即未经知识产权人的同意，除法律有规定的情况外，他人不得占有或使用该项智力成果；地域性，即法律保护知识产权的有效地区范围；时间性，即法律保护知识产权的有效期限，期限届满即会丧失效力。

4. 计算机软件受著作权法保护

计算机软件的体现形式是程序和文件，它们是受著作权法保护的。一个软件必须在其创作出来后固定在某种有形物体（如纸、磁盘、光盘等）上，能为他人感知、传播、复制的情况下，才享有著作权保护。

著作权法的基本原则：只保护作品的表现，而不保护作品中所体现的思想、概念。目前人们比较一致的观点：软件的功能、目标、应用属于思想、概念，不受著作权法的保护；而软件的程序代码是表现，应受著作权法的保护。

5. 著作权人享有的权利

根据我国著作权法的规定，作品著作权人（或版权人）享有以下 5 项专有权利。

（1）发表权：决定作品是否公布于众的权利。

（2）署名权：表明作者身份，在作品上享有署名的权利。

（3）修改权：修改或授权他人修改作品的权利。

（4）保护作品完整权：保护作品不受篡改的权利。

（5）使用权和获得报酬权：以复制、表演、播放、展览、发行、摄制影视或改编、翻译、编辑等方式使用作品的权利，以及许可他人以上述方式使用作品并由此获得报酬的权利。

9.4 网络道德与相关法规

随着 Internet 的普及，社会化、信息化的程度正在迅速提高。计算机在国民经济、科学文化、国家安全和社会生活的各个领域中，正得到日益广泛的应用。为保证"计算机安全与计算机应用同步发展"，打造网络空间命运共同体，要做好网络道德教育、法律法规教育，这是计算机信息系统安全教育、倡导良好网络道德、培养文明网络行为的重要内容。

9.4.1 遵守规范，文明用网

网络道德是指以善恶为标准，通过社会舆论、内心信念和传统习惯来评价人们的上网行为，调节网络时空中人与人之间以及个人与社会之间关系的行为规范。违反网络道德的不文明行为时有发生，如 2019 年网民评出了"10 大网络不文明行为"。网络行为和其他社会行为一样，需要一定的规范和原则。国内外一些计算机和网络组织就制定了一系列相应的规范。在这些规则和协议中，比较有影响力的是美国计算机伦理学会为计算机伦理学所制定的 10 条戒律，也可以说是计算机行为规范。这些规范是一个计算机用户在任何网络系统中都应该遵循的最基本的行为准则。具体内容如下。

（1）不应该用计算机去伤害别人。

（2）不应该干扰别人的计算机工作。

（3）不应该窥探别人的文件。

（4）不应该用计算机进行偷窃。

（5）不应该用计算机做伪证。

（6）不应该使用或复制你没有付钱的软件。

（7）不应该未经许可而使用别人的计算机资源。

（8）不应该盗用别人的智力成果。

（9）应该考虑你所编的程序的社会后果。

（10）应该以深思熟虑和慎重的方式来使用计算机。

9.4.2 我国信息安全的相关法律法规

所有的社会行为都需要法律法规来规范和约束。随着 Internet 的发展，各项涉及网络信息安全的法律法规也相继出台。

1. 我国现行的信息安全法律体系框架

（1）一般性法律法规。这类法律法规是指《中华人民共和国宪法》《中华人民共和国国家安全法》《中华人民共和国著作权法》等。这些法律法规并没有专门对网络行为进行规定，但是，它所规范和约束的对象中包括了危害信息网络安全的行为。

（2）规范和惩罚网络犯罪的法律法规。这类法律法规包括《中华人民共和国刑法》《全国人民代表大会常务委员会关于维护互联网安全的决定》等。其中《中华人民共和国刑法》是一般性法律规定，这里将其独立出来，作为规范和惩罚网络犯罪的法律规定。

（3）直接针对计算机信息网络安全的特别规定。这类法律法规主要有《中华人民共和国网络安全法》《中华人民共和国计算机信息系统安全保护条例》《中华人民共和国计算机信息网络国际联网管理暂行规定》《计算机信息网络国际联网安全保护管理办法》《计算机软件保护条例》等。

（4）具体的、规范的信息网络安全技术和安全管理方面的规定。这类法律法规主要有《商用密码管理条例》《计算机信息系统安全专用产品检测和销售许可证管理办法》《计算机病毒防治管理办法》《计算机信息系统保密管理暂行规定》《计算机信息系统国际联网保密管理规定》《电子出版物管理规定》《金融机构计算机信息系统安全保护工作暂行规定》等。

2. 信息安全法律法规的特点

（1）体系性。网络改变了人们的生活观念、生活态度、生活方式等，同时也涌现出病毒、黑客、网络犯罪等新事物。传统的法律体系变得越来越难以适应网络技术发展的需要，在保障信息网络安全方面也显得力不从心。因此，构建一个有效、自成一体、结构严谨、内在和谐统一的新的法律体系来规范网络社会，就显得十分必要了。

（2）开放性。信息网络技术在不断发展，信息网络安全问题层出不穷，信息安全法律法规应全面体现和把握信息网络的基本特点及其法律问题，以适应不断发展的信息网络技术问题和不断涌现的网络安全问题。

（3）兼容性。信息安全法律法规不能脱离传统的法律原则和法律规范，大多数传统的基本法律原则和规范对信息网络安全仍然适用。同时，从维护法律体系的统一性、完整性和相对稳定性来看，信息安全法律法规也应当与传统的法律体系保持良好的兼容性。

（4）可操作性。网络是一个数字化的社会，许多概念、规则难以被常人准确把握，因此，信息安全法律法规应当对一些专业术语、难以确定的问题、容易引起争议的问题等做出解释，使其更具可操作性。

习题 9

1. 信息安全的含义是什么？
2. ISO 7498-2 标准确定了哪 5 类安全服务、哪 8 类安全机制？
3. 信息安全技术有哪些？
4. 密码体制从原理上分为几大类？
5. 什么是计算机病毒？
6. 计算机病毒的特点是什么？
7. 什么是知识产权？它有哪些特点？
8. 软件著作权人享有什么权利？
9. 计算机道德的 10 大规范是什么？

习题参考答案

10 第10章 程序设计基础

本章将从程序设计的基本概念开始，由浅入深地介绍程序、程序设计、算法、程序设计的基本控制结构、常用的程序设计语言、Python 语言等知识，通过程序设计的实例介绍，让读者了解程序设计的基本方法和步骤。通过本章的学习，读者应了解程序设计的基本控制结构，并对程序设计的基本方法和步骤有一个初步的认识。

【知识要点】

- 程序设计的概念。
- 结构化程序设计的基本原则。
- 算法的概念和描述方法。
- 程序设计的基本控制结构和基本方法。
- 常用程序设计语言。
- Python 语言介绍。

章首导读

程序设计的概念

10.1 程序设计概述

10.1.1 程序的概念

程序的概念非常普遍。简单地说，程序可以看作对一系列动作的执行过程的描述。

随着计算机的出现和普及，"程序"已经成了计算机领域的专有名词。计算机程序是指为了得到某种结果而由计算机等具有信息处理能力的装置执行的代码化指令序列。也可以这样说，程序就是由一条条代码组成的，这样的一条条代码各自代表着不同的命令，这些命令结合起来，就组成了一个完整的工作系统。

由于程序为计算机规定了计算的步骤，因此为了更好地使用计算机，我们必须先来了解程序的几个性质。

（1）目的性：程序必须有一个明确的目的。

（2）分步性：程序给出了解决问题的步骤。

（3）有限性：解决问题的步骤必须是有限的。如果有无穷多个步骤，那么在计算机上就无法实现。

（4）可操作性：程序总是实施各种操作于某些对象，它必须是可操作的。

（5）有序性：解题步骤不是杂乱无章地堆积在一起，而是要按一定顺序排列的（这是最重要的一点）。

10.1.2　指令和指令系统

计算机指令是一组符号，它表示人对计算机下达的命令。人通过指令来告诉计算机"做什么"和"怎么做"。

每一条指令都对应计算机的一种操作。指令由两部分组成：一部分叫操作码，它表示计算机该做什么操作；另一部分叫操作数，它表示计算机的操作对象。

计算机所能执行的全部操作指令称为指令系统，不同类型的计算机系统有不同的指令系统。

10.1.3　程序设计的步骤

目前的冯·诺依曼型计算机还不能直接接受任务，而只能按照人们事先确定的方案，执行人们规定好的操作步骤。通常利用计算机处理一个问题（程序设计），需要经过以下步骤。

（1）分析问题，确定解决方案。当一个实际问题被提出后，应首先对以下问题做详细的分析：需要提供哪些原始数据，需要对其进行什么处理，在处理时需要有什么样的硬件和软件环境，需要以什么样的格式输出结果等。在以上分析的基础上，确定相应的处理方案。一般情况下，处理问题的方法有很多，这时就需要根据实际问题选择其中较为优化的处理方法。

（2）建立数学模型。在对问题全面理解后，需要建立数学模型，这是把问题向计算机处理方式转化的第一步。建立数学模型就是要把处理的问题数学化、公式化，有些问题比较直观，可不去讨论数学模型问题；有些问题符合某些公式或有现成的数学模型可以直接利用；但是多数问题都没有对应的数学模型可以直接利用，这就需要创建新的数学模型，如果有可能还应对数学模型做进一步的优化处理。

（3）确定算法（算法设计）。建立数学模型以后，许多情况下还不能直接进行程序设计，需要确定符合计算机运算的算法。计算机的算法比较灵活，一般要优选逻辑简单、运算速度快、精度高的算法用于程序设计。此外，还要考虑内存空间占用合理、编程容易等特点。算法可以使用伪代码或流程图等方法进行描述。

（4）编写源程序。要让计算机完成某项工作，必须将已设计好的操作步骤以若干条指令组成的程序的形式书写出来，让计算机按程序的要求一步一步地执行。

（5）程序调试。程序调试就是纠正程序中可能出现的错误，它是程序设计中非常重要的一步。没有经过调试的程序，很难保证没有错误，就是非常熟练的程序员也不能保证这一点，因此，程序调试是不可缺少的重要步骤。

（6）整理资料。程序编写、调试结束以后，为了使用户能够了解程序的具体功能，掌握程序的运行操作，以便程序的修改、阅读和交流，必须将程序设计的各个阶段形成的资料和有关说明加以整理，写成程序说明书。其内容应该包括：程序名称、完成任务的具体要求、给定的原始数据、使用的算法、程序的流程图、源程序清单、程序的调试及运行结果、程序的操作说明、程序的运行环境要求等。程序说明书是整个程序设计的技术报告，用户应该按照程序说明书的要求将程序投入运行，并依据程序说明书对程序的技术性能和质量做出评价。

在程序开发过程中，上述步骤可能有反复，如果发现程序有错，就要逐步向前排查错误，修改程序。情况严重时可能会要求重新认识问题和重新设计算法。

10.2　结构化程序设计的基本原则

人们从多年来的软件开发经验中发现，任何复杂的算法，都可以由顺序结构、选择（分支）结构和循环结构这3种基本结构组成。因此，构造一个解决问题的具体方法和步骤的时候，也仅以这3种基本结构作为"建筑单元"，遵守3种基本结构的规范，基本结构之间可以相互包含，但不允许交叉，不允许从一个结构直接转到另一个结构的内部。正因为整个算法都是由3种基本结构组成的，就像用模块构建的一样，所以其结构清晰，易于正确性验证，易于纠错。这种方法就是结构化方法，遵循这种方法的程序设计，就是结构化程序设计。

10.2.1　模块化程序设计的概念

采用模块化设计方法是实现结构化程序设计的一种基本思路或设计策略。事实上，模块本身也是结构化程序设计的必然产物。当今，模块化设计方法也为其他软件开发的工程化方法所采用，并不为结构化程序设计所独家占有。

（1）模块。当把要开发的一个较大规模的软件，依照功能需要，采用一定的方法（例如，结构化方法）划分成一些较小的部分时，这些较小的部分就称为模块，也叫作功能模块。

（2）模块化设计。通常把以功能模块为设计对象，用适当的方法和工具对模块外部（各有关模块之间）与模块内部（各成分之间）的逻辑关系进行确切的描述称为模块化设计。

10.2.2　结构化程序设计的原则

结构化程序设计由狄克斯特拉（Dijkstra）在1969年提出，以模块化设计为中心，将待开发的软件系统划分为若干个相互独立的模块，这样使完成每一个模块的工作变得单纯而明确，为设计一些较大的软件打下了良好的基础。

这种方法要求程序设计者不能随心所欲地编写程序，而要按照一定的结构形式来设计和编写程序。它的一个重要目的是使程序具有良好的结构，使程序易于设计、易于理解、易于调试、易于修改，以提高设计和维护程序工作的效率。

结构化程序设计方法的主要原则可以概括为"自顶向下，逐步求精，模块化和限制使用goto语句"。

（1）自顶向下。程序设计时，应先考虑总体，后考虑细节；先考虑全局目标，后考虑局部目标。即首先把一个复杂的大问题分解为若干个相对独立的小问题。如果小问题仍较复杂，则可以把这些小问题又继续分解成若干个子问题，这样不断地分解，使得小问题或子问题简单到能够直接用程序的3种基本结构表达为止。

（2）逐步求精。对复杂问题，应设计一些子目标作为过渡，逐步细化。

（3）模块化。一个复杂问题，肯定是由若干个简单的问题构成的。模块化就是把程序要解决的总目标分解为子目标，再进一步分解为具体的小目标。我们可以把每一个小目标叫作一个模块。对应每一个小问题或子问题编写出一个功能上相对独立的程序块，最后再统一组装，这样，对一个复杂问题的求解就变成了对若干个简单问题的求解。

（4）限制使用goto语句。goto语句是"有害"的，程序的质量与goto语句的数量成反比，应该在所有的高级程序设计语言中限制goto语句的使用。

10.2.3　面向对象的程序设计

面向对象的程序设计（Object Oriented Programming，OOP）是 20 世纪 80 年代提出的，它汲取了结构化程序设计中好的思想，引入了新的概念和思维方式，从而给程序设计工作提供了一种全新的方法。通常，在面向对象的程序设计风格中，会将一个问题分解为一些相互关联的子集，每个子集内部都包含了相关的数据和函数。同时，它会以某种方式将这些子集分为不同等级，而一个对象就是已定义的某个类型的变量。

与传统的结构化分析与设计技术相比，面向对象技术具有许多明显的优点，主要体现在以下 3 个方面。

（1）可重用性。继承是面向对象技术的一个重要机制。用面向对象方法设计的系统的基本对象类可以被其他新系统重用。这通常是通过一个包含类和子类层次结构的类库来实现的。因此，面向对象方法可以从一个项目向另一个项目提供一些重用类，从而显著提高工作效率。

（2）可维护性。由于面向对象方法所构造的系统是建立在系统对象基础上的，结构比较稳定，因此，当系统要进行扩充或改善时，可以在保持系统结构不变的情况下进行维护。

（3）表示方法的一致性。面向对象方法要求在从面向对象分析、面向对象设计到面向对象实现的系统整个开发过程中，采用一致的表示方法，从而加强了分析、设计和实现之间的内在一致性，并且改善了用户、分析员和程序员之间的信息交流。此外，这种一致的表示方法，使得分析、设计的结果很容易向编程转换，从而有利于计算机辅助软件工程的发展。

10.3　算法

10.3.1　算法的概念

算法是程序设计的精髓，它的定义是在有限步骤内求解某一问题所使用的一组定义明确的规则。在计算机科学中，算法要用计算机语言来描述，算法代表用计算机解一类问题的精确、有效的方法和步骤，即计算机解题的过程。在这个过程中，无论是形成解题思路还是编写程序，都是在实施某种算法。前者是推理实现的算法，后者是操作实现的算法。因此算法设计与实现是计算思维训练的重要抓手。

算法的概念

算法是一组有穷的规则，规定了解决某一特定类型问题的一系列运算，是对解题方案准确与完整的描述。设计算法，一般要经过设计、确认、分析、编码、测试、调试、计时等阶段。

学习算法要先了解以下 5 个方面的内容。

（1）设计算法。算法设计工作是不可能完全自动化的，应学习和了解已经被实践证明有用的一些基本的算法设计方法，这些基本的设计方法不仅适用于计算机科学，也适用于电气工程、运筹学等领域。

（2）表示算法。描述算法有多种形式，如自然语言和算法语言，各自有适用的环境和特点。

（3）确认算法。算法确认的目的是使人们确信这一算法能够正确无误地工作，即该算法具有可计算性。正确的算法用计算机算法语言描述，构成计算机程序，计算机程序在计算机上运行，得到算法运算的结果。

（4）分析算法。算法分析是对一个算法需要多少计算时间和存储空间进行定量的分析。分析算法可以预测这一算法适合在什么样的环境中有效运行，对解决同一问题的不同算法的有效性做出比较。

（5）验证算法。算法验证是指用计算机语言描述的算法是否可计算、是否有效合理，需对程序进行测试，测试程序的工作主要包括调试和制作时空分布图。

10.3.2　算法的特征

算法应该具有以下 5 个重要的特征。

（1）确定性。算法的每一种运算必须有确定的意义，它规定运算所执行的动作应该是无歧义的，并且目的是明确的。

（2）可行性。要求算法中所有待实现的运算都是基本的，每种运算至少在原理上能由人用纸和笔在有限的时间内完成。

（3）输入。一个算法可能有多个输入，在算法运算开始之前给出算法所需数据的初值，这些输入取自特定的对象集合。

（4）输出。作为算法运算的结果，一个算法会产生一个或多个输出，输出是同输入有某种特定关系的量。

（5）有穷性。一个算法会在执行了有限步的运算后终止。

10.3.3　算法的描述

算法是解题方法的精确描述。描述算法的工具对算法的质量有很大的影响。

1. 自然语言

自然语言就是日常使用的语言，可以使用中文，也可以使用英文。用自然语言描述的算法，通俗易懂，但是文字冗长，准确性不好，容易产生歧义。因此，一般情况下不提倡用自然语言来描述算法。

2. 伪代码

伪代码不是一种现实存在的编程语言。使用伪代码的目的是使被描述的算法可以容易地以任何一种编程语言来实现。它可能会综合使用多种编程语言中的语法、保留字，甚至会用到自然语言。因此，伪代码必须结构清晰、代码简单、可读性好，并且类似自然语言。

【例 10-1】描述"对两个数按照从大到小的顺序输出"的算法。

用伪代码描述，如下所示。

```
Begin:
    Input("输入数据");A          //输入原始数据 A
    Input("输入数据");B          //输入原始数据 B
    If(A>B)
    {
        Print  A,B              //输出 A,B
    Else
        Print  B,A              //输出 B,A
    }
End
```

3. 流程图

流程图是一种传统的算法表示法，它利用几何图形的框来代表各种不同性质的操作，用流向线来指示算法的执行方向，流程图的常用符号如表 10.1 所示。由于流程图由各种各样的框组成，因此它也被叫作框图。流程图简单、直观、形象，算法逻辑流程一目了然，便于理解，应用广泛。特别是在早期语言阶段，只有通过流程图才能简明地表述算法，流程图成为程序员们交流的重要手段，直到结构化的程序设计语言出现，对流程图的依赖才有所降低。由于流程图画起来比较麻烦，并且算法的整个流程由流向线控制，用户可以随心所欲地使算法流程任意流动，因此可能会造成对算法阅读和理解上的困难。

表 10.1　流程图的常用符号

符号	符号名称	含义
⬭	起止框	表示算法的开始或结束
▱	输入/输出框	表示输入/输出操作
▭	处理框	表示对框内的内容进行处理
◇	判断框	表示对框内的条件进行判断
↓ →	流向线	表示算法的流动方向
◯	连接点	表示两个具有相同标记的"连接点"相连

4. N-S 结构图

N-S 结构图是美国的两位学者艾克·纳西（Ike Nassi）和本·施耐德曼（Ben Schneiderman）提出的。他们认为，既然任何算法都是由顺序结构、选择（分支）结构和循环结构 3 种基本程序结构组成的，那么各基本结构之间的流程线就是多余的，因此，N-S 图用一个大矩形框来表示算法，它是算法的一种结构化描述方法，是一种适合于结构化程序设计的流程图。例如，求两个数按大小顺序输出的流程图如图 10.1 所示，其 N-S 结构图如图 10.2 所示。

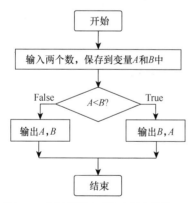

图 10.1　两个数按大小顺序输出的流程图

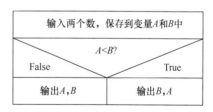

图 10.2　两个数按大小顺序输出的 N-S 结构图

一般情况下，我们设计的算法只给出了处理的步骤，对"输入原始数据"和"输出计算结果"并不做详细的说明。但是，在开始编程前，一定要对如何输入"原始数据"、以什么方式输入"原始数据"和将"计算结果"输出到什么地方、以什么方式输出"计算结果"这两个重要环节提出明确的要求。

10.4　程序设计的基本控制结构

结构化程序设计提出了顺序结构、选择（分支）结构和循环结构 3 种基本的程序结构。一个程序无论大小都可以由这 3 种基本的程序结构搭建而成。

程序设计的 3
种基本结构

10.4.1 顺序结构

顺序结构要求程序中的各个操作按照它们出现的先后顺序执行。这种结构的特点是：程序从入口点开始，按顺序执行所有操作，直到出口点。顺序结构是一种简单的程序设计结构，它是最基本、最常用的结构，是任何从简单到复杂的程序的主体基本结构，其流程图如图 10.3 所示。

10.4.2 选择（分支）结构

选择（分支）结构是指程序的处理步骤出现了分支，它需要根据某一特定的条件选择其中一个分支执行。它包括两路分支选择结构和多路分支选择结构。其特点是：根据所给定的选择条件的真（分支条件成立，常用 Y 或 True 表示）与假（分支条件不成立，常用 N 或 False 表示），来决定从不同的分支中执行某一分支的相应操作，并且任何情况下都有"无论分支多寡，必择其一；纵然分支众多，仅选其一"的特性。

1. 两路分支选择结构

两路分支选择是指根据判断结构入口点处的条件来决定下一步的程序流向。如果条件为真则执行语句组 1，否则执行语句组 2。值得注意的是，在这两个分支中只能选择一条且必须选择一条执行，但不论选择了哪一条分支执行，最后流程都一定到达结构的出口点，其流程图如图 10.4 所示（实际使用过程中可能会遇到只有一条有执行的两分支，此时最好将这些语句放在条件为真的执行语句中，如图 10.4 右侧图所示）。

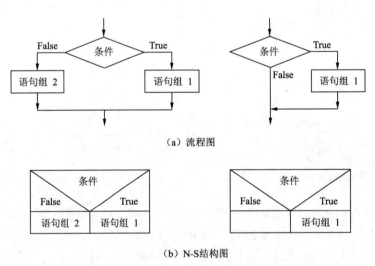

（a）流程图

（b）N-S结构图

图 10.4　两路分支选择结构的流程图

2. 多路分支选择结构

多路分支选择是指程序流程中遇到了多个分支，程序执行方向将根据条件确定。如果条件 1 为真，则执行语句组 1，如果条件 2 为真，则执行语句组 2，如果条件 n 为真，则执行语句组 n。如果所有分支的条件都不满足，则执行语句组 $n+1$（该分支可以省略）。总之要根据判断条件选择多个分支的其中之一执行。不论选择了哪一条分支，最后流程要到达同一个出口处。多路分支选择结构的流程如图 10.5 所示。

语句组1

语句组2

…

语句组n

| 语句组1 |
| 语句组2 |
| … |
| 语句组n |

（a）流程图　　（b）N-S结构图

图 10.3　顺序结构的流程图

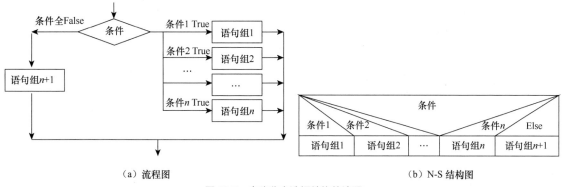

（a）流程图　　　　　　　　　　　　　　（b）N-S 结构图

图 10.5　多路分支选择结构的流程

10.4.3　循环结构

所谓循环，是指一个客观事物在其发展过程中，从某一环节开始有规律地反复经历相似的若干环节的现象。循环的主要环节具有"同处同构"的性质，即它们"出现位置相同，构造本质相同"。

程序设计中的循环，是指在程序设计中，从某处开始有规律地反复执行某一操作块（或程序块）的现象，我们称重复执行的该操作块（或程序块）为它的循环体。

下面介绍两种循环结构："当"型循环和"直到"型循环。

（1）"当"型循环是指先判断条件，当满足给定的条件时执行循环体，并且在循环终端流程自动返回到循环入口；如果条件不满足，则退出循环体直接到达流程出口。"当"型循环结构的流程如图 10.6 所示。

（2）"直到"型循环是指从结构入口处直接执行循环体，在循环终端判断条件，如果条件不满足，则返回入口处继续执行循环体，直到条件为真时才退出循环到达流程出口。"直到"型循环结构的流程如图 10.7 所示。

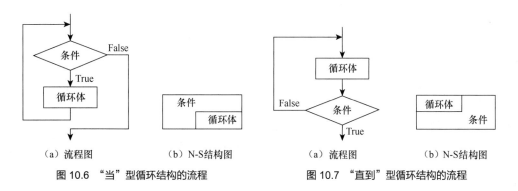

（a）流程图　　　　（b）N-S结构图　　　　　　（a）流程图　　　　（b）N-S结构图

　　图 10.6　"当"型循环结构的流程　　　　　　图 10.7　"直到"型循环结构的流程

10.5　程序设计语言

10.5.1　机器语言

微型计算机的"大脑"是一块被称为中央处理器（CPU）的集成电路。而被称为 CPU 的这个集成电路，只能够识别由"0"和"1"两个数字组成的二进制数码。因此早期人们使用计算机时，就使用这种以二进制代码形式表示机器指令的基本集合，也就是说要写出一串串由"0"和"1"组成的指令序列交由计算机执行。由二进制代码形式组成的规定计算机动作的符号叫作计算机指令，这些指令的集合就是机器语言。

机器语言与计算机硬件关系密切。由于机器语言是计算机硬件唯一可以直接识别和执行的语言，所以机器语言的执行速度最快。使用机器语言是令使用者十分痛苦的，因为组成机器语言的符号全部都是"0"和"1"，所以使用时烦琐、费时，特别在程序有错需要修改时，更是如此。而且，由于每台计算机的指令系统往往各不相同，所以在一台计算机上执行的程序，要想在另一台计算机上执行，必须另编程序，造成了工作的重复。

10.5.2 汇编语言

为了解决使用机器语言编程的困难，20 世纪 50 年代初，人们发明了汇编语言：用一些简洁的英文字母、符号串来替代一个具有特定含义的二进制串。例如，用"ADD"代表"加"操作，用"MOV"代表数据"移动"等。这样一来，人们就很容易读懂并理解程序在干什么，纠错及维护都变得方便了。由于在汇编语言中，用"助记符"代替操作码，用"地址符号"或"标号"代替地址码，也就是用"符号"代替了机器语言的二进制码，所以汇编语言也被称为符号语言。汇编语言在形式上用人们熟悉的英文符号和十进制数代替二进制码，因而方便了人们的记忆和使用。

但是，由于计算机只能识别"0"和"1"，而汇编语言中使用的是助记符号，因此用汇编语言编制的程序输入计算机后，不能像用机器语言编写的程序一样直接被计算机识别和执行，必须通过预先放入计算机中的"汇编程序"的加工和翻译，才能变成可被计算机识别和处理的二进制代码程序。这种起翻译作用的程序叫作汇编程序。

10.5.3 高级语言

从最初与计算机交流的痛苦经历中，人们意识到，应该设计一种接近数学语言或自然语言，同时又不依赖计算机硬件，编出的程序能在所有机器上通用的语言。1954 年，第一个完全脱离机器硬件的高级语言——FORTRAN 问世了。几十年来，陆续出现了几百种高级语言，其中具有重要意义的有几十种，影响较大、使用较普遍的有 C、C#、Visual C++、Visual Basic、.NET、Delphi、Java、ASP 等。

用高级语言编写程序的过程称为编码，编写出来的这些程序叫源代码（或源程序）。

高级语言编写的程序需要被翻译成目标代码（即机器语言）才能被计算机执行。通常将高级语言翻译为机器语言的方式有两种：解释方式和编译方式。

（1）解释方式，即让计算机运行解释程序，解释程序逐句取出源程序中的语句，对它进行解释执行，输入数据，产生结果。解释方式的主要优点是计算机与人的交互性好，调试程序时，能一边执行一边直接改错，能较快得到一个正确的程序。缺点是逐句解释执行，整体运行速度慢。

（2）编译方式，即先运行编译程序，将源程序全部翻译为计算机可直接执行的二进制程序（称为目标程序）；然后让计算机执行目标程序，输入数据，产生结果。编译方式的主要优点是计算机运行目标程序快，缺点是修改源程序后必须重新编译以产生新的目标程序。

10.6 Python 语言基础

Python 是一种面向对象的解释型计算机程序设计语言，它由荷兰人吉多·范

Python 语言介绍

罗苏姆（Guido van Rossum）于 1989 年发明，第一个公开发行版发行于 1991 年。2019 年度 IEEE Spectrum 编程语言排行榜中，Python 稳居榜首，且已连续三年夺冠。

10.6.1　Python 语言概述

Python 语言是非常优秀的开源项目，其解释器的全部代码都是开源的，用户可以到其官方网站下载。Python 软件基金会（Python Software Foundation，PSF）则致力于更好地推进并保护 Python 语言的开放性。

1. Python 语言的特点

由于 Python 语言的简洁性、易读性及可扩展性，用 Python 进行科学计算及应用开发的研究机构日益增多，越来越多的大学用 Python 语言讲授程序设计课程。众多开源的科学计算软件包都提供了 Python 的调用接口，例如计算机视觉库 OpenCV、三维可视化库 VTK、医学图像处理库 ITK。而 Python 专用的科学计算扩展库就更多了，例如，3 个十分经典的科学计算扩展库 NumPy、SciPy 和 Matplotlib，它们分别为 Python 提供了快速数组处理、数值运算及绘图功能。因此 Python 语言及其众多的扩展库所构成的开发环境十分适合工程技术人员和科研人员处理实验数据、制作图表，甚至开发科学计算应用程序。

2. Python 语言开发环境的安装

由于 Python 是开源软件，Python 解释器可以由网络获得。在其官网的下载页面单击 "Download" 链接，打开的网页会显示所有与这个版本相关的文件。在 "Files" 列表中选择与个人使用的计算机操作系统及处理器适配的文件下载即可。以 64 位 Windows 操作系统为例，可选择 "Windows x86-64 executable installer"。下载完成后，运行该文件，界面如图 10.8 所示。首先选中 "Add Python 3.8 to PATH" 选项，将 Python 添加到环境路径。然后单击 "Install Now" 按钮即可开始安装。

安装完成后，界面如图 10.9 所示。

图 10.8　安装界面

图 10.9　安装成功界面

在 "所有程序" 里选择 "Python 3.8"，打开图 10.10 所示的列表。在这个列表中列出了安装的程序组件。选择 "IDLE（Python 3.8 64-bit）" 命令即可打开 Python 的交互环境，如图 10.11 所示。

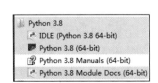

图 10.10　Python 程序列表

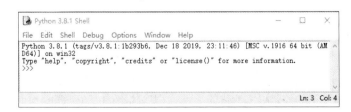

图 10.11　通过 IDLE 启动 Python Shell 交互环境

">>>"是 Python 语句的输入提示符。在这个符号之后就可以输入 Python 语句了。

在">>>"符号之后输入 quit()或 exit()，即可退出 Python 运行环境。

在">>>"符号之后输入代码 print("Hello World")，按<Enter>键之后即可运行第一个小程序，如图 10.12 所示。

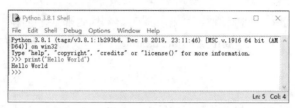

图 10.12　运行"Hello World"程序

Python 的交互环境可以即时反馈运行结果，输入一行代码后按<Enter>键，即可得到运行结果。

10.6.2　程序的格式

Python 程序的格式

在书写 Python 程序时，要遵循其规定的格式。主要的格式要求有以下 3 点。

1.　大小写

Python 是区分大小写的，例如"ABC""Abc""abc"是完全不同的标识符。

2.　缩进

Python 程序语言使用严格的缩进来表示语句之间的逻辑关系，使得程序更加清晰和美观。强制缩进也可以避免不好的编程习惯，使得不正确的语句不能通过编译。在正确的位置输入"："，则系统会在下一行自动缩进。例如下面程序所示。

```
求 1～100 的和：
sum=0                      # 累加器设置为 sum
for I in range(101):    # 让 I 从 1 变化到 100
    sum=sum+I              # 将 I 的值加到 sum 上
print(sum)                # 输出结果
```

在这个程序中，第三行缩进表示该语句是第二行 for 循环体中的语句，而第一行和第四行不属于循环。

3.　注释

注释是程序员对程序代码的说明，可以提升代码的可读性。注释是辅助文字，不作为程序代码，所以不会被编译或解释器执行。在上面的程序中，每一行"#"后的语句就是注释，用于解释该行语句的含义。在 Python 程序中可以用"#"开头书写单行注释。如需进行多行注释，可以使用 3 个单引号（'''）开头和结尾，也可以使用 3 个双引号（"""）开头和结尾。

10.6.3　变量和保留字

1.　变量

变量是用来存放程序运行过程中用到的各种原始数据、中间数据、最终结果的。与其他语言稍有不同，Python 并不是把数值存储在变量中，而更像是将名字贴在了数值上。在整个程序的执行过程中，变量的值是可以变化的。但在程序执行的每个瞬间，变量的值都是明确的、固定的、已知的。在使用变量的值的时候，通过变量的名字找到相应的数值，使得计算时可以把重点放在解决问题的算法上，而不必考虑使用时具体数值是多少。

在给变量命名时需要遵循一定的规则。Python 语言对变量命名可以使用大写字母、小写字母、数字、下画线和汉字等字符（从编程习惯和跨平台兼容性方面考虑，不建议使用汉字为变量命名），但是首字符不能是数字。变量名中间不能有空格，变量名的长度在语法上不做限制，但是受计算机资源层面的限制。

合法的变量名有：A123、a_1、good、张三。

注意：A123 和 a123 是两个不同的标识符。

2. 保留字

保留字是 Python 语言已经设定好的具有特殊用法和含义的标识符。每种程序设计语言都有一套保留字，保留字一般用来构成程序整体框架、表达关键值和具有结构性的复杂语义等。在为变量命名时，要注意和 Python 的保留字有所区别。

10.6.4　赋值语句

在 Python 语言中，变量的使用不需要事先声明，只需要在使用之前对其赋值即可。赋值语句是任何程序设计中都必不可少的语句，它可以把指定表达式的值赋予某个变量或对象属性。表达式是程序中产生或计算新数据值的代码。

在 Python 语言中，赋值号使用 "="，将 "=" 右侧的计算结果赋给左边的变量或对象属性。所以把包含 "=" 的语句称为赋值语句。基本格式如下。

<变量 1>=<表达式 1>
<对象 1>.<属性 x>=<表达式 x>

给变量 x 赋值为 2，给变量 y 赋值为 3，语句可以写为以下形式。

```
>>>x=2
>>>y=3
```

Python 语言提供了一种简单的方式实现交换两个变量的值的操作，即同步赋值。基本格式如下。

<变量 1>,…,<变量 n>=<表达式 1>,…,<表达式 n>

如果采取同步赋值，交换 x 和 y 的值，则语句如下：

```
>>>x,y=y,x
```

10.6.5　基本数据类型

在计算机中，通常会对表示信息的数据进行分类，以便于计算机对数据进行准确处理。Python 语言也一样。下面介绍在 Python 中使用的几种基本数据类型。

1. 数值类型

Python 语言设置了 3 种数值类型：整数、浮点数和复数。

整数类型与数学中的整数概念相同。Python 可将整数用十进制、二进制、八进制和十六进制表示。默认情况下，整数使用十进制表示。二进制数以 0b 开头，八进制数以 0o 开头，十六进制数以 0x 开头。在 Python 语言中，在语法上没有对整数的取值范围进行限制，但实际整数的取值范围取决于运行 Python 的计算机内存。在编写代码时可以进行很大的数据的运算，示例如下。

```
>>>123456789874144786*4556514447741411456
562532646733316307512399084543068416
>>>pow(2,1000)
10715086071862673209484250490600018105614048117055533607443750388370351051124936122493
31983788156958581275946729175531468251871452856923140435984577574698574803934567748
```

24230985421074605062371141877954182153046474983581941267398767559165543946077062914571196477686542167660429831652624386837205668069376

其中，pow(2,1000)表示2的1000次方。

浮点数是带有小数的数值。为了和整数区别，小数部分可以是0，如2.4、0.3、1.0。也可以使用科学记数法表示数据，格式为<a>e<b>。该表达式代表了 $a \times 10^b$。复数类型可表示为a+bj，其中a为实部，b为虚部，后缀可用"j"或"J"表示。Python语言内置的数值运算符如表10.2所示。

表10.2　内置数值运算符

运算符	功能
+	加法运算
−	减法运算
*	乘法运算
/	浮点除。结果为浮点数
//	整除。结果为不大于商的最大整数
%	余除。结果为余数
**	指数运算。x**y 即 x^y

2. 字符串类型

对日常信息的表示，除了数值类型，还有字符串类型。字符串类型用于表示文本数据。在 Python 语言中，出现在两个单引号（'）或者两个双引号（"）中的内容，都被视为字符串类型数据。示例如下。

```
>>>x=3
>>>y='3'
>>>x
3
>>>y
'3'
```

在上述语句中，x 为数值类型的变量，值为数值3；y 为字符串类型的变量，值为字符'3'。

与其他语言不同，在 Python 语言中，一个英文字母和一个汉字都能被视为一个字符。

在 Python 语言中，字符串类型的数据自带索引功能，且分为正向索引和逆向索引，如图 10.13 所示。将字符串"PYTHON"设为s，则s[4]= 'O'；s[-2]也是字母'O'。

正向索引：

0	1	2	3	4	5
P	Y	T	H	O	N
−6	−5	−4	−3	−2	−1

逆向索引：

图 10.13　字符串索引示意图

与 C 语言相似，Python 的字符串类型也有转义符"\"。例如，"\n"表示换行符，"\\"表示反斜杠，"\t"表示制表符等。

用两个单引号和两个双引号都只能表示单行字符串。如果字符串内容设计多行，需要头尾都使用 3 个单引号（'''）或 3 个双引号来表示（"""）。

与数值类型数据相似，字符串类型也可以进行运算。字符串的基本运算符如表 10.3 所示。

表10.3　字符串基本运算符

运算符	功能
x+y	将字符串 x 和 y 进行连接
x*n	将字符串 x 复制 n 次
str[i]	得到字符串中的第 i 个字符
str[n:m]	从字符串中获得从 n 到 m（不包括 m）的子串
x in y	判断字符串 x 是否存在于字符串 y 中，是返回 True，否返回 False

在 Python 的交互环境中的运算结果如下。

```
>>>x='程序设计'
>>>y='is interesting!'
>>>x+y
'程序设计 is interesting!'
>>>x*4
'程序设计程序设计程序设计程序设计'
>>>y[3:6]
'int'
```

10.6.6　输入语句：input()函数

在编写程序的过程中，参与计算的数值除了可以通过赋值语句获得外，更多的情况是通过键盘输入。在 Python 语言中，可以利用 input()函数来获得程序需要的数据。基本语法格式如下。

`<变量 1>=input(<提示性文字>)`

在 Python 交互环境中输入以下语句。

`r=input('请输入半径的值：')`

按<Enter>键后，会出现输入提示，在该行后面输入数值，再次按<Enter>键，则用户输入的数值被赋给变量 r，如图 10.14 所示。

需要注意，用户输入的无论是数值型数据还是字符串型数据，input()函数都以字符串形式输出。如果需要计算，需要使用 eval()函数将字符串转换为数值。语句"r = eval(r) "就可将字符串'5'当中的单引号去掉，将数值 5 重新赋给变量 r。

```
>>> r=input('请输入半径的值：')
请输入半径的值：5
>>> r
'5'
```

图 10.14　input()函数输入示例

10.6.7　输出语句：print()函数

当计算完成后，计算结果已经生成，但是如果不使用语句将其显示出来，那么它只存在于内存中，用户看不到。所以，每当需要看到计算情况时，可以使用 print()函数。基本语法格式如下。

`print(<需要输出的内容>)`

【例 10-2】从键盘输入半径的值，计算圆的周长和面积。

分析：这是一个完整的计算过程，首先需要使用键盘输入半径，然后进行计算，最后进行输出。

这个程序包含多行语句。在 Python 交互环境中，只能单行输入运行而且无法保存程序。我们可以在交互环境中选择"File"→"New File"命令，则会打开一个新的窗口，如图 10.15 所示。

在这个窗口中用户就可以输入完整的程序了。程序如下。

```
r=eval(input('请输入圆的半径：'))        #输入部分：变量 r 代表圆的半径
l=2*3.14*r                              #计算部分：变量 l 代表圆的周长
s=3.14*r*r                              #计算部分：变量 s 代表圆的面积
print('圆的周长是：{:.2f}'.format(l))    #输出部分：输出周长
print('圆的面积是：{:.2f}'.format(s))    #输出部分：输出面积
```

在语句"print('圆的周长是:{:.2f}'.format(l))"中，大括号相当于卡槽，将 format 后面括号里的内容填入大括号所在的位置。在大括号中的":.2f"表示将 format 括号里的数据进行保留两位小数的处理。

程序编写完成后，先保存。按<Ctrl>+<S>组合键打开"保存"对话框，选择好保存位置和文件名后就可以将程序以文件的形式保存在计算机上了。系统将 Python 程序的扩展名设置为 ".py"。

保存完成后，按<F5>键即可运行程序。这时系统跳转到 Python 交互窗口。在提示信息后，输入数值 5，按<Enter>键后结果如图 10.16 所示。

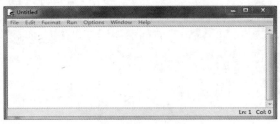 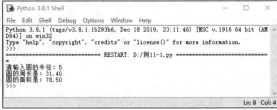

图 10.15　新建文件窗口　　　　　　　　　　　　图 10.16　运行结果

10.6.8　条件分支语句

Python 条件分支语句

1. 单分支结构

在 Python 语言中，单分支语句的基本语法格式如下。

```
if  <条件>:
    <语句块>
```

如果条件成立，则执行语句块中的程序；否则跳过分支结构。

【例 10-3】如果购物金额超出 1 万元，那么超出的部分打九折，并将实际付款金额显示输出。程序如下。

```
money=eval(input('请输入金额：'))
if money>1000:
    money=10000+(money-10000)*0.9
print('实际金额是:{:.2f}'.format(money))
```

2. 双分支结构

双分支语句的基本语法格式如下。

```
if  <条件>:
    <语句块 1>
else:
    <语句块 2>
```

当条件成立时，执行语句块 1 的内容；条件不成立时，执行语句块 2 的内容。

3. 多分支结构

多分支语句的基本语法格式如下。

```
if  <条件>:
    <语句块 1>
elif  <条件 2>:
    <语句块 2>
…
else:
    <语句块 N>
```

Python 会依次计算条件，直到找出第一个结果为 True 的条件，并执行该条件下的语句块，如果条件都为 False，则执行 else 对应的"语句块 N"。else 是可选语句，如果没有条件成立，则执行 else 后面的语句块。

Python 循环
语句

10.6.9　循环语句

在 Python 语言中，循环语句分为遍历循环和无限循环两种。

1. 遍历循环：for 语句

如果循环次数确定，可以使用 for 语句。基本语法结构如下。

```
for <循环变量> in <遍历结构>：
    <循环体>
```

在 Python 中 for 语句的循环次数是由遍历结构中元素个数确定的。遍历循环通过从遍历结构中逐一提取元素赋值给循环变量，然后对提取的每个元素执行一次循环体。遍历结构可以是字符串、文件或是 range() 函数等。

【例 10-4】编写一个程序，求 1～100 这 100 个自然数的和。

程序如下。

```
s=0
for i in range(101):
    s=s+i
print(s)
```

在这个程序中，range(101) 表示循环结构是从 1～100 的自然数。若要表示 1～20 的自然数，可以写为 range(21)，range() 的参数"21"取不到。

【例 10-5】利用循环，引用字符串中的每个字符。

程序如下。

```
for s in "程序设计"：
    print('循环进行中：'+s)
else:
    print('循环结束')
```

在这个遍历循环中，循环结构为字符串，那么循环变量 s 依次取得字符串中的每一个字符然后输出。输出结果如图 10.17 所示。

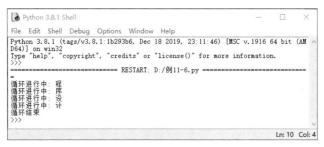

图 10.17　遍历循环运行结果

2. 无限循环：while 语句

在大多数实际问题的解决过程中无法使用遍历循环，而需要根据某些特定的条件执行循环语句，这种循环称为无限循环。基本语法结构如下。

```
while <条件>：
    <循环体>
```

在 while 中，当条件成立时，执行循环体；条件不成立时，跳过 while 语句，执行后面与之同级的语句。

10.6.10　列表和字典

1．列表

在处理单个数据的时候，使用变量是非常方便的。但如果遇到有组织有关联的成批数据，变量的使用就显得捉襟见肘了。在其他语言中处理这样的成批数据采用的是数组的形式，但是数组要求所有元素的数据类型是一致的。由于 Python 语言并没有数据类型的严格划分，所以 Python 没有采用数组，而是采用了功能更为强大的列表。

列表是包含 0 个或多个对象引用的有序序列，没有长度限制。列表用一对中括号"[]"表示。列表的内容和长度都是可变的。创建列表的基本语法如下。

<列表名>=[元素 1,元素 2,…,元素 N]

各个元素可以是数字，可以是字符串，也可以是列表。列表也属于序列型数据。列表一旦生成，每一个元素就有了自己的索引号。可以对列表进行增删查改的操作。

```
>>>list1=[1,2,3,'Python','你好',[4,5,5]]    #创建一个列表,命名为list1
>>>list1                                      #显示列表内容
[1,2,3,'Python','你好',[4,5,5]]
>>>list1[3]                                   #显示索引号为3的元素
'Python'
>>>list1[5]                                   #显示索引号为5的元素,该元素为列表
[4,5,5]
>>>list1.append(6)                            #在列表list1末尾追加一个元素6
>>>list1                                      #显示列表内容
[1,2,3,'Python','你好',[4,5,5],6]
>>>list1.remove(3)                            #移除列表list1中的元素3
>>>list1
[1,2,'Python','你好',[4,5,5],6]
>>>del list1[0]                               #删除list1中指定位置的元素
>>>list1
[2,'Python','你好',[4,5,5],6]
>>>list1.insert(1,'插入')                     #在指定位置,插入具体元素
>>>list1
[2,'插入','Python','你好',[4,5,5],6]
```

与列表功能类似的还有元组。在 Python 中，元组是由一对"()"括起来的序列，元组一旦生成便不能更改，它是不可变类型。

2．字典

在很多具体的应用中，使用索引号不一定方便。Python 语言提供了一种数据结构：字典。字典是由键值对组成的序列。通过键来查找值。例如电话号码簿就是典型的键值组合。通过姓名来查找电话号码。创建字典的基本语法格式如下。

<字典名 1>={键 1:值 1,键 2:值 2,…,键 N:值 N}

字典由大括号括起来，键和值由冒号连接，各个键值对之间用逗号间隔。

```
>>>dic1={'河北':'石家庄','江苏':'南京','浙江':'杭州','河南':'郑州'}    #创建一个字典,名为dic1
>>>dic1.keys()                                #列出字典中所有键
dict_keys(['河北','江苏','浙江','河南'])
```

```
>>>dic1.values()                          #列出字典中所有值
dict_values(['石家庄','南京','杭州','郑州'])
>>>dic1.items()                           #列出所有键值对
dict_items([('河北','石家庄'),('江苏','南京'),('浙江','杭州'),('河南','郑州')])
```

在 Python 中用 "{}" 括起来的非键值对序列叫作集合，与数学概念的集合相似，可以进行集合的交、并、差等运算，集合中的数据不能重复。

10.6.11　函数和库

1. 函数

函数是一段具有特定功能的、可重复使用的程序代码。Python 语言自带了一些函数和方法。Python 提供了 68 个内置函数，这些函数不需要引用库就可以直接使用。用户也可以自己编写函数。使用函数的好处是可以减少代码的重复，同时可以降低编程难度。自定义函数基本语法格式如下。

```
def  <函数名>(<参数列表>):
    <函数体>
    return <返回值列表>
```

2. 库

Python 语言除了自带的函数之外，还有很多内置标准库和第三方库。Python 语言致力于开源开放，建立了全球最大的编程计算生态。Python 语言的官方网站提供了第三方库的索引，介绍了 Python 语言超过 21 万个第三方库的基本信息。这些函数库涵盖了信息领域的所有技术方向。

（1）内置标准库 Turtle 库

Turtle 库是一个直观且有趣的图形绘制函数库，此库中的常用函数及功能如表 10.4 所示。

表 10.4　Turtle 库中的常用函数

函数	功能
forward(n)	沿着绘图箭头前进 n 个像素长度，单位为像素，默认方向水平向右。若 n 为负值则反方向绘图
left(x)	绘图箭头左转 x 角度
right(x)	绘图箭头右转 x 角度
pencolor()	画笔的颜色
fillcolor()	填充封闭图形的色彩
begin_fill()/end_fill()	定义填充颜色的代码范围，与 fillcolor()搭配使用
up()/down()	起笔/落笔命令
clear()	擦除画布

【例 10-6】利用 Turtle 库绘制图 10.18 所示的五角星。

程序如下。

图 10.18　五角星

```
import turtle              #使用库需要先将库导入
t=turtle.Pen()            #将 turtle 画笔命名为 t，方便使用
t.pensize(15)             #将画笔尺寸设置为 15 像素
t.fillcolor("red")        #将填充颜色设置为红色
t.pencolor("yellow")      #将画笔颜色设置为黄色
t.begin_fill()            #设置开始填充的起始位置
for i in range(0,5):      #因为五角星 5 条边，所以使用 for 遍历循环来绘制五角星
    t.forward(200)        #每条边长度为 200 像素
```

```
    t.right(144)                #绘制完一条边后，将画笔的方向向右调整 144°
t.end_fill()                    #填充完成
```

注意： 库中函数需要按照 "<库名>.<函数名>" 的格式来使用。

（2）第三方库 Jieba 库

Jieba 是目前非常好用的 Python 中文分词组件，为用户提供非常便利的处理中文的方法。它需要通过 pip3 工具安装。安装方法：首先要确保使用的计算机连通互联网，之后打开命令提示符，输入命令 "pip install jieba"，然后按<Enter>键即可安装，如图 10.19 所示。

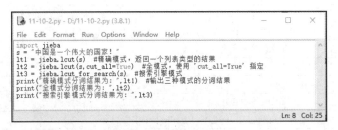

图 10.19　Jieba 库的安装

Jieba 库主要有以下 3 种特性。

① 支持 3 种分词模式。

- 精确模式：试图将句子最精确地切开，适合文本分析。
- 全模式：把句子中所有可以成词的词语都扫描出来，速度非常快，但是不能解决歧义。
- 搜索引擎模式：在精确模式的基础上，对长词再次切分，提高召回率，适用于搜索引擎分词。

② 支持繁体分词。

③ 支持自定义词典。

【例 10-7】参照图 10.20 新建文件并输入语句，运行程序并观察不同模式的中文分词。

```
import jieba
s = "中国是一个伟大的国家！"
lt1 = jieba.lcut(s)    #精确模式，返回一个列表类型的结果
lt2 = jieba.lcut(s,cut_all=True)    #全模式，使用 'cut_all=True' 指定
lt3 = jieba.lcut_for_search(s)    #搜索引擎模式
print("精确模式分词结果为：",lt1)    #输出三种模式的分词结果
print("全模式分词结果为：",lt2)
print("搜索引擎模式分词结果为：",lt3)
```

图 10.20　Jieba 库分词

习题 10

一、选择题

1. 顺序程序不具有（　　）。

　　A. 顺序性　　　　　　B. 并发性　　　　　　C. 封闭性　　　　　　D. 可再现性

2. 下列叙述中正确的是（　　）。

　　A. 算法的复杂度与问题的规模无关

　　B. 算法的优化主要通过程序的编制技巧来实现

　　C. 对数据进行压缩存储会降低算法的空间复杂度

　　D. 数值型算法只需考虑计算结果的可靠性

习题参考答案

3. 结构化程序设计强调（　　　）。
   A. 程序的效率　　　B. 程序的规模　　　C. 程序的易读性　　D. 程序的可复用性
4. 结构化程序的 3 种基本控制结构是（　　　）。
   A. 递归、堆栈和队列　　　　　　　B. 调用、返回和转移
   C. 顺序、选择和循环　　　　　　　D. 过程、子程序和函数
5. 不属于结构化程序设计原则的是（　　　）。
   A. 多态性　　　　　B. 自顶向下　　　　C. 模块化　　　　　D. 逐步求精
6. 下面属于良好程序设计风格的是（　　　）。
   A. 程序效率第一　　　　　　　　　B. 源程序文档化
   C. 随意使用无条件转移语句　　　　D. 程序输入/输出的随意性
7. 程序流程图中带有箭头的线段表示的是（　　　）。
   A. 图元关系　　　　B. 数据流　　　　　C. 控制流　　　　　D. 调用关系
8. 下列叙述中正确的是（　　　）。
   A. 所谓算法就是计算方法
   B. 程序可以作为算法的一种描述方法
   C. 算法设计只需考虑得到计算结果
   D. 算法设计可以忽略算法的运算时间
9. 程序调试的任务是（　　　）。
   A. 设计测试用例　　　　　　　　　B. 验证程序的正确性
   C. 发现程序中的错误　　　　　　　D. 诊断和改正程序中的错误
10. 属于结构化程序设计基本原则的是（　　　）。
    A. 逐步求精　　　　B. 迭代法　　　　　C. 归纳法　　　　　D. 递归法

二、简答题

1. 什么是程序？什么是程序设计？程序设计包含哪几个方面？
2. 在程序设计中应该注意哪些基本原则？
3. 机器语言、汇编语言、高级语言有什么不同？

三、编程题

1. 设计程序，输入任意正整数 n，计算输出 $n!$。
2. 设计程序，输出 500 以内的所有素数。
3. 画一个等边六边形，并用颜色填充。
4. 画一个等边的 n 边形，并用颜色填充，其中的整数 n 由键盘输入。

11 第11章 网页制作

制作网页的工具有很多，本章以 Dreamweaver 20 为例，详细介绍制作网页的方法，包括网站与网页的关系以及网页中表格、表单的处理方法等。

章首导读

【知识要点】

- 网站与网页的关系。
- 构成网页的基本元素。
- 表格的使用。
- 表单的使用。

11.1 网站与网页

网页是构成网站的基本单位，当用户通过浏览器访问一个站点的信息时，被访问的信息最终会以网页的形式显示在用户的浏览器中。

网页是用 HTML 语言编写的，通过万维网（WWW）传输，并被 Web 浏览器翻译成可以显示出来的包含文本、图片、声音和数字电影等信息形式的页面文件。网页根据页面内容可以分为主页、专栏网页、内容网页及功能网页等类型，其中最重要的就是网站的主页。主页通常设有网站的导航栏，是所有站点网页的链接中心。网站就是由网页通过超链接形式组成的。

HTML 语言只能设计静态的网页。一些长期不变的信息可以用静态网页来表现，而对于信息需要经常更新的部分，则可以采用动态网页的形式来表现。动态网页就是在 HTML 标记中嵌入动态脚本，从而使网页具有更强的信息发布灵活性。当前较为常见的脚本语言有 ASP、ASP.NET、JSP、PHP 等。

在设计网页时我们可以借助一些网页设计工具，如 Microsoft Expression Web、Dreamweaver 等，这样可以加快网页的开发速度。

网页就是网站的"灵魂"，只有设计具有良好用户体验的网页，一个网站才能够吸引更多的用户，其所公布的信息才能被更多的用户所熟知。

11.1.1 网页的主要元素

网页上常见的功能组件元素有站标（Logo）、导航栏、广告条等。色彩、文本、图片和动画是网页最基本的信息形式和表现手段。充分了解网页基本元素的设计要点之后，设计者再进行网页设计就可以做到胸有成竹了。

（1）站标。站标是一个网站的标志，通常位于主页面的左上角，但是站标的位置不是一成不变的。图 11.1 所示为网络上常见的站标位置示意图。

（2）导航栏。导航栏可以直观地反映出网页的具体内容，带领浏览者顺利访问网页。网页中的导航栏要放在明显的位置。导航栏有一排、两排、多排、图片导航和框架快捷导航等类型。导航栏也可以是动态的，如 Flash 导航。

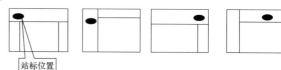

图 11.1　网页站标位置示意图

（3）广告条。广告条又称广告栏，一般位于网页顶部、导航栏的上方，与左上角的站标相邻。免费站点的广告条主要用来显示站点服务商要求的一些商业广告，一般与本站内容无关。付费站点的广告条则可以用来深化本网站的主题，或对站标的内涵进行补充。广告条上的广告语要精炼，朗朗上口。广告条的图形无须太复杂，文字尽量使用黑体等粗壮的字体，否则在视觉上很容易被网页的其他内容淹没。

（4）按钮。网页上按钮的形式比较灵活，任何一个板块内容都可以设计成按钮的形式。在制作按钮时要注意与网页整体相协调，按钮上的文字要清晰，图案色彩要简单。

（5）文本。网页中最多的内容通常是文本，用户可根据需要设置文本的颜色、字体、字号等。

（6）图片。图片是表现、美化网页的最佳元素。图片可以应用于网页的任何位置。网页中可以使用多种图片格式，但图片数量不宜过多，否则会让人觉得杂乱，也影响网速。

（7）表格。表格一般用来控制网页布局的方式，很多网页都是用表格来布局的，比较明显的就是横竖分明的网页布局。

（8）表单。表单指用来收集信息或实现一些交互作用的表。例如，申请免费邮箱时要填写的表单。

（9）多媒体及特殊效果。很多网页为了吸引浏览者，常常会设置一些动画或声音，这样可以增加访问量。

11.1.2　网站

1．网站

从广义上讲，网站是在浏览器地址栏输入 URL 之后由服务器回应的一个 Web 系统。网站分为静态网站和动态网站两类。静态网站是基于纯 HTML 语言的 Web 系统，现在已经很少使用。动态网站具有以下 3 个特点。

（1）交互性。网页会根据用户的要求和选择而动态改变和响应。将浏览器作为客户端界面，这将是今后 Web 发展的大趋势。

（2）自动更新。无须用户手动更新 HTML 文档，动态网站便会自动生成新的页面，这可以大大减少用户的工作量。

（3）因时因人而变。不同的时间、不同的人访问同一地址的时候会产生不同的页面。

除早期的 CGI 外，目前主流的动态网页技术有 JSP、ASP、PHP 等。

网站的种类有很多，不同的分类标准可以把网站分为多种类型。根据功能可以将网站分为综合信息门户网站、电子商务网站、企业网站、政府网站、个人网站、内容型网站等。按网站内容又可以将网站分为门户网站、专业网站、个人网站、职能网站等。

2．网站制作的基本流程

通常，一个网站的开发过程分为 3 个阶段，分别是规划与准备阶段、网页制作阶段和网站的测试发布与维护阶段。具体的开发制作过程如下。

（1）网站定位。网站要有明确的目标定位，只有定位准确、目标鲜明，才能按部就班地进行设计。网站定位就是确定网站主题和用途。

（2）收集与加工网页制作素材。收集与加工制作网页所需要的各种图片、文字、动画、声音、视频等素材。

（3）规划网站结构和网页布局。网站是由若干文件组成的文件集合，大型网站文件的个数更是数以万计的，因此，为了方便网站管理人员进行维护，也为了浏览者可以快速浏览网页，网站开发人员需要对文件物理存储的目标结构进行合理规划。在进行页面版式设计的过程中，需要安排网页中包括文字、图像、导航条、动画等各种元素在页面中显示的位置和具体数量。合理的页面布局可将页面中的元素完美、直观地展现给浏览者。常见的网页布局形式包括"国"字布局、T 形布局、"三"字布局、"川"字布局等。

（4）编辑网页内容。使用 Dreamweaver 等网页编辑工具软件，在具体的页面中添加实际内容。

（5）测试并发布网页。在完成网页的制作工作之后，需要对网页效果充分进行测试，以保证网页中的各元素都能正常显示。测试工作完成后，即可发布整个网站。

（6）维护网站。维护网站文件和其他资源，实时更新网站的内容。

11.1.3 Dreamweaver 20 简介

Adobe Dreamweaver 简称 "DW"，中文名称为 "梦想编织者"，是集网页制作和管理网站于一身的 "所见即所得" 的网页代码编辑器。利用其对 HTML、CSS、JavaScript 等内容的支持，设计人员和开发人员可以随时随地快速制作网站和进行网站建设。目前常用的主流版本为 Dreamweaver 20。

第一次启动 Dreamweaver 20 的时候会出现 "工作区设置" 窗口，在此窗口中用户可以选择适合自己的工作区布局。选择 "标准界面" 单选按钮之后就进入了 Dreamweaver 20 的工作界面，并且出现一个开始页面，单击 "新建" 按钮，选择其中的 HTML 选项，创建一个新文件，这样就进入了 Dreamweaver 20 工作环境。Dreamweaver 20 的工作区主要由标题栏、菜单栏、工具栏（标准工具栏、文档工具栏、通用工具栏）、编辑区、状态栏、面板组、属性面板等构成，如图 11.2 所示。

图 11.2 Dreamweaver 20 工作区

11.2 简单网站的创建

11.2.1 创建本地站点

在 Dreamweaver 20 中建立一个站点的一般操作步骤如下。

创建本地网站

（1）在任意一个根目录下创建一个文件夹（假设为 E 盘），并取名为"MyWeb"。注意，网站中所用的文件都要用英文名。

（2）打开 Dreamweaver 20，选择"站点"→"新建站点"命令，打开图 11.3 所示的对话框。在"站点名称"中输入网站的名称（可用中文，如"个人主页"），在"本地站点文件夹"中选择刚才创建的文件夹（E:\MyWeb），然后单击"保存"按钮即可，如图 11.3 所示。

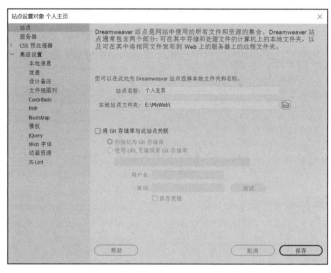

图 11.3　新建站点

11.2.2　添加站点文件夹

网站建完之后要在站点下建立文件夹，用于存储一些必要的内容。若要在站点中新建文件夹，可在"文件"浮动面板的"站点"根目录上单击鼠标右键，然后在弹出的快捷菜单中选择"新建文件夹"命令，如图 11.4 所示。

11.2.3　创建页面

在"文件"浮动面板中的"站点"根目录上单击鼠标右键，然后在弹出的快捷菜单中选择"新建文件"命令，这样就建好了一个页面，默认的文件名为 untitled.html。这里给它改名为 index.html。网站第一页的名字通常是 index.htm 或 index.html，其他页面的名字可以自己取，如图 11.5 所示。

图 11.4　添加站点文件夹

11.2.4　创建网页基本元素

在建好的站点下双击打开文件"index.html"，此时页面是空白的。

1. 插入图像

（1）单击"插入"面板上的"Image"按钮或者选择"插入"

图 11.5　创建页面

菜单下的"Image"命令，在"选择图像源文件"对话框中打开所需要的图像文件，然后单击"确定"按钮。如果出现对话框询问"你愿意将该文件复制到根文件夹中吗？"，选择"是"，然后将它保存到站点所在目录下的"images"文件夹内。这一步非常关键，它直接影响着网页的效果。所有和网站相关的内容都必须存在站点内。

（2）选中该图片，选择"窗口"下的"属性"命令，打开"属性"面板，用户可以在这里为图片命名，重新设置图片的高、宽等。按住<Shift>键，再拖曳角上的点，还可以使图片保持宽高比例进行拉伸。如要恢复原始大小，单击"属性"面板中的 ⊘ 按钮即可，如图11.6所示。

图11.6　设置图片属性

（3）此外，用户可以直接在"链接"文本框中输入地址。"替换"是图片的说明，即鼠标指针指向图片时显示的文字。

2. 添加水平分割线

水平分割线的作用是将各部分区别开，通常可在标题下插入一条水平分割线。

（1）将鼠标指针移动到要插入分割线的地方，即标题下方。

（2）选择"插入"→"HTML"→"水平线"命令。

（3）可以修改水平分割线的属性，其高度、宽度、对齐方式等都可以在"属性"面板中进行修改。如果想将水平分割线改为垂直分割线，则可将高度设为5像素，宽度设为600像素，如图11.7所示。

图11.7　设置水平分割线属性

3. 设置导航栏

导航栏的作用是与其他网页链接，从而进入其他页面，可为用户浏览网页提供方便。导航栏既可用文字也可用图像表现，表现方式十分丰富。导航栏用文字表现时，需先用表格来布局导航栏。

在水平分割线下单击鼠标出现光标。

（1）在"插入"菜单或者"插入"面板中单击"Table"按钮。在弹出的对话框中设置"行数"为4，"列"为1，"表格宽度"为26，单位为"百分比"。然后单击"确定"按钮，如图11.8所示。

（2）选中表格，出现调控点，拖曳调控点可以调整表格的大小。在"属性"面板中还可以调整表格的对齐位置、宽度、高度和背景颜色等，如图11.9所示。然后单击表格中的第一个单元格，待出现光标后再输入文字。

图11.8　设置表格大小

图 11.9　设置表格属性

4. 设置超链接

超链接是网页的"灵魂"，通过超链接的方式可以将各个网页连接起来，使网站中的众多页面构成一个有机的整体，让访问者能够在各个页面之间跳转。

（1）设置图像的超链接

首先选中用来做链接的图像，单击"属性"面板中"链接"选项右侧的"浏览文件"图标。选择与图像链接相关的文档后，单击"确定"按钮，则"属性"面板的"链接"文本框内出现了被链接的相关文件的路径；或者直接输入图像链接的网址，如图 11.10 所示。

图 11.10　建立图像链接

（2）设置文字的超链接

文字是网页中的重要内容，尤其在主页上，绝大多数文字都处于超链接状态。下面为导航栏中的文字设置超链接。

① 选中用来做超链接的文字"校园风光"。

② 单击"属性"面板中"链接"选项右侧的"浏览文件"图标。

③ 此时会出现"选择文件"对话框，选择与"校园风光"相关的文件。

④ 单击"确定"按钮后，在"属性"面板中"链接"文本框内出现了链接的相关网页文件的路径。

5. 设置页面属性

在 Dreamweaver 20 中，为了使页面风格与页面上所添加的元素的风格一致，必须对网页页面属性进行设置，如图 11.11 所示。

图 11.11　设置页面属性

11.3　网页中表格的应用

11.3.1　创建表格

创建表格的步骤如下。

（1）打开文档窗口的设计视图，将插入点放在需要插入表格的位置。

（2）单击"插入"面板中的"Table"按钮。

（3）在弹出的对话框中设置参数，如行数、列数、表格宽度等。

11.3.2 表格的基本操作和属性

1. 表格的基本操作

（1）在单元格中添加内容

可以像在表格外部添加文本和图像那样在表格单元格中添加文本和图像。在表格中添加或者编辑内容时，使用键盘在表格上定位可以节省不少时间。

若要使用键盘从一个单元格移动到另一个单元格，可以利用以下方式实现。

① 按<Tab>键移动到下一个单元格。

② 在表格的最后一个单元格中按<Tab>键可自动为表格添加一个空白行。

③ 按<Shift> +<Tab>组合键可移动到上一个单元格。

④ 按箭头键上下左右移动。

（2）选择表格元素

用户可以一次选择整个表、行或列，还可以在表格中选择一个连续的单元格。在选择了表格或单元格之后，可以执行以下操作。

① 修改所选单元格或其中包含的文本的外观。

② 复制和粘贴单元格，还可以选择表格中多个不相邻的单元格并修改这些单元格的属性。

2. 查看和设置表格属性

（1）查看表格属性

选择一个表格，选择"窗口"→"属性"命令，可以打开属性检查器查看表格属性。

（2）设置表格属性

选择一个表格，打开"属性"面板，通过设置属性更改表格的样式。

3. 设置单元格、行和列属性

若要设置表格元素的属性，可执行以下操作。

（1）水平。指定单元格、行或列内容的水平对齐方式，有默认、左对齐、居中对齐、右对齐 4 种方式，默认情况下是左对齐。

（2）垂直。指定单元格、行或列内容的垂直对齐方式，有默认、顶端对齐、居中对齐、底部对齐、基线对齐 5 种方式，默认情况下是居中对齐。

4. 添加、删除行和列

在设计视图下，单击一个单元格，执行下列操作可添加行或列。

（1）若要在当前单元格上方添加一行，可选择"编辑"→"表格"→"插入行"命令，或者单击鼠标右键，在弹出的快捷菜单中选择"表格"→"插入行"命令。

（2）若要在当前单元格左边添加一列，可选择"编辑"→"表格"→"插入列"命令，或者单击鼠标右键，在弹出的快捷菜单中选择"表格"→"插入列"命令。

（3）若要一次添加多行或多列，或者在当前单元格的下方添加行或在其右边添加列，可选择"编辑"→"表格"→"插入行或列"命令，或者单击鼠标右键，在弹出的快捷菜单中选择"表格"→"插入行或列"命令，即会出现"插入行或列"对话框，按要求完成相应操作，如图 11.12 和图 11.13 所示。

使用同样的办法也可删除行或列。

图 11.12　菜单操作选项

图 11.13　右键快捷菜单选项

5. 合并、拆分表格中的两个或多个单元格

（1）按<Ctrl>键选定要合并的单元格，所选单元格必须是连续的，且形状必须为矩形。

（2）选择"编辑"→"表格"→"合并单元格"命令，或者单击鼠标右键，在弹出的快捷菜单中选择"表格"→"合并单元格"命令。

（3）同理，选择"编辑"→"表格"→"拆分单元格"命令，或者单击鼠标右键，在弹出的快捷菜单中选择"表格"→"拆分单元格"命令。

6. 剪切、复制和粘贴单元格

可以一次剪切、复制和粘贴单个或多个单元格，并保留单元格的格式设置。

（1）选择表格中的一个或多个单元格。所选单元格必须是连续的，且形状必须为矩形。

（2）使用"编辑"→"剪切"或"编辑"→"拷贝"命令来剪切或复制单元格，或者单击鼠标右键，在弹出的快捷菜单中选择"剪切"或"拷贝"命令。如果选择了整个行或列并选择"编辑"→"剪切"命令，则将从表格中删除整个行或列。

11.4　表单的使用

表单可以把来自客户的信息提交给服务器，它是网站管理者与浏览者之间沟通的桥梁。当访问者将信息输入 Web 站点中的表单并单击"提交"按钮时，这些信息将被发送到服务器，服务器端脚本或应用程序在该处对这些信息进行处理。服务器通过将请求信息发送回用户，或基于该表单内容执行一些操作来进行响应。Dreamweaver 20 允许创建各种表单对象，包括文本域、密码域、单选按钮、复选框、弹出菜单及可单击的图像。

表单的使用

在 Dreamweaver 20 中，可通过选择"插入"→"表单"→"表单"命令来插入表单对象，如图 11.14 所示。

1. 向文档中添加一个表单

将插入点放在希望表单出现的位置。选择"插入"→"表单"命令。此时 Dreamweaver 20 插入了一个表单，当页面出现"设计"视图时，Dreamweaver 20 将用红色的虚轮廓线指示表单。如果用户没有看到此轮廓线，可检查是否选中了"查看"→"设计视图选项"→"可视化助理"→"不可见元素"选项（见图 11.15）。

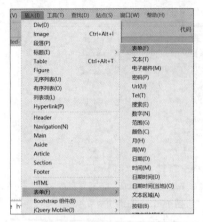

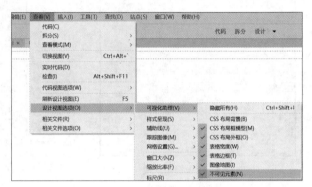

图 11.14 选择"表单"命令　　　　图 11.15 设置不可见元素

（1）在"文档"窗口中，单击该表单轮廓可以选择该表单。

（2）在"属性"面板的"ID"域中，输入一个唯一名称以标识该表单。

（3）在"属性"面板的"Action"域中，指定处理该表单的动态页或者脚本的路径。可以输入完整的路径，也可以单击文件夹图标定位到包含该脚本或应用程序页的文件夹。

（4）在"Method"弹出式菜单中，选择将表单数据传输到服务器的方法。表单的"方法"有 POST 和 GET 两种，POST 表示在 HTTP 请求中嵌入表单数据，GET 表示将值追加到请求该页面的 URL 中。

（5）"Target"弹出式菜单指定了一个窗口，在该窗口中显示了调用程序所返回的数据。如果命名的窗口尚未打开，则会打开一个具有该名称的新窗口，目标值如下。

① _blank：在未命名的新窗口中打开目标文档。

② _parent：在显示当前文档窗口的父窗口中打开目标文档。

③ _self：在提交表单所使用的窗口中打开目标文档。

④ _top：在当前窗口的窗体内打开目标文档，此值可用于确保目标文档占用整个窗口，即原始文档显示在框架中。

⑤ new：在一个新的窗口中打开目标文档。

2. 插入文本并设置属性

将插入点放在表单轮廓内，选择"插入"→"表单"→"文本"命令，这时文档中会出现一个文本域，文本"属性"面板如图 11.16 所示。

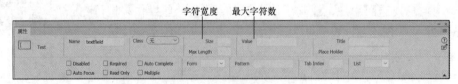

图 11.16 文本"属性"面板

在"字符宽度"区域，可执行下列操作之一。

（1）Size：接收默认设置，将文本域的长度设置为 20 个字符。

（2）Max Length：指定文本域的最大长度。文本域的最大长度是一次最多可以显示的字符数，默认值为 20 个字符。

在"最大字符数"区域中输入一个值，该值可用于限定用户在文本域中输入的最大字符数。这个值定义了文本域的大小限制，而且可用来验证该表单。

3．插入单选按钮组

插入单选按钮组的操作步骤如下。

（1）将插入点放在表单轮廓内。

（2）选择"插入"→"表单"→"单选按钮组"命令。

（3）完成对"单选按钮组"对话框的设置后单击"确定"按钮，如图 11.17 所示。

（4）在"名称"文本框中，输入该单选按钮组的名称。若希望这些单选按钮将参数传递回服务器，则这些参数将与该名称相关联。

（5）单击加号（+）按钮可添加单选按钮。

（6）单击向上或下箭头可重新排序这些按钮。

（7）如果希望在浏览器中打开页面时，某特定单选按钮处于选中状态，可在"属性"窗口中选中 Checked。无论在何种情况下，所指定的值都应与单选按钮组中单选按钮之一的选定值相匹配。

（8）选择如何布局这些按钮。Dreamweaver 20 能用换行符来设置这些按钮的布局。若选择"表格"选项，则 Dreamweaver 20 会创建一个单列表，并将这些单选按钮放在左侧，将标签放在右侧。

4．插入复选框组

复选框组允许用户从一组选项中选择多个选项，插入复选框组的操作步骤如下。

（1）将插入点放在表单轮廓内，选择"插入"→"表单"→"复选框组"命令。

（2）完成对"复选框组"对话框的设置后单击"确定"按钮，如图 11.8 所示。在"名称"文本框中输入复选框组的名称。

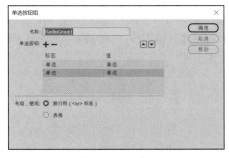

图 11.17　"单选按钮组"对话框

图 11.18　"复选框组"对话框

（3）在选定值中为复选框输入值。例如，在一项调查中，可以设置值 4 表示非常同意，值 1 表示强烈反对。

（4）对于"初始状态"，如果希望在浏览器中首次载入该表单时有一个选项显示为选中状态，可以选中"属性"窗口中的 Checked。

5．插入表单按钮

标准表单按钮为浏览器的默认按钮样式，其中包含了要显示的文本。插入表单按钮的操作步骤如下。

（1）将插入点放在表单轮廓内。

（2）选择"插入"→"表单"→"按钮"命令，将弹出属性检查器，如图 11.19 所示。

（3）在"Name"文本框中为按钮命名。

（4）在"Value"文本框中输入希望在该按钮上显示的文本。

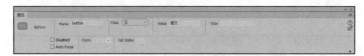

图 11.19　设置按钮属性窗口

11.5　网站发布

11.5.1　网站的测试

网站在发布之前需要进行测试，测试站点是为了发布后的网页能在浏览器中正常显示以及实现超链接的正常跳转。测试内容一般包括浏览器的兼容性、不同屏幕分辨率的显示效果、网页中所用链接是否有效和网页显示的速度等。测试不仅要在本地对网站进行，最重要的是在远程进行，因为只有远程浏览才更接近于真实情况。

11.5.2　网站的发布

网站制作的最终目的是将之发布到 Internet 上，让大家都能通过 Internet 看到，这才是做网站的初衷。

完成了站点的创建与测试之后，接下来的工作就是上传站点。上传站点时，必须已经申请了域名，并且在 Internet 上有了自己的站点空间。上传站点通常是通过 FTP 协议进行的。申请站点空间时，网站服务商会将响应的上传主机的地址、用户名、密码等信息告诉用户，根据这些信息，用户可以将网站上传到远端服务器上。

在 Dreamweaver 20 中设置远程站点的操作步骤如下。

（1）在"文件"面板中，打开要上传的本地站点，单击定义服务器。

（2）弹出"站点设置对象"对话框，单击"+"添加新服务器。

（3）选择 FTP 访问方式，然后设置用于上传 Web 站点文件的 FTP 主机名称，以及用户在远程站点上存储文档的主机目录，它们可以从网络服务提供商处获得。

（4）设置登录用户名及密码，这些内容都是从域名厂商那里获得的。

（5）打开更多选项，选择"使用被动式 FTP"复选框，可以建立被动 FTP。一般情况下，如果防火墙配置要求使用被动式 FTP，则此项应该被选。

（6）单击"保存"按钮完成远程站点设置。

设置完成之后，打开文件面板连接到远程服务器。连接成功以后，远程站点窗格中将显示主机目录，表示已经连接成功。

习题 11

1. 制作网站的流程有哪些？
2. Dreamweaver 20 的工作界面由哪些部分组成？浮动面板有哪些是常用的？如何拆分和组合这些面板？
3. 怎样快速选择表格的行和列？如何拆分、合并单元格？
4. 表单的用途有哪些？
5. 如何添加表单元素并设置它们的属性？
6. 制作一个介绍精品课堂的小型网站。

习题参考答案

12 第12章 常用工具软件

本章主要介绍当前流行的计算机工具软件，详细讲述格式工厂和 Adobe Acrobat DC 的功能及使用方法（内容的讲述以实用性为主，注重实际操作能力的培养）。

【知识要点】

- 计算机工具软件的概念。
- 多媒体格式转换工具——格式工厂。
- PDF 制作工具——Adobe Acrobat DC。

章首导读

12.1 计算机工具软件概述

所谓计算机工具软件，就是在计算机操作系统的支撑环境中，为了扩展和补充系统的功能而设计的一些软件。作为一个计算机操作者，只会进行简单的 Windows 操作和 Office 操作是远远不够的。用户如果想充分发挥计算机的潜能，调动所有可利用的资源，就必须学会使用各种各样、种类繁多的计算机工具软件。

目前，成熟的商业软件、共享软件和免费软件的品种有很多，基本上用户想要实现的功能都能得到满足。由于篇幅的限制，本章从目前计算机应用较热门的领域挑选了两个实用的工具软件进行介绍。

12.2 多媒体格式转换工具——格式工厂

格式工厂（Format Factory）是一款多功能的多媒体格式转换软件，适用于 Windows 操作系统，可以实现大多数视频、音频以及图像的格式转换，具有设置文件输出配置、增添数字水印等功能。此外，格式工厂还对手机等移动设备提供了支持，用户只需输入设备的机型，即可直接将多媒体文件格式转化成移动设备支持的格式，省时省力，方便快捷。

1. 格式工厂的功能和特点

（1）支持绝大多数类型的多媒体格式。

（2）转换过程中可以修复某些意外损坏的视频文件。

（3）可为多媒体文件"减肥"或"增肥"。

（4）支持 iPhone/iPod/PSP 等设备指定的格式。

（5）转换图片文件的同时还支持缩放图片、旋转图片、添加水印等功能。

（6）具有 DVD 视频抓取功能，可轻松备份 DVD 到本地硬盘。

（7）支持多种语言，能满足用户的多种需要。

2. 转换视频格式

（1）首先打开软件，如图 12.1 所示，在左边单击"视频"按钮，再根据需要，单击转换后的格式。例如，若要把自己的视频转换成 AVI 格式，可选择 AVI。

（2）打开窗口后，单击"添加文件"按钮选择需要转换的文件，如图 12.2 所示。在此也可以改变输出文件所在的位置，默认位置是 F:\FFOutput。

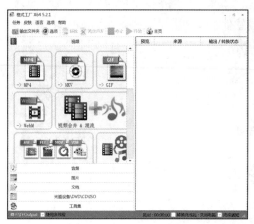

图 12.1　格式工厂初始界面　　　　图 12.2　格式工厂视频转换设置界面

（3）单击视频上方的"剪辑"按钮截取视频，可以根据视频进度选择"开始时间"设置视频起点，选择"结束时间"设置视频终点，也可以自己手动设置起点、终点，如图 12.3 所示，最后单击"确定"按钮保存退出。

（4）截取好视频再单击图 12.2 中的"输出配置"按钮，在弹出的对话框中设置视频的码率和帧数（可以设置成默认值，也可以根据需求去设置），如图 12.4 所示，设置后单击"确定"按钮。

图 12.3　格式工厂视频剪辑界面　　　　图 12.4　格式工厂视频输出配置界面

（5）回到图 12.5 所示的界面后，单击正上方的"开始"按钮进行转换。

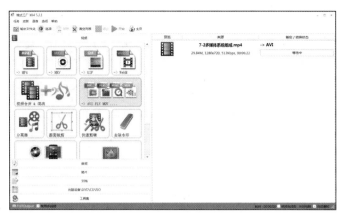

图 12.5　格式工厂视频转换界面

3. 转换图片格式

（1）在软件左边单击"图片"按钮，然后单击需要转换的格式，如需要转换成 JPG 格式，可单击"添加文件"按钮添加图片进来（可以批量添加），如图 12.6 所示。

（2）添加图片后，单击正上方的"输出配置"按钮，再根据需要设置图片大小，如图 12.7 所示。

图 12.6　格式工厂图片转换设置界面

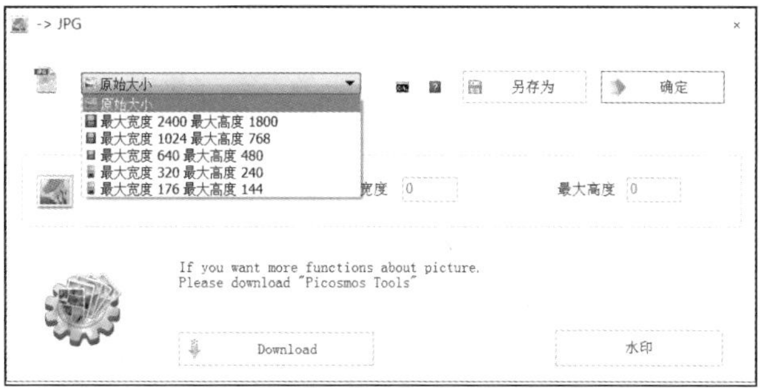

图 12.7　格式工厂图片输出配置界面

（3）设置完毕单击"确定"按钮，再单击正上方的"开始"按钮进行转换，如图 12.8 所示。

图 12.8　格式工厂图片转换界面

上面对格式工厂的部分功能进行了简单介绍，如果需要应用其他功能，读者可以进行更加细致的学习和应用。

12.3 PDF 制作工具——Adobe Acrobat DC

Adobe Acrobat 是一款由 Adobe 公司推出的 PDF 编辑和阅读软件，它可以将文档、绘图和丰富的媒体内容合并到一个 PDF 文档中。它还可以在 Word、Excel、Outlook、Internet Explorer、Project、Visio、Access、Publisher 等任何具有打印功能的应用程序里面轻松创建 PDF 文档，非常实用。下面将以 Adobe Acrobat DC 为例进行介绍。

1. 功能特色

（1）支持触控功能的用户界面

支持触控功能且完全移动化，出色的新用户界面让所需工具触手可及。

（2）随时随地工作

Adobe Acrobat DC 附带了转换、编辑和签署 PDF 所需的所有工具，用户可以随时随地使用。

（3）轻松编辑所需文件

用户不必花费宝贵的时间重新创建新文档，只需利用纸质文件或 PDF 文件中的现有内容作为起点，就可在 PDF 中进行更改，或者导出为 Microsoft Office 格式。

（4）全新的注释功能

通过注释功能模块，用户可以轻松快速地写出修改意见或自己要表达的意思。

（5）更容易扫描成 PDF

通过“增强扫描”工具的功能，用户可以轻松地选择最佳的扫描选项，将纸质文档的扫描件和照片转换为包含可选文本的可搜索 PDF，获得最佳效果。

（6）在线服务

当用户使用 Adobe Acrobat DC 在线服务建立 PDF 时，所获得的不仅是文件的图片，用户还将获得一个可编辑、签署、分享、保护和搜索的智能型文件。

（7）Document Cloud 服务

包含 Document Cloud 服务的 Adobe Acrobat DC 配备了转换、编辑及签署 PDF 所需的所有工具。

（8）在各种装置皆可完成电子签名

Adobe Acrobat DC 引进了电子签名功能。任何人都可以在触控式装置上用手指合法地签署文件，或是在浏览器中按几下鼠标也可签署。Adobe Acrobat DC 还可让用户轻松地传送、追踪及储存签署的文件。

2. 工具面板

用来执行不同任务的命令和选项在工具面板中进行了分组，工具面板位于应用窗格的右侧。默认情况下，工具面板中包含下列常用的工具。

（1）创建 PDF（Create PDF）：通过任何文件或扫描后的图像来创建 PDF 文件。

（2）编辑 PDF（Edit PDF）：编辑文本、图像、链接及其他内容。

（3）导出 PDF（Export PDF）：将 PDF 文件导出为 Microsoft Office 文档、图片、HTML 网页或其他形式。

（4）注释（Comments）：可以添加、搜索、阅读、回复、导入和导出注释。

（5）组织页面（Organize Pages）：可以旋转、删除、插入、替换、分割、提取和操作页面。

（6）增强扫描（Enhance Scans）：使文件可编辑，或是提升扫描文档的质量。

（7）保护（Protect）：应用安全特性（如文件加密）。

（8）填写和签名（Fill & Sign）：以电子方式填写表格并签名。

（9）准备表格（Prepare Form）：创建和编辑 PDF 表格。

（10）发送签名（Send For Signature）：请求他人的签名，并跟踪结果。

（11）发送和跟踪（Send & Track）：与他人共享文档，并跟踪意见和下载信息。

要在面板上添加或移除工具，可单击主工具栏中的工具，打开工具中心视图。然后从工具下方的菜单中选择"创建自定义工具"。Adobe Acrobat DC 用户在所有打开的 PDF 文档中使用当前的工具面板，直到下次修改面板的配置，如图 12.9 所示。

下面介绍一个应用实例。

图 12.9　工具面板

3. 编辑 PDF 文档

（1）在图 12.9 所示右侧的工具面板中选择"组织页面"命令，打开图 12.10 所示的窗口。

（2）接下来单击"选择文件"按钮，导入一个 PDF 文档。

（3）Adobe Acrobat DC 会显示文档中每个页面的缩略图预览，而且每个页面下面都带有页面编号，如图 12.11 所示。"组织页面"工具栏位于 Adobe Acrobat DC 主工具栏的下面。

图 12.10　选择"组织页面"命令后的窗口

图 12.11　缩略图预览 PDF 文档

（4）单击第 2 页的缩略图。在选定的缩略图上出现了 3 个蓝色的图标：2 个旋转图标和 1 个垃圾桶图标。第 2 页上的水果和文本的朝向不正确，需要进行纠正。

（5）单击"顺时针旋转"图标，如图 12.12 所示。页面旋转为正确的朝向，而且没有其他页面受到影响。

（6）也可用拖曳的方式调整文档的顺序。单击"组织页面"工具栏最后的"×"，返回文档主视图。

（7）单击工具面板中的"编辑 PDF"按钮，如图 12.13 所示。

此时，"编辑 PDF"工具栏将出现在 Acrobat 工具栏的下面。窗口的右侧也出现了一个面板，其中显示了与文本和图像编辑相关的选项。窗口左侧显示正确的页面。默认情况下，"编辑 PDF"窗口中选定了"编辑"功能，如图 12.14 所示。

图 12.12　旋转页面

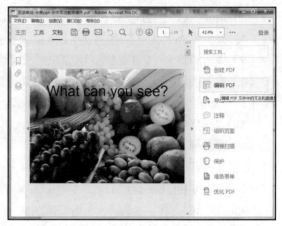

图 12.13　单击工具面板中的"编辑 PDF"按钮

当选择某个工具时，用户界面将发生改变，以显示与有效使用该工具相关的选项和内容。用户界面的改变方式因工具不同而异。

（8）在主工具栏的"页面号码"文本框中输入 10，然后按<Enter>键，进入该页面，如图 12.15 所示。

图 12.14　编辑 PDF 文档内容

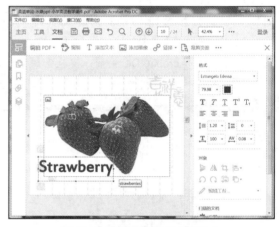

图 12.15　跳转到 PDF 的第 10 页

由于在"编辑 PDF"工具栏中选择了"编辑"命令，所以可编辑的内容在页面上被一一标记了出来。此时可以看到文本周围出现了一个方框，而且在文本上移动鼠标指针时，鼠标指针会变成"I"形状。

（9）输入"strawberry"以替换单词"Strawberry"，如图 12.16 所示。

（10）从左侧的"编辑 PDF"下拉列表中选择"返回文档"命令，关闭"编辑 PDF"工具，如图 12.17 所示。

（11）选择"文件"→"另存为"命令，在弹出的对话框中设置保存文件的路径及文件名，单击"确定"按钮即可保存文件。

4. 把 PDF 文档转换成其他格式文档

如果要把 PDF 文档转换成需要的格式文档，可以参考以下方法。

（1）在工具面板中单击"导出 PDF"按钮，如图 12.18 所示。

（2）在图 12.19 所示的界面中选择希望转换的 PDF 文档和转换后的格式，如 Word 文档格式。选择好后，单击"导出"按钮即可。

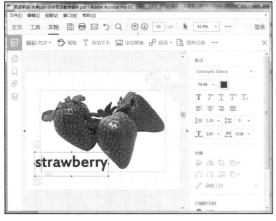

图 12.16　替换单词

图 12.17　选择"返回文档"命令

图 12.18　单击"导出 PDF"按钮

图 12.19　选择导出格式

5. 把其他格式文档导出为 PDF 格式

如果要把任意格式的文档转换成 PDF 格式，可以参考以下方法。

（1）在工具面板中单击"创建 PDF"按钮，如图 12.20 所示。

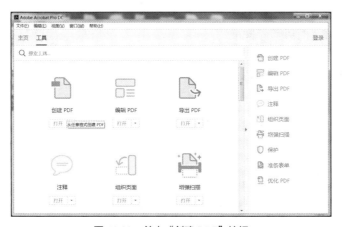

图 12.20　单击"创建 PDF"按钮

（2）在弹出的窗口中选择需要转换成 PDF 格式的文件，可以是单一文件、多个文件、扫描仪、网页、剪贴板、空白页面，然后根据相应的选项进行后续的转换操作，如图 12.21 所示。

图 12.21　转换成 PDF 格式

6. 保护 PDF 文档

如果用户不希望自己的文档被他人修改，可以对文档进行保护设置。在工具面板中单击"保护"按钮，如图 12.22 所示。

选择希望保护的文档，然后选择"限制编辑"或"加密"命令，并设置相应的密码口令，当然用户也可以选择"更多选项"进行其他设置，如图 12.23 所示。

图 12.22　单击"保护"按钮

图 12.23　选择要保护的文件

当然，Adobe Acrobat DC 的功能还有很多，在此不再过多介绍。

习题 12

一、简答题

1. 简述工具软件的特点。
2. 怎样用格式工厂给视频添加文本水印？

二、操作题

1. 利用格式工厂进行两个视频的合并。
2. 利用 Adobe Acrobat DC 对一个 PDF 文档进行编辑。

习题参考答案

13 第13章 计算机新技术简介

科技是第一生产力，人才是第一资源，创新是第一动力。随着计算机的快速发展以及人们对计算机新功能的需求不断增加，新技术、新理论也随之出现，给人们的生活、工作带来了极大的便利。本章对大数据、人工智能、区块链、虚拟现实、增强现实及 3D 打印等新技术进行简单介绍。有兴趣的读者如果想进一步了解，可参阅相关书籍。

【知识要点】
- 大数据。
- 人工智能。
- 区块链。
- 虚拟现实。
- 增强现实。
- 3D 打印。

章首导读

13.1　大数据

大数据是继云计算、物联网之后 IT 产业又一次颠覆性的技术革命，对国家治理模式、企业决策、组织和业务流程及个人生活方式等都将产生巨大的影响。

13.1.1　大数据的定义

大数据（Big Data）又称巨量数据，指的是所涉及的数据量规模巨大到无法使用目前的主流软件工具在合理时间内达到获取、管理、处理使其成为帮助企业更好地经营决策的信息。"大数据"的概念远不止大量的数据和处理大量数据的技术，而是涵盖了人们在大规模数据的基础上可以做的任何事情，而这些事情在小规模数据的基础上是无法实现的。从数据的类别上看，大数据指的是无法使用传统流程或工具处理或分析的信息。大数据科学家约翰·劳瑟（John Rauser）提到一个简单的定义：大数据就是任何超过了一台计算机处理能力的庞大数据量。

大数据的定义

13.1.2　大数据的特点

大数据不仅有"大"这个特点，还有很多其他的特点，可以用"4V+1C"来概括。

（1）多样化（Variety）。大数据包括以事务为代表的结构化数据、以网页为代表的半结构化数据、以视频和语音为代表的非结构化数据等多类数据，并且它们的处理和分析方式区别很大。

（2）海量（Volume）。各种智能设备产生了大量的数据，PB 级别可谓是常态，大型互联网企业每天的数据量已经达到 TB 级别。

（3）快速（Velocity）。大数据要求快速处理，因为有些数据存在时效性。比如电商的数据，假如今天数据的分析结果要等到明天才能得到，那么将会使电商很难做类似补货这样的决策，从而导致这些数据失去了分析的意义。

（4）灵活（Vitality）。在互联网时代，企业的业务需求更新的频率加快了很多，那么相关大数据的分析和处理模型必须快速地适应新的业务需求。

（5）复杂（Complexity）。虽然传统的商务智能（Business Intelligence，BI）已经很复杂了，但是由于前面 4 个 V 的存在，使得针对大数据的处理和分析更艰巨，并且过去那套基于关系型数据库的 BI 开始有点不合时宜了，同时也需要根据不同的业务场景，采取不同的处理方式和工具。

13.1.3　大数据的关键技术

大数据处理的关键技术包括大数据采集、大数据预处理、大数据存储及管理、大数据分析及挖掘、大数据展现和应用（如大数据检索、大数据可视化、大数据应用、大数据安全等）。

1.　大数据采集

大数据采集指通过采集 RFID 射频数据、传感器数据、社交网络数据、移动互联网数据等方式获得各种类型的结构化、半结构化及非结构化的海量数据。由于可能有成千上万的用户同时进行并发访问和操作，因此必须采用专门针对大数据的采集方法，主要有以下 3 种。

（1）数据库采集。目前大多数企业采用传统的结构化关系型数据库（如 MySQL 和 Oracle 等）来存储数据，通过使用结构化数据库间的 ETL（Extraction Transformation Loading，抽取、转换、装载）等工具，来实现与 HDFS、HBase 等主流 NoSQL 数据库之间的数据同步和集成。

（2）网络数据采集。借助网络爬虫或网站公开 API（Application Programming Interface，应用程序接口）等方式，从网站上获取数据信息。通过这种途径可将网络上的非结构化数据、半结构化数据从网页中提取出来，并以结构化的方式将其存储为统一的本地数据文件。

（3）文件采集。可通过 Flume 等工具进行实时的文件采集和处理，也可通过 ELK（Elasticsearch、Logstash、Kibana 3 大开源框架及其组合）对日志文件进行处理，实现基于模板配置的增量实时文件采集。

2.　大数据预处理

由于采集的数据会有残缺、虚假、重复、过时等情况，因此必须对采集到的原始数据进行清洗、填补、平滑、合并、规格化及检查一致性等操作，以使那些杂乱无章的数据转化为相对单一且便于处理的结构，为后期的数据分析奠定基础。数据预处理主要包括数据清理、数据集成、数据转换及数据规约 4 个部分。

（1）数据清理。数据清理主要包含遗漏值处理（缺少感兴趣的属性）、噪声数据处理（数据中存在错误、偏离期望值的数据）、不一致数据处理。主要的清洗工具是 ETL 和 Potter's Wheel。

遗漏数据可用全局常量、属性均值、可能值填充或者直接忽略该数据等方法处理；噪声数据可用分箱（对原始数据进行分组，然后对每一组内的数据进行平滑处理）、聚类、计算机人工检查和回归等方法去除噪声；对于不一致数据，则要进行手动更正。

（2）数据集成。数据集成是指将多个数据源中的数据合并存放到一个一致的数据存储库中。这一过程要着重解决 3 个问题：模式匹配、数据冗余、数据值冲突的检测与处理。

来自多个数据集合的数据会因为命名的差异导致对应的实体名称不同，通常涉及实体识别，需要利用元数据来进行区分，对来源不同的实体进行匹配。数据冗余可能来源于数据属性命名的不一致，在解决过程中对于数值属性可以利用皮尔逊积矩来衡量，绝对值越大表明两者之间相关性越强。数据值冲突问题主要表现为来源不同的统一实体具有不同的数据值。

（3）数据转换。数据转换就是处理抽取上来的数据中存在的不一致的问题。数据转换一般包括两类：第一类，数据名称及格式的统一，即数据粒度转换、商务规则计算以及采用统一的命名、数据格式、计量单位等；第二类，数据仓库中存在源数据库中可能不存在的数据，因此需要进行字段的组合、分割或计算。数据转换实际上还包含了数据清洗的工作，需要根据业务规则对异常数据进行清洗，保证后续分析结果的准确性。

（4）数据规约。在尽可能保持数据原貌的前提下，最大限度地精简数据量，通过采用数据立方体聚集、维度规约、数据压缩、数值规约和概念分层等方法得到数据集的规约表示，既可使数据集变小，又尽量保证了原数据的完整性。

3.　大数据存储及管理

大数据存储及管理是指通过存储器把采集到的数据存储起来，建立相应的数据库，以方便用户的管理和调用。目前典型的大数据存储技术有以下 3 种。

（1）基于大规模并行处理架构的新型数据库集群。它面向行业大数据，可支撑 PB 级别的结构化数据分析。它采用无共享（Shared Nothing）架构，通过列存储、粗粒度索引等大数据处理技术，结合大规模并行处理架构高效的分布式计算模式，实现对分析类大数据应用的支撑。运行环境多为低成本 PC 服务器，但具有高性能和高扩展性的特点，在企业分析类应用领域获得了极其广泛的应用。

（2）基于 Hadoop 的分布式文件系统（Hadoop Distributed File System，HDFS）。HDFS 有高容错性的特点，并且可以部署在低廉（Low-Cost）的硬件上，而且它提供高吞吐量（High Throughput）来访问应用程序的数据，适合那些有着超大数据集（Large Data Set）的应用程序。利用 Hadoop 开源的优势，衍生出 Hadoop 技术生态，其应用场景也会逐步扩大，目前最为典型的应用场景就是通过扩展和封装 Hadoop 来实现对互联网大数据存储、分析的支撑，其中包含了几十种 NoSQL 数据库技术，实现了非结构和半结构化数据处理、复杂的 ETL 流程、复杂的数据挖掘和计算模型。

（3）大数据一体机。它是专为大数据的分析处理而设计的软、硬件结合的产品，由一组集成的服务器、存储设备、操作系统、数据库管理系统以及为数据查询、处理、分析而预先安装并优化的软件组成，具有良好的稳定性和纵向扩展性。

4.　大数据分析及挖掘

大数据分析及挖掘是指从一大批看似杂乱无章的数据中萃取、提炼其中潜在的、有用的信息和所研究对象的内在规律的过程。其技术包括可视化分析、数据挖掘算法、预测性分析、语义引擎及数据质量与管理 5 个方面。

（1）可视化分析。可视化分析借助图形化手段，清晰有效地传达与沟通信息，常用于海量数据关联分析，由于所涉及的信息比较分散、数据结构有可能不一致，通过借助可视化数据分析平台，可辅助人工操作将数据进行关联分析，并做出完整、简单、清晰、直观的分析图表。

（2）数据挖掘算法。大数据分析的理论核心就是数据挖掘算法，数据挖掘的算法多种多样，常见的有 Logistic 回归、支持向量机、朴素贝叶斯、决策树、随机森林、*K*-means（*K* 均值聚类算法）、*KNN*（*K* 近邻算法）等。它们都能够深入数据内部，挖掘出数据的潜在价值，但不同的算法基于不同的数据类型和格式，呈现出数据所具备的不同特点。

（3）预测性分析。结合多种高级分析功能，包括统计分析、预测建模、数据挖掘、文本分析、实体分析、优化、实时评分、机器学习等，对未来或其他不确定的事件进行预测。预测性分析可帮助用户分析结构化和非结构化数据中的趋势、模式和关系，运用这些指标来洞察、预测将来的事件，并做出相应决策。

（4）语义引擎。语义技术可以将人们从烦琐的搜索条目中解放出来，让用户更快、更准确、更全面地获得所需信息，提高用户的互联网体验。语义引擎是把已有的数据加上语义，即在现有结构化或者非结构化的数据库上叠加一个语义层。

（5）数据质量与管理。它是指对数据从计划、获取、存储、共享、维护、应用、消亡生命周期的每个阶段里可能引发的各类数据质量问题进行识别、度量、监控、预警等一系列管理活动，并通过改善和提高组织的管理水平使得数据质量获得进一步提高。对大数据进行有效分析的前提是必须保证数据的质量，高质量的数据和有效的数据管理无论是在学术研究领域还是在商业应用领域都极其重要，各个领域都需要保证分析结果的真实性和价值性。

5．大数据展现和应用

大数据技术能够将隐藏于海量数据中的信息和知识挖掘出来，为人类的社会经济活动提供依据，从而提高各个领域的运行效率，大大提高整个社会经济的集约化程度。在我国，大数据重点应用于以下 3 大领域：商业智能、政府决策、公共服务。例如：商业智能技术、政府决策技术、电信数据信息处理与挖掘技术、电网数据信息处理与挖掘技术、气象信息分析技术、环境监测技术、警务云应用系统（道路监控、视频监控、网络监控、智能交通、反电信诈骗、指挥调度等公安信息系统）、大规模基因序列分析比对技术、Web 信息挖掘技术、多媒体数据并行化处理技术、影视制作渲染技术、其他各种行业的云计算和海量数据处理应用技术等。

13.2　人工智能

13.2.1　人工智能的概念

人工智能（Artificial Intelligence，AI）是新一轮科技革命及产业革命重要的着力点，人工智能的发展对国家经济结构的转型升级有着重要的意义。

"人工智能"一词最初是在 1956 年达特茅斯（Dartmouth）会议上提出的。从那以后，研究者们发展了众多理论和原理，"人工智能"的概念也随之扩展。人工智能是一门极具挑战性的学科，我们对它的认识还在不断深入。目前人们普遍认为，人工智能是计算机科学的一个分支，它企图了解智能的实质，并生产出一种新的能以与人类智能相似的方式做出反应的智能机器。什么是"智能"？这涉及意识（Consciousness）、自我（Self）、思维（Mind）[包括无意识的思维（Unconscious Mind）]等问题。人唯一了解的智能是人本身的智能，但是我们对自身智能的理解非常有限，对构成人的智能的必要元素也了解有限，因此要定义什么是"人工"制造的"智能"不是一件很容易的事。当前人工智能的研究不仅涉及对人的智能的研究，其他关于动物或其他人造系统的智能也普遍被认为是人工智能相关的研究范畴。人工智能创始人之一的尼尔逊教授对"人工智能"下了这样一个定义：

人工智能是关于知识的科学，即怎样表示知识以及怎样获得知识并使用知识的科学。美国麻省理工学院的温斯顿教授认为：人工智能就是研究如何使计算机去做过去只有人才能做的智能工作。这些定义反映了人工智能学科的基本思想和基本内容，即人工智能是研究人类智能活动的规律，构造具有一定智能的人工系统，研究如何让计算机去完成以往需要人的智力才能胜任的工作，也就是研究如何应用计算机的软硬件来模拟人类某些智能行为的基本理论、方法和技术。

　　总之，人工智能研究的主要目标是使机器能够胜任一些通常需要人类智能才能完成的复杂工作，是研究、开发用于模拟、延伸和扩展人的智能的理论、方法、技术及应用系统的一门新的技术科学。该领域涉及机器人、语言识别、图像识别、机器学习、自然语言处理和专家系统等，因此，从事这项工作的人必须懂得计算机知识、心理学和哲学。自人工智能诞生以来，其理论和技术日益成熟，其应用领域也不断扩大。可以设想，未来人工智能带来的科技产品，将会是人类智慧的"容器"。

13.2.2　人工智能的研究内容

　　人工智能可以对人的意识、思维的信息过程进行模拟。人工智能不是人的智能，但能像人那样思考，也可能超过人的智能。人工智能学科研究的主要内容包括知识表示、自动推理、搜索方法、机器学习、深度学习、知识处理系统、自然语言处理、知识图谱、机器视觉、智能机器人等方面。

　　（1）知识表示。这是人工智能的基本问题之一，推理和搜索都与表示方法密切相关。常用的知识表示方法有逻辑表示法、产生式表示法、语义网络表示法和框架表示法等。

　　（2）自动推理。问题求解中的自动推理是知识的使用过程，由于有多种知识表示方法，相应也有多种推理方法。推理过程一般可分为演绎推理和非演绎推理。谓词逻辑是演绎推理的基础。结构化表示下的继承性能推理是非演绎性的。由于知识处理的需要，近年来出现了多种非演绎的推理方法，如连接机制推理、类比推理、基于示例的推理、反绎推理和受限推理等。

　　（3）搜索方法。搜索是人工智能的一种问题求解方法，搜索策略决定着问题求解的一个推理步骤中知识被使用的优先关系，可分为无信息导引的盲目搜索和利用经验知识导引的启发式搜索。启发式知识常由启发式函数来表示，启发式知识利用得越充分，求解问题的搜索空间就越小。典型的启发式搜索方法有 A*算法、AO*算法等。近年来，搜索方法研究开始注意那些具有百万节点的超大规模的搜索问题。

　　（4）机器学习。这是人工智能的另一重要课题，它是指在一定的知识表示意义下获取新知识的过程，按照学习机制的不同，主要有归纳学习、分析学习、连接机制学习和遗传学习等，涉及统计学、系统辨识、逼近理论、神经网络、优化理论、计算机科学、脑科学等诸多领域的交叉学科，研究计算机怎样模拟或实现人类的学习行为，以获取新的知识或技能，重新组织已有的知识结构使之不断改善自身的性能，是人工智能技术的核心。随着大数据的发展，基于数据的机器学习是现代智能技术中的重要方法之一，研究从观测数据（样本）出发寻找规律，利用这些规律对未来数据或无法观测的数据进行预测。

　　（5）深度学习。传统的机器学习是要输入特征样本的，而深度学习则试图从海量的数据中让机器自动提取特征。深度学习也是一种机器学习，这种方式需要输入海量的大数据，让机器从中找到弱关联关系。这种方式比传统机器学习方式减少了大量人工整理样本的工作，识别准确率也提高了很多，让人工智能在语音识别、自然语言处理、图片识别等领域达到了可用的程度，是革命性的进步。深度学习实现方式源于多层神经网络，把特征表示和学习合二为一，特点是放弃了可解释性，寻找关联性。

（6）知识处理系统。当知识库存储系统所需要的知识量较大而又有多种表示方法时，知识的合理组织与管理是很重要的。推理机在问题求解时，规定使用知识的基本方法和策略，推理过程中为记录结果或通信需要设置数据库或采用黑板机制。如果在知识库中存储的是某一领域（如医疗诊断）的专家知识，则这样的知识系统称为专家系统。为适应复杂问题的求解需要，单一的专家系统开始向多主体的分布式人工智能系统发展，这时知识共享、主体间的协作、矛盾的出现和处理将是研究的关键问题。

（7）自然语言处理。自然语言处理是计算机科学领域与人工智能领域中的一个重要方向，研究能实现人与计算机之间用自然语言进行有效通信的各种理论和方法，涉及的领域较多，主要包括机器翻译、机器阅读理解和问答系统等。

（8）知识图谱。知识图谱本质上是结构化的语义知识库，是一种由节点和边组成的图数据结构，以符号形式描述物理世界中的概念及其相互关系，其基本组成单位是"实体-关系-实体"三元组，以及实体及其相关的"属性-值"对。不同实体之间通过关系相互联结，构成网状的知识结构。在知识图谱中，每个节点表示现实世界的"实体"，每条边为实体与实体之间的"关系"。通俗地讲，知识图谱就是把所有不同种类的信息连接在一起而得到的一个关系网络，提供了从"关系"的角度去分析问题的能力。

（9）机器视觉。视觉对人来说是很容易的，但要构成一个与人的视觉系统相似的机器视觉系统是非常困难的。这些困难也正是机器视觉所研究的课题，其研究的任务是理解一个图像，即利用像素（Pixels）所描绘的景物，研究领域涉及图像处理、模式识别、景物分析、图像解释、光学信息处理、视频信号处理及图像理解。

（10）智能机器人。它有相当发达的"大脑"，在"脑"中起作用的是中央处理器，这种计算机与操作它的人有直接的联系。最主要的是，这样的计算机可以执行按目的安排的动作。智能机器人具备形形色色的内部信息传感器和外部信息传感器，如视觉、听觉、触觉、嗅觉等传感器。除具有感受器外，它还有效应器作用于周围环境。由此可知，智能机器人至少要具备3个要素：感觉要素、反应要素和思考要素。智能机器人能够理解人类语言，用人类语言同操作者对话，它能分析出现的情况，能调整自己的动作以达到操作者所提出的要求，还能拟工厂所希望执行的动作，并在信息不充分的情况下和环境迅速变化的条件下完成这些动作。

13.2.3　人工智能的应用

人工智能自诞生以来，其理论和技术日益成熟，应用领域也不断扩大。它作为科技创新的产物，在促进人类社会进步、经济建设和提升人们生活水平等方面起到越来越重要的作用。国内人工智能经过多年的发展，已经在安防、物流、交通、客服、家居、零售、教育、金融、医疗健康等领域实现了商用及规模效应。

（1）智能安防。安防是为数不多的可以将人工智能成熟应用并落地的行业，为此，安防也被认为是人工智能的"第一着陆场"。人工智能在安防领域的快速落地，除了因为不需要过多的基础建设之外，也得益于全国范围内安防设备的普及以及政府部门大力发展的雪亮工程、智慧城市、平安城市、智慧交通、天网工程等公共安全领域项目工程的推动。

人工智能在安防领域的应用主要是利用其视频结构化（视频数据的识别和提取技术）、生物识别技术（如指纹识别、人脸识别等）及物证特征识别（如目前大力推广的ETC对车牌的识别等）等特性。其改变了过去人工取证、被动监控的安防形态，视频数据的识别和提取分析使人力查阅监控的时间大大缩短，而生物识别又大大提升了人物识别的精准性，极大提升了公共安全治理的效率。

（2）智能物流。通过智能交通系统和相关信息技术解决物流作业的实时信息采集，并在一个集成的环境下，对采集的信息进行分析和处理。智能物流系统通过在各个物流环节中的信息传输，为物流服务提供商及客户提供详尽的信息和咨询服务。智能物流系统包括物流运输机器人（无人机、无人驾驶快递汽车）、物流导航、控制、调度等。

（3）智能交通。它是将人工智能、通信技术、传感技术、控制技术及计算机技术等有效地集成运用于整个交通运输管理体系，而建立起来的一种在大范围内全方位发挥作用的，实时、准确、高效、综合的运输和管理系统。

（4）智能客服系统。智能客服系统是在大规模知识处理基础上发展起来的一项面向行业的应用，适用于大规模知识处理、自然语言理解、知识管理、自动问答系统等领域。智能客服不仅为企业提供了细粒度知识管理技术，还为企业与海量用户之间的沟通建立了一种基于自然语言的快捷有效的技术手段；同时还能为企业提供精细化管理所需的统计分析信息。

（5）智能家居。智能家居是基于物联网技术，通过智能硬件、软件系统、云计算平台构成的一套完整的家居生态圈。用户可以远程控制设备，设备间可以互连互通，并进行自我学习等，整体优化家居环境的安全性、节能性、便捷性等。值得一提的是，近年随着智能语音技术的发展，智能音箱成为一个爆发点。小米、天猫等企业纷纷推出智能音箱，不仅成功开拓了家居市场，也为未来更多的智能家居用品培养了用户习惯。

（6）智能零售。人工智能在零售领域的应用已经十分广泛，无人便利店、智慧供应链、客流统计、无人仓/无人车等都是热门方向。京东自主研发的无人仓采用大量智能物流机器人进行协同与配合，通过人工智能、深度学习、图像智能识别、大数据应用等技术，让工业机器人可以有自主的判断和行为，完成各种复杂的任务，在商品分拣、运输、出库等环节实现自动化。图普科技则将人工智能技术应用于客流统计，通过人脸识别客流统计功能，门店可以从性别、年龄、表情、新老顾客、滞留时长等维度建立到店客流用户画像，为调整运营策略提供数据基础。

（7）智能教育。在教育领域，通过图像识别可以进行机器批改试卷、识题答题等；通过语音识别可以纠正、改进学生发音；而人机交互可以进行在线答疑解惑等。人工智能可以评估学生并适应他们的需求，帮助他们按照自己的进度工作。人工智能和教育的结合在一定程度上可以改善教育行业师资分布不均衡、费用高昂等问题，从工具层面给师生提供更有效率的学习方式。

（8）智能金融。在金融领域，银行用人工智能系统组织运作、进行金融投资和管理财产。有的金融机构已使用人工神经网络系统去发觉变化或规范外的要求，银行使用协助顾客服务系统帮助核对账目、发行信用卡和恢复密码等。利用人工智能还可以完成股票证券的大数据分析、行业走势分析、投资风险预估等工作。

（9）医疗保健、疾病诊断、疫情防控等领域。人工智能可以改善患者的治疗效果和降低成本。人们正在应用机器学习做出比人类更好更快的诊断。人工智能系统可以挖掘患者数据和其他可用数据源以形成假设，然后使用置信度评分模式呈现该假设。人工智能应用程序可以用于在线回答问题和协助客户的计算机程序，帮助安排后续预约或帮助患者完成计费过程，以及提供基本医疗反馈。人工智能技术广泛应用在各个医疗细分领域，包括医疗影像、辅助诊断、药物研发、健康管理、疾病风险预测、医院管理、虚拟助理、医学研究平台等。人工智能可以替代人类从事较为复杂的工作，并且对病毒免疫、对减少人员密切接触和减少病毒传播机会具有天然优势。

在防止病毒传播方面，无人机、无人车、人脸识别和体温远距离测量机器等人工智能设备在疫情移动巡检和宣传、高污染区物品配送、流动人员管控等环节得到大规模应用，为阻断病毒传播提供了技术支撑。在病毒检测和药物研发方面，互联网企业开放人工智能算法和算力，助力医疗机构病毒基因测序、新药研发、蛋白筛选等工作，加速病毒识别和治疗药物研发。影像人工智能辅诊系统助力疾病的诊疗，将人工智能算力运用到病例基因分析中，大幅提高病情诊断、药理毒理研究和新药研发等工作的效率。

另外，人工智能在农业、大数据处理、通信、智能制造、服务等行业也有很好的应用。农业中已经用到很多人工智能技术，如无人机喷洒农药、除草、农作物状态实时监控、物料采购、数据收集、灌溉、收获、销售等。通过应用人工智能设备终端等，农牧业的产量大大提高，人工成本和时间成本也大大减少。通过人工智能与大数据的结合，人们实现了天气查询、地图导航、资料查询、信息推广等。在信息推广时，推荐引擎基于用户的行为、属性（用户浏览行为产生的数据），通过算法分析和处理，主动发现用户当前或潜在的需求，并主动推送信息到用户的浏览页面。

13.3　区块链

区块链技术被认为是继蒸汽机、电力、互联网之后，下一代颠覆性的核心技术。如果说蒸汽机释放了人们的生产力，电力解决了人们基本的生活需求，互联网彻底改变了信息传递的方式，那么区块链作为构造信任的技术，将可能彻底改变整个人类社会价值传递的方式。

13.3.1　区块链的概念

近年来，随着以"比特币"（Bitcoin）为代表的虚拟货币的话题被炒得沸沸扬扬，区块链（Blockchain）也越来越受到人们的关注，人们往往会把比特币与区块链混为一谈。区块链并不等同于比特币，区块链是比特币的一个重要概念，它本质上是一个去中心化的数据库，同时作为比特币的底层技术。大多数人认为，区块链技术是中本聪（Satoshi Nakamoto）发明的，是从比特币开始的，其实区块链技术早在20世纪70年代就有了，只不过中本聪创造性地把分布式存储和加密技术结合发明了比特币。因此，人们提起区块链就不能不提比特币，但是比特币不等同于区块链，它只是区块链技术的一种应用。反过来说，区块链也不等同于各种虚拟货币，各种虚拟货币只是区块链经济生态和模型中的一部分，区块链技术的应用不一定非要有币。但是必须承认，因为有了比特币等虚拟货币形成的财富效应，区块链技术才得以更快、更广泛地引起人们的关注、认识。

从学术角度来看，区块链的定义是：区块链是分布式数据存储、点对点传输、共识机制、加密算法等计算机技术的新型应用模式。这里的共识机制就是区块链系统中在不同节点之间建立信任、获取权益的数学算法。从生活的角度去解释区块链，它就是一种去中心化的分布式账本数据库。这种分布式账本的好处就是，买家和卖家可直接交易，不需要任何中介。任何人都可以对这个公共账本进行核查，不存在一个单一的用户可以对它进行控制。在区块链系统中的参与者们，会共同维护账本的更新：它只能按照严格的规则和共识来进行修改，这背后有着非常精妙的设计。而且这种账本人人都有备份，哪怕你这份丢失了，也可以在其他地方找到，这样一来买卖双方的权益都不会受到影响。因此，区块链本质上是一个分布式的公共账本。这是一种去中心化的分布式记账手法，其工作原理是：A和B之间要发起一笔交易，A先发起请求——创建一个新的区块，这个区块就会被广播给网络里的所有用户，所有用户验证同意后，该区块就会被添加到主链上，这条链上拥有永久和透明可查的交易记录，全球一本账，每个人都可以查找。在这个数据库中记账，不是由某个人或者某个中心化的主体来控制，而是由所有节点共同维护、共同记账，任何单一节点都无法篡改它。

13.3.2　区块链的分类

（1）公有区块链（Public Block Chains）。它是指世界上任何个体或者团体都可以发送交易，且交易能够获得该区块链的有效确认，任何人都可以参与其共识过程。公有区块链是最早的区块链，也是应用最广泛的区块链，各大 Bitcoins 系列的虚拟数字货币均基于公有区块链，世界上有且仅有一条各币种对应的区块链。

（2）联盟区块链（Consortium Block Chains）。由某个群体内部指定多个预选的节点为记账人，每个块的生成由所有预选节点共同决定（预选节点参与共识过程），其他接入节点可以参与交易，但不过问记账过程（本质上还是托管记账，只是变成分布式记账，预选节点的多少、如何决定每个块的记账者成为该区块链的主要风险点），其他人可以通过该区块链开放的 API 进行限定查询。

（3）私有区块链（Private Block Chains）。仅仅使用区块链的总账技术进行记账，可以是公司，也可以是个人，独享该区块链的写入权限，本链与其他的分布式存储方案没有太大区别。

13.3.3　区块链的特性

（1）去中心化。区块链技术不依赖额外的第三方管理机构或硬件设施，没有中心管制，除了自成一体的区块链本身，通过分布式核算和存储，各个节点实现了信息的自我验证、传递和管理。去中心化是区块链最突出、最本质的特征。

（2）开放性。区块链技术基础是开源的，除了交易各方的私有信息被加密外，区块链的数据对所有人开放，任何人都可以通过公开的接口查询区块链数据和开发相关应用，因此，整个系统信息高度透明。

（3）独立性。基于协商一致的规范和协议（类似比特币采用的散列算法等），整个区块链系统不依赖于第三方，所有节点都能够在系统内自动安全地验证、交换数据，不需要任何人为的干预。

（4）安全性。只要不能掌控全部数据节点的 50%以上，任何人都无法肆意操控修改网络数据，这使区块链本身变得相对安全，避免了主观人为的数据变更。

（5）匿名性。除非有法律规范要求，单从技术上来讲，各区块节点的身份信息不需要公开或验证，信息传递可以匿名进行。

13.3.4　区块链的核心技术

（1）分布式账本。分布式账本指的是交易记账由分布在不同地方的多个节点共同完成，而且每一个节点记录的都是完整的账目，因此，它们都可以参与监督交易合法性，同时也可以共同为其作证。跟传统的分布式存储有所不同，区块链的分布式存储的独特性主要体现在两个方面：一是区块链每个节点都按照块链式结构存储完整的数据，传统分布式存储一般是将数据按照一定的规则分成多份进行存储；二是区块链每个节点的存储都是独立的、地位等同的，依靠共识机制保证存储的一致性，而传统分布式存储一般是通过中心节点往其他备份节点同步数据。没有任何一个节点可以单独记录账本数据，从而避免了单一记账人被控制或者被贿赂而记假账的可能性。因为记账节点足够多，从理论上讲除非所有的节点都被破坏了，否则账目就不会丢失，从而保证了账目数据的安全性。

（2）非对称加密。存储在区块链上的交易信息是公开的，但是账户身份信息是高度加密的，只有在数据拥有者授权的情况下才能访问到，从而保证了数据的安全和个人的隐私安全。

（3）共识机制。共识机制就是所有记账节点之间怎么达成共识，去认定一个记录的有效性，这既是认定的手段，也是防止篡改的手段。区块链提出了 4 种不同的共识机制，适用于不同的应用场景，在效率和安全性之间取得平衡。区块链的共识机制具备"少数服从多数"及"人人平等"的特点。其中，"少数服从多数"并不完全指节点个数，也可以是计算能力、股权数或者其他计算机可以比较的特征量。"人人平等"是当节点满足条件时，所有节点都有权优先提出共识结果、直接被其他节点认同后成为最终共识结果。以比特币为例，采用的是工作量证明，个体只有在控制了全网超过一半的记账节点的情况下，才有可能伪造出一条不存在的记录。当加入区块链的节点足够多的时候，这基本上是不可能，从而杜绝了造假的可能。

（4）智能合约。智能合约是指基于这些可信的不可篡改的数据，区块链可以自动执行一些预先定义好的规则和条款。以保险为例，如果说每个人的信息（包括医疗信息和风险发生的信息）都是真实可信的，那就很容易在一些标准化的保险产品中进行自动化的理赔。在保险公司的日常业务中，虽然交易不像银行和证券行业那样频繁，但是对可信数据的依赖有增无减。因此，利用区块链技术，从数据管理的角度切入，能够有效地帮助保险公司提高风险管理能力。

13.3.5　区块链的应用

（1）在金融领域的应用。区块链在国际汇兑、股权登记和证券交易所等金融领域有着潜在的巨大应用价值。将区块链技术应用在金融行业中，能够省去第三方中介环节，实现点对点的直接对接，从而在大大降低成本的同时，快速完成交易支付。

例如，Visa 推出的基于区块链技术的 Visa B2B Connect，能为机构提供一种费用更低、更快速和安全的跨境支付方式来处理全球范围的企业对企业的交易；花旗银行则在区块链上测试运行加密货币"花旗币"；还有摩根大通的 JPM Coin 数字货币等。

（2）在物联网和物流领域的应用。区块链在物联网和物流领域也可以天然结合。通过区块链可以降低物流成本，追溯物品的生产和运送过程，并且提高了供应链管理的效率。该领域被认为是区块链一个很有前景的应用方向。

区块链通过节点连接的散状网络分层结构，能够在整个网络中实现信息的全面传递，并能够检验信息的准确程度。这种特性一定程度上提高了物联网交易的便利性和智能化。"区块链+大数据"的解决方案就利用了大数据的自动筛选过滤模式，在区块链中建立信用资源，可双重提高交易的安全性。区块链节点具有自由的进出能力，可独立地参与或离开区块链体系，不对整个区块链体系有任何干扰。"区块链+大数据"的解决方案就利用了大数据的整合能力，促使物联网基础用户的拓展更具有方向性，便于在智能物流的分散用户之间实现用户拓展。

（3）在公共服务领域的应用。区块链在公共管理、能源、交通等领域都与民众的生产生活息息相关，但是这些领域的中心化特质也带来了一些问题，可以用区块链来改造。区块链提供的去中心化的完全分布式 DNS 服务通过网络中各个节点之间的点对点数据传输服务就能实现域名的查询和解析，可用于确保某个重要的基础设施的操作系统和固件没有被篡改，可以监控软件的状态和完整性，发现不良的篡改，并确保使用了物联网技术的系统所传输的数据没有经过篡改。

（4）在数字版权领域的应用。通过区块链技术，可以对作品进行鉴权，证明文字、视频、音频等作品的存在，保证权属的真实、唯一性。作品在区块链上被确权后，后续交易都会进行实时记录，实现数字版权全生命周期管理，也可作为司法取证中的技术性保障。例如，美国纽约一家创业公司 Mine Labs 开发了一个基于区块链的元数据协议，这个名为 Mediachain 的系统利用 IPFS 文件系统，实现数字作品版权保护，主要是面向数字图片的版权保护应用。

（5）在保险领域的应用。在保险理赔方面，保险机构负责资金归集、投资、理赔，往往管理和运营成本较高。通过智能合约的应用，既无须投保人申请，也无须保险公司批准，只要触发理赔条件，就能实现保单自动理赔。一个典型的应用案例就是，2016 年推出的 LenderBot，它允许人们通过注册定制化的微保险产品，为个人之间交换的高价值物品进行投保，而区块链在贷款合同中代替了第三方角色。

（6）在公益领域的应用。区块链上存储的数据，高可靠且不可篡改，天然适合用在社会公益场景。公益流程中的相关信息，如捐赠项目、募集明细、资金流向、受助人反馈等，均可以存放于区块链上，并且有条件地进行透明公开公示，方便社会监督。例如支付宝公益平台早在 2016 年就接入了蚂蚁区块链，目前平台上所有的公益项目和用户捐赠信息均已写入区块链。

（7）在抗击疫情中的应用。运用区块链技术将物资始发地、走向、滞留地等分发情况在链上实时记账，数据多点存储，物流及使用过程公开透明，全社会共同监督，不仅可有效提高资源配置效率，同时也让危急时刻的资源调配更加公开透明，增强社会互信。区块链技术可助推国家传染病预警系统的升级，通过建立一条"疾控联盟链"，对上链数据信息进行跨医院交叉验证，并对病例数据设定阈值。区块链技术可以将串联式的系统变为点对点的去中心化系统，确保数据的真实性，简化流程、提高效率，从而更好地对疫情进行预防和监控。区块链技术在改善政务服务，减少传染渠道中也发挥了作用，采取多种方式开展网上办、掌上办、指尖办，大力推行不见面办理模式，降低了病毒传染的风险。

13.4　虚拟现实技术

虚拟现实技术是一种可以创建和体验虚拟世界的计算机仿真系统，它利用计算机生成一种模拟环境，使用户沉浸到该环境中。

虚拟现实技术
的概念

13.4.1　虚拟现实技术的概念

虚拟现实技术（Virtual Reality，VR）又称灵境技术，是以多感知性、浸没感、交互性和构想性为基本特征的计算机高级人机界面。虚拟现实技术主要包括模拟环境、感知、自然技能和传感设备等。

（1）模拟环境是由计算机生成的、实时动态的三维立体图像。

（2）感知是指理想的 VR 应该具有一切人所具有的感知。除计算机图形技术生成的视觉感知外，还有听觉、触觉、力觉、运动等感知，甚至还包括嗅觉和味觉等，也称为多感知。

（3）自然技能是指人的头部转动、眼睛转动、手势或其他人体行为动作，由计算机来处理与用户的动作相适应的数据，对用户的输入做出实时响应并分别反馈到用户的身体。

（4）传感设备是指三维交互设备。

13.4.2　虚拟现实技术的特征

虚拟现实技术具有多感知性、浸没感、交互性和构想性 4 大特征。

1. 多感知性

所谓多感知（Multi-Sensory）是指除一般计算机技术所具有的视觉感知之外，还有听觉感知、力觉感知、触觉感知、运动感知，甚至包括味觉感知、嗅觉感知等。理想的虚拟现实技术应该具有人所具有的一切感知功能。由于相关技术，特别是传感技术的限制，目前虚拟现实技术所具有的感知功能仅限于视觉、听觉、力觉、触觉、运动等几种。

2. 浸没感

浸没感（Immersion）又称临场感，指用户感到作为主角存在于模拟环境中的真实程度。理想的模拟环境应该使用户难以分辨真假，使用户全身心地投入计算机创建的三维虚拟环境中，该环境中的一切看上去是真的，听上去是真的，动起来是真的，甚至闻起来、尝起来等一切感觉都是真的，如同在现实世界中一样。

3. 交互性

交互性（Interactivity）指用户对模拟环境内物体的可操作程度和从环境得到反馈的自然程度（包括实时性）。例如，用户可以用手直接抓取模拟环境中虚拟的物体，这时手有握着东西的感觉，并可以感觉物体的重量，视野中被抓的物体也能立刻随着手的移动而移动。

4. 构想性

强调虚拟现实技术应具有广阔的可想象的空间，可拓宽人类认知范围，不仅可再现真实存在的环境，也可以随意构想（Imagination）客观不存在的，甚至是不可能发生的环境。一般来说，一个完整的虚拟现实系统由以高性能计算机为核心的虚拟环境处理器，以头盔显示器为核心的视觉系统，以语音识别、声音合成与声音定位为核心的听觉系统，以方位跟踪器、数据手套和数据衣为主体的身体方位姿态跟踪设备，以及味觉、嗅觉、触觉与力觉反馈系统等功能单元构成。

13.4.3　虚拟现实技术的关键技术

虚拟现实是多种技术的综合，包括实时三维计算机图形技术，广角（宽视野）立体显示技术，对观察者头、眼和手的跟踪技术，以及触觉/力觉反馈、立体声、网络传输、语音输入/输出技术等。下面对部分技术加以说明。

（1）实时三维计算机图形。如果有足够准确的模型，又有足够的时间，就可以生成不同光照条件下各种物体的精确图像，但是这里的关键是实时。例如在飞行模拟系统中，图像的刷新很重要，同时对图像质量的要求也很高，再加上非常复杂的虚拟环境，问题就变得相当困难。

（2）显示。用户的两只眼睛看到的不同图像是分别产生的，显示在不同的显示器上。有的系统采用单个显示器，用户戴上特殊的眼镜后，一只眼睛只能看到奇数帧图像，另一只眼睛只能看到偶数帧图像，奇、偶帧之间的不同（也就是视差）就产生了立体感。

（3）声音。在水平方向上，人靠声音的相位差及强度的差别来确定声音的方向，因为声音到达两只耳朵的时间或距离有所不同。常见的立体声效果就是靠左右耳听到在不同位置录制的不同声音来实现的，所以会有一种方向感。现实生活里，当头部转动时，人听到的声音的方向就会改变。

（4）感觉反馈。假设在一个 VR 系统中，用户可以看到一个虚拟的杯子。用户可以设法去抓住它，但是用户的手没有真正接触杯子的感觉，并有可能穿过虚拟杯子的"表面"，而这在现实生活中是不可能的。解决这一问题的常用装置是在手套内层安装一些可以振动的触点来模拟触觉。

（5）语音。使用人的自然语言作为计算机输入目前有两个问题，首先是效率问题，为便于计算机理解，输入的语音可能会相当烦琐；其次是正确性问题，计算机理解语音的方法是对比匹配，而没有人的智能。

13.4.4　虚拟现实技术的应用领域

（1）医学。外科医生在动手术之前，通过虚拟现实技术的帮助，能在显示器上重复地模拟手术，移动人体内的器官，寻找最佳手术方案并提高熟练度。虚拟现实技术在远距离遥控外科手术、复杂手术的计划安排、手术过程的信息指导、手术后果预测及改善残疾人生活状况等方面发挥着重要作用。

（2）娱乐。丰富的感觉能力与 3D 显示环境使得 VR 成为理想的视频游戏工具。VR 提高了艺术表现能力，如一个虚拟的音乐家可以演奏各种各样的乐器等。

（3）室内设计。运用虚拟现实技术，设计者可以完全按照自己的构思去装饰"虚拟"的房间，并且可以任意变换自己在房间中的位置，然后观察设计的效果，直到满意为止。这样既节约了时间，又节省了做模型的费用。

（4）房产开发。房地产项目的表现形式可大致分为实景模式、水晶沙盘两种。虚拟现实技术可对项目周边配套、内部业态分布等进行详细剖析展示，由外而内表现项目的整体风格，并可通过鸟瞰、内部漫游、自动动画播放等形式对项目进行展示，增强了讲解过程的完整性和趣味性。

（5）应急推演。将事故现场模拟到虚拟场景中去，在这里人为制造各种事故情况，组织参演人员做出正确响应。这样的推演降低了投入成本，节约了推演实训时间，从而保证了人们面对事故灾难时的应对技能，并且可以打破空间的限制，方便组织各地人员进行推演。

13.5　增强现实技术

增强现实技术（Augmented Reality，AR），是一种实时计算摄像机影像的位置及角度并加上相应图像、视频、3D 模型的技术，这种技术的目标是在屏幕上把虚拟世界套在现实世界并进行互动。

增强现实技术
的概念

13.5.1　增强现实技术的概念

增强现实技术是一种将真实世界信息和虚拟世界信息"无缝"集成的新技术，是把原本在现实世界的一定时间空间范围内很难体验到的实体信息（视觉信息、声音、味道、触觉等），通过计算机等科学技术，模拟仿真后再叠加，将虚拟的信息应用到真实世界，被人类感官所感知，从而达到超越现实的感官体验。真实的环境和虚拟的物体实时地叠加到了同一个画面或空间中。

增强现实技术包含了多媒体、三维建模、实时视频显示及控制、多传感器融合、实时跟踪及注册、场景融合等新技术与新手段。增强现实提供了在一般情况下，不同于人类可以感知的信息。

13.5.2　增强现实技术的工作原理

增强现实的基本理念是将图像、声音和其他感官增强功能实时添加到真实世界的环境中。电视所做的只是显示不能随着摄像机移动而进行调整的静态图像，增强现实远比用户在电视中见到的技术要先进。早期的系统只能显示从一个视角所看到的图像，下一代增强现实系统将能显示从所有观看者的视角看到的图像。

增强现实要努力实现的不仅是将图像实时添加到真实的环境中，而且要更改这些图像以适应用户的头部及眼睛的转动，以便图像始终在用户视角范围内。增强现实系统正常工作所需的 3 个组件是头戴式显示器、跟踪系统和移动计算系统。增强现实的开发人员的目标是将这 3 个组件集成到一个单元中，放置在固定设备中，该设备能以无线方式将信息传送到类似普通眼镜的显示器上。

13.5.3　增强现实技术的应用领域

AR 技术不仅广泛应用于 VR 技术类似的领域，如飞行器的研制与开发、数据模型的可视化、虚拟训练、娱乐与艺术等领域，而且由于其具有能够对真实环境进行增强显示的特性，在医疗研究与解剖训练、精密仪器制造和维修、飞机导航、工程设计和远程机器人控制等领域，具有比 VR 技术更加明显的优势。

（1）医疗领域。医生可以利用增强现实技术，轻易地进行手术部位的精确定位。

（2）军事领域。部队可以利用增强现实技术，进行方位的识别，获得实时所在地的地理数据等重要军事数据。

（3）古迹复原和数字化文化遗产保护。文化古迹的信息以增强现实的方式提供给参观者，用户不仅可以看到古迹的文字解说，还能看到遗址上残缺部分的虚拟重构。

（4）网络视频通信领域。通过使用增强现实和人脸跟踪技术，在通话的同时在通话者的面部实时叠加一些如帽子、眼镜等虚拟物体，这能在很大程度上提高视频对话的趣味性。

（5）电视转播领域。通过增强现实技术可以在转播体育比赛的时候实时将辅助信息叠加到画面中，使观众可以得到更多的信息。

（6）娱乐、游戏领域。增强现实游戏可以让位于全球不同地点的玩家，共同进入一个真实的自然场景，以虚拟替身的形式，进行网络对战。

（7）旅游、展览领域。人们在浏览、参观的同时，通过增强现实技术将接收到途经建筑的相关资料，观看展品的相关数据资料。

（8）水利水电勘察设计。AR 技术在设计领域的应用为水利水电三维模型的应用提供了更好的展示手段，使得三维模型与二维的设计、施工图纸能更加紧密地结合起来。AR 技术在勘察设计过程中可以有效地应用于实时方案比较、设计元素编辑、三维空间综合信息整合、辅助决策和设计方案多方参与等方面。

13.6　3D 打印技术

3D 打印（3 Dimensional Printing，3DP）技术可以实现按需定制，以相对低廉的成本制造产品，是制造业革命性的新技术。

3D 打印技术的概念

13.6.1　3D 打印技术的概念及其应用领域

3D 打印技术是一种快速成型技术。它以数字模型文件为基础，运用粉末状金属或塑料等可黏合材料，通过逐层打印的方式来构造物体。

3D 打印通常是采用数字技术材料打印机来实现的。最初在模具制造、工业设计等领域被用于制

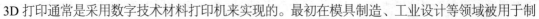

造模型，后来逐渐用于一些产品的直接制造，已经有使用这种技术打印而成的零部件和产品。3D 打印技术在珠宝、鞋类、工业设计、建筑、汽车、航空航天、医疗、教育、土木工程以及其他诸多领域都有所应用。

13.6.2　3D 打印的过程

3D 打印的过程是：先通过计算机建模软件建模，再将建成的三维模型"分区"成逐层的截面（即切片），从而指导打印机逐层打印。

（1）三维设计。设计软件和打印机之间协作的标准文件格式是 STL。一个 STL 文件使用三角面来近似模拟物体的表面。三角面越小，其生成的表面分辨率就越高。PLY 是一种通过扫描产生三维文件的扫描器，其生成的 VRML 或者 WRL 文件经常被用作全彩打印的输入文件。

（2）切片处理。打印机通过读取文件中的横截面信息，用液体状、粉状或片状的材料将这些截面逐层地打印出来，再将各层截面以各种方式黏合起来，从而制造出一个实体。这种技术的特点在于它几乎可以造出任何形状的物品。

（3）完成打印。3D 打印机的分辨率对大多数应用来说已经足够（在弯曲的表面可能会比较粗糙，像图像上的锯齿一样），要获得更高分辨率的物品可以通过如下方法：先用当前的 3D 打印机打出稍大一点的物体，再稍微经过表面打磨即可得到表面光滑的"高分辨率"物品。

习题 13

1. 大数据的概念是什么？有什么作用？
2. 人工智能有哪些主要的研究领域？
3. 区块链有哪些特性？
4. 虚拟现实技术的定义是什么？有哪些特征？
5. 增强现实技术工作原理是什么？
6. 3D 打印的概念是什么？简述 3D 打印的打印过程。

习题参考答案

附录

全国计算机等级考试二级公共基础知识

考试大纲（2020 年版）

➢ **基本要求**

（1）掌握计算机系统的基本概念，理解计算机硬件系统和计算机操作系统。

（2）掌握算法的基本概念。

（3）掌握基本数据结构及其操作。

（4）掌握基本排序和查找算法。

（5）掌握逐步求精的结构化程序设计方法。

（6）掌握软件工程的基本方法，具有初步应用相关技术进行软件开发的能力。

（7）掌握数据库的基本知识，了解关系数据库的设计。

➢ **考试内容**

一、计算机系统

（1）掌握计算机系统的结构。

（2）掌握计算机硬件系统结构，包括 CPU 的功能和组成，存储器分层体系，总线和外部设备。

（3）掌握操作系统的基本组成，包括进程管理、内存管理、目录和文件系统、I/O 设备管理。

二、基本数据结构与算法

（1）算法的基本概念；算法复杂度的概念和意义（时间复杂度与空间复杂度）。

（2）数据结构的定义；数据的逻辑结构与存储结构；数据结构的图形表示；线性结构与非线性结构的概念。

（3）线性表的定义；线性表的顺序存储结构及其插入与删除运算。

（4）栈和队列的定义；栈和队列的顺序存储结构及其基本运算。

（5）线性单链表、双向链表与循环链表的结构及其基本运算。

（6）树的基本概念；二叉树的定义及其存储结构；二叉树的前序、中序和后序遍历。

（7）顺序查找与二分法查找算法；基本排序算法（交换类排序，选择类排序，插入类排序）。

三、程序设计基础

（1）程序设计方法与风格。

（2）结构化程序设计。

（3）面向对象的程序设计方法，对象、方法、属性及继承与多态性。

四、软件工程基础

（1）软件工程基本概念，软件生命周期概念，软件工具与软件开发环境。

（2）结构化分析方法，数据流图，数据字典，软件需求规格说明书。

（3）结构化设计方法，总体设计与详细设计。

（4）软件测试的方法，白盒测试与黑盒测试，测试用例设计，软件测试的实施，单元测试、集成测试和系统测试。

（5）程序的调试，静态调试与动态调试。

五、数据库设计基础

（1）数据库的基本概念：数据库，数据库管理系统，数据库系统。

（2）数据模型，实体联系模型及 E-R 图，从 E-R 图导出关系数据模型。

（3）关系代数运算，包括集合运算及选择、投影、连接运算，数据库规范化理论。

（4）数据库设计方法和步骤：需求分析、概念设计、逻辑设计和物理设计的相关策略。

➢　考试方式

（1）公共基础知识不单独考试，与其他二级科目组合在一起，作为二级科目考核内容的一部分。

（2）上机考试，10 道单项选择题，占 10 分。

全国计算机等级考试二级 MS Office
高级应用与设计考试大纲（2021 年版）

➢　基本要求

（1）正确采集信息并能在文字处理软件 Word、电子表格软件 Excel、演示文稿制作软件 PowerPoint 中熟练应用。

（2）掌握 Word 的操作技能，并熟练应用编制文档。

（3）掌握 Excel 的操作技能，并熟练应用进行数据计算及分析。

（4）掌握 PowerPoint 的操作技能，并熟练应用制作演示文稿。

➢　考试内容

一、Microsoft Office 应用基础

（1）Office 应用界面使用和功能设置。

（2）Office 各模块之间的信息共享。

二、Word 的功能和使用

（1）Word 的基本功能，文档的创建、编辑、保存、打印和保护等基本操作。

（2）设置字体和段落格式、应用文档样式和主题、调整页面布局等排版操作。

（3）文档中表格的制作与编辑。

（4）文档中图形、图像（片）对象的编辑和处理，文本框和文档部件的使用，符号与数学公式的输入与编辑。

（5）文档的分栏、分页和分节操作，文档页眉、页脚的设置，文档内容引用操作。

（6）文档的审阅和修订。

（7）利用邮件合并功能批量制作和处理文档。

（8）多窗口和多文档的编辑，文档视图的使用。

（9）控件和宏功能的简单应用。

（10）分析图文素材，并根据需求提取相关信息引用到 Word 文档中。

三、Excel 的功能和使用

（1）Excel 的基本功能，工作簿和工作表的基本操作，工作视图的控制。

（2）工作表数据的输入、编辑和修改。

（3）单元格格式化操作，数据格式的设置。

（4）工作簿和工作表的保护、版本比较与分析。

（5）单元格的引用，公式、函数和数组的使用。

（6）多个工作表的联动操作。

（7）迷你图和图表的创建、编辑与修饰。

（8）数据的排序、筛选、分类汇总、分组显示和合并计算。

（9）数据透视表和数据透视图的使用。

（10）数据的模拟分析、运算与预测。

（11）控件和宏功能的简单应用。

（12）导入外部数据并进行分析，获取和转换数据并进行处理。

（13）使用 PowerPoint 管理数据模型的基本操作。

（14）分析数据素材，并根据需求提取相关信息引用到 Excel 文档中。

四、PowerPoint 的功能和使用

（1）PowerPoint 的基本功能和基本操作，幻灯片的组织与管理，演示文稿的视图模式和使用。

（2）演示文稿中幻灯片的主题应用、背景设置、母版制作和使用。

（3）幻灯片中文本、图形、SmartArt、图像（片）、图表、音频、视频、艺术字等对象的编辑和应用。

（4）幻灯片中对象动画、幻灯片切换效果、链接操作等交互设置。

（5）幻灯片放映设置，演示文稿的打包和输出。

（6）演示文稿的审阅和比较。

（7）分析图文素材，并根据需求提取相关信息引用到 PowerPoint 文档中。

➤ 考试方式

上机考试，考试时长 120 分钟，满分 100 分。

1. 题型及分值

单项选择题 20 分（含公共基础知识部分 10 分）；

Word 操作 30 分；

Excel 操作 30 分；

PowerPoint 操作 20 分。

2. 考试环境

操作系统：中文版 Windows 7。

考试环境：Microsoft Office 2016。

参考文献

[1] 王移芝，鲁凌云，许宏丽，等. 大学计算机[M]. 6 版. 北京：高等教育出版社，2019.

[2] 李凤霞，陈宇峰，史树敏. 大学计算机[M]. 北京：高等教育出版社，2014.

[3] 甘勇，尚展垒，王伟，等.大学计算机基础（微课版）[M]. 4 版. 北京：人民邮电出版社，2020.

[4] 甘勇，尚展垒，郭清溥，等. 大学计算机基础——计算思维[M]. 4 版. 北京：人民邮电出版社，2015.

[5] 陈亮，薛纪文. 大学计算机基础教程[M]. 2 版. 北京：人民邮电出版社，2019.

[6] 董新春. 网页设计与制作（Dreamweaver CC 2017）[M]. 北京：电子工业出版社，2019.

[7] 马华东. 多媒体技术原理及应用[M]. 2 版. 北京：清华大学出版社，2008.

[8] 文杰书院. Office 2016 电脑办公基础与应用[M]. 北京：清华大学出版社，2019.

[9] 魏祖宽，郑莉华，牛新征，等. 数据库系统及应用[M]. 3 版. 北京：电子工业出版社，2020.

[10] 谢希仁. 计算机网络[M]. 7 版. 北京：电子工业出版社，2017.

[11] 娜奥米·塞德. Python 快速入门[M]. 戴旭，译. 3 版. 北京：人民邮电出版社，2019.

[12] 匡松，刘洋洋，文静，等. 计算机常用工具软件教程[M]. 2 版. 北京：清华大学出版社，2012.

[13] 刘权. 区块链与人工智能[M]. 北京：人民邮电出版社，2019.

[14] 陆晟，刘振川，汪关盛，等. 大数据理论与工程实践[M]. 北京：人民邮电出版社，2018.